同济博士论丛
TONGJI Dissertation Series
总主编 伍 江 副总主编 雷星晖

任晓丹 李 杰 著

基于多尺度分析的混凝土
随机损伤本构理论研究

Multi-Scale Based Stochastic Damage
Constitutive Theory for Concrete

同濟大學出版社
TONGJI UNIVERSITY PRESS

内 容 提 要

本书将混凝土在外力作用下的行为概括为随机性、非线性和率敏感性三个基本特征，从细观角度考察混凝土损伤产生和演化的物理机理，结合多尺度理论探索宏观损伤演化规律，对混凝土本构关系模型进行了较为系统的研究。主要内容包括：考虑率敏感效应的宏观连续介质损伤模型研究；细观随机断裂模型研究；数值多尺度损伤模型研究；动力断裂和动力损伤物理机制探索。本书可供高校相关专业师生和专业研究人员阅读参考。

图书在版编目(CIP)数据

基于多尺度分析的混凝土随机损伤本构理论研究 / 任晓丹，李杰著. —上海：同济大学出版社，2020.8
(同济博士论丛 / 伍江总主编)
ISBN 978-7-5608-6988-9

Ⅰ. ①基… Ⅱ. ①任…②李… Ⅲ. ①混凝土结构—本构关系—损伤力学—研究 Ⅳ. ①TU375②TU528.01

中国版本图书馆 CIP 数据核字(2020)第 170306 号

基于多尺度分析的混凝土随机损伤本构理论研究

任晓丹　李　杰　著

出 品 人　华春荣　　责任编辑　卢元姗　　特约编辑　于鲁宁
责任校对　谢卫奋　　封面设计　陈益平

出版发行　同济大学出版社　　www.tongjipress.com.cn
（地址：上海市四平路 1239 号　邮编：200092　电话：021-65985622）
经　　销　全国各地新华书店、建筑书店、网络书店
排版制作　南京展望文化发展有限公司
印　　刷　浙江广育爱多印务有限公司
开　　本　787 mm×1092 mm　1/16
印　　张　15
字　　数　300 000
版　　次　2020 年 8 月第 1 版　2020 年 8 月第 1 次印刷
书　　号　ISBN 978-7-5608-6988-9

定　　价　70.00 元

“同济博士论丛”编写领导小组

总序

在同济大学110周年华诞之际，喜闻“同济博士论丛”将正式出版发行，倍感欣慰。记得在100周年校庆时，我曾以《百年同济，大学对社会的承诺》为题作了演讲，如今看到付梓的“同济博士论丛”，我想这就是大学对社会承诺的一种体现。这110部学术著作不仅包含了同济大学近10年100多位优秀博士研究生的学术科研成果，也展现了同济大学围绕国家战略开展学科建设、发展自我特色，向建设世界一流大学的目标迈出的坚实步伐。

坐落于东海之滨的同济大学，历经110年历史风云，承古续今、汇聚东西，秉持“与祖国同行、以科教济世”的理念，发扬自强不息、追求卓越的精神，在复兴中华的征程中同舟共济、砥砺前行，谱写了一幅幅辉煌壮美的篇章。创校至今，同济大学培养了数十万工作在祖国各条战线上的人才，包括人们常提到的贝时璋、李国豪、裘法祖、吴孟超等一批著名教授。正是这些专家学者培养了一代又一代的博士研究生，薪火相传，将同济大学的科学研究和学科建设一步步推向高峰。

大学有其社会责任，她的社会责任就是融入国家的创新体系之中，成为国家创新战略的实践者。党的十八大以来，以习近平同志为核心的党中央高度重视科技创新，对实施创新驱动发展战略作出一系列重大决策部署。党的十八届五中全会把创新发展作为五大发展理念之首，强调创新是引领发展的第一动力，要求充分发挥科技创新在全面创新中的引领作用。要把创新驱动发展作为国家的优先战略，以科技创新为核心带动全面创新，以体制机制改革激发创新活力，以高效率的创新体系支撑高水平的创新型国家建设。作为人才培养和科技创新的重要平台，大学是国家创新体系的重要组成部分。同济大学理当围绕国家战略目标的实现，作出更大的贡献。

大学的根本任务是培养人才，同济大学走出了一条特色鲜明的道路。无论是本科教育、研究生教育，还是这些年摸索总结出的导师制、人才培养特区，“卓越人才培养”的做法取得了很好的成绩。聚焦创新驱动转型发展战略，同济大学推进科研管理体系改革和重大科研基地平台建设。以贯穿人才培养全过程的一流创新创业教育助力创新驱动发展战略，实现创新创业教育的全覆盖，培养具有一流创新力、组织力和行动力的卓越人才。“同济博士论丛”的出版不仅是对同济大学人才培养成果的集中展示，更将进一步推动同济大学围绕国家战略开展学科建设、发展自我特色、明确大学定位、培养创新人才。

面对新形势、新任务、新挑战，我们必须增强忧患意识，扎根中国大地，朝着建设世界一流大学的目标，深化改革，勠力前行！

万　钢

2017 年 5 月

论丛前言

承古续今，汇聚东西，百年同济秉持“与祖国同行、以科教济世”的理念，注重人才培养、科学研究、社会服务、文化传承创新和国际合作交流，自强不息，追求卓越。特别是近20年来，同济大学坚持把论文写在祖国的大地上，各学科都培养了一大批博士优秀人才，发表了数以千计的学术研究论文。这些论文不但反映了同济大学培养人才能力和学术研究的水平，而且也促进了学科的发展和国家的建设。多年来，我一直希望能有机会将我们同济大学的优秀博士论文集中整理，分类出版，让更多的读者获得分享。值此同济大学110周年校庆之际，在学校的支持下，“同济博士论丛”得以顺利出版。

“同济博士论丛”的出版组织工作启动于2016年9月，计划在同济大学110周年校庆之际出版110部同济大学的优秀博士论文。我们在数千篇博士论文中，聚焦于2005—2016年十多年间的优秀博士学位论文430余篇，经各院系征询，导师和博士积极响应并同意，遴选出近170篇，涵盖了同济的大部分学科：土木工程、城乡规划学(含建筑、风景园林)、海洋科学、交通运输工程、车辆工程、环境科学与工程、数学、材料工程、测绘科学与工程、机械工程、计算机科学与技术、医学、工程管理、哲学等。作为“同济博士论丛”出版工程的开端，在校庆之际首批集中出版110余部，其余也将陆续出版。

博士学位论文是反映博士研究生培养质量的重要方面。同济大学一直将立德树人作为根本任务，把培养高素质人才摆在首位，认真探索全面提高博士研究生质量的有效途径和机制。因此，“同济博士论丛”的出版集中展示同济大学博士研究生培养与科研成果，体现对同济大学学术文化的传承。

“同济博士论丛”作为重要的科研文献资源，系统、全面、具体地反映了同济大学各学科专业前沿领域的科研成果和发展状况。它的出版是扩大传播同济科研成果和学术影响力的重要途径。博士论文的研究对象中不少是“国家自然科学基金”等科研基金资助的项目，具有明确的创新性和学术性，具有极高的学术价值，对我国的经济、文化、社会发展具有一定的理论和实践指导意义。

“同济博士论丛”的出版，将会调动同济广大科研人员的积极性，促进多学科学术交流、加速人才的发掘和人才的成长，有助于提高同济在国内外的竞争力，为实现同济大学扎根中国大地，建设世界一流大学的目标愿景做好基础性工作。

虽然同济已经发展成为一所特色鲜明、具有国际影响力的综合性、研究型大学，但与世界一流大学之间仍然存在着一定差距。“同济博士论丛”所反映的学术水平需要不断提高，同时在很短的时间内编辑出版110余部著作，必然存在一些不足之处，恳请广大学者，特别是有关专家提出批评，为提高同济人才培养质量和同济的学科建设提供宝贵意见。

最后感谢研究生院、出版社以及各院系的协作与支持。希望“同济博士论丛”能持续出版，并借助新媒体以电子书、知识库等多种方式呈现，以期成为展现同济学术成果、服务社会的一个可持续的出版品牌。为继续扎根中国大地，培育卓越英才，建设世界一流大学服务。

伍　江

2017年5月

前　言

混凝土材料是重大工程建设中的主导性建筑材料，复杂的组成成分和材料结构使得其在外部作用下的物理力学行为异常复杂。在考虑动力荷载对工程结构的作用时，还需要合理地考虑加载速率对混凝土非线性行为的影响。本书将混凝土在外力作用下的行为概括为随机性、非线性和率敏感性三个基本特征，从细观角度考察混凝土损伤产生和演化的物理机理，结合多尺度理论探索宏观损伤演化规律，对混凝土本构关系模型进行了较为系统的研究。

本书的主要内容包括：

1. 考虑率敏感效应的宏观连续介质损伤模型研究。基于不可逆热力学框架和内变量理论，阐述了混凝土多维本构关系的基本框架，分别在损伤子空间与塑性子空间讨论了内变量的演化规律。其中，在损伤子空间中重点讨论了双标量损伤模型及其损伤演化规律，类比 Perzyna 假说，建立了率相关损伤演化方程；在塑性子空间中，以有效应力空间塑性力学为基础，利用 Perzyna 方法研究了粘塑性内变量演化法则。基于所建立的模型，很好地预测了混凝土的动力强度提高系数。在此基础上，讨论了本构关系数值算法（回映算法）的基本思路，建立了同时考虑损伤和塑性的混凝土本构关系数值求解基本过程。最后，结合经验损伤演化方程，对钢筋混凝土结构在静力和动力作用下的非线性行为进行了数值模拟，验证了本书方法的正确性。

2. 细观随机断裂模型研究。为了考察材料细观结构对宏观尺度行为的影响，在课题组此前研究的基础上，用细观弹脆性元件反映混凝土材料的细观断裂，将混凝土模拟为串、并联弹脆性元件的集合，并以这样一个抽象理论模型的随机内力重分布过程描述混凝土宏观损伤的随机演化过程。通过引入能量等效应变的概念，建立了一维损伤与多维损伤的联系桥梁，并与前述连续损伤模型结合，发展了随机弹塑性损伤本构关系模型。模型结果与实验结果的对比，验证了本书方法的正确性和有效性。同时，本书通过引入细观元件的滞回特性，对上述模型进行拓展，建立了考虑损伤滞回性能的本构关系模型。

3. 数值多尺度损伤模型研究。损伤产生的物理原因是材料细观微裂缝的扩展。现有的损伤力学理论体系并没有具象地给出由微观裂缝的演化得到宏观损伤演化的方法。在本书研究中，基于经典多尺度理论，推导得到了多尺度能量表示定理，以能量作为媒介，建立了细观结构变化与宏观性能之间的关系；进而初步提出了多尺度损伤表示理论。在细观数值模拟的基础上，得到了宏观损伤演化的数值解，对脆性材料结构的尺寸效应与数值模拟的网格敏感性进行了讨论。

4. 动力断裂和动力损伤物理机制探索。动力作用下材料损伤断裂的产生和发展异常复杂。本书首先回顾了断裂动力学的经典理论和结果，阐述了动力作用下裂缝动态开展的极限速度表达式。然后转向动态断裂的数值模拟方法研究，对经典的内聚单元模型进行改进，引入非均匀内聚单元分布以描述材料的细观非均匀性，通过精细的数值模拟，得到了动态断裂裂纹分叉、端部应力场和裂纹扩展极限速度等结果。在此基础上，探讨了动态断裂产生和发展的物理机理，为动力损伤的精细化物理研究奠定了基础。

本书的创新主要体现在以下几个方面：

1. 混凝土材料率敏感性的合理描述。从率相关损伤演化和粘塑性两个方面同时考虑混凝土材料的率敏感性，前者控制动力效应对混凝土应力的影响，而后者控制动力效应对混凝土变形的影响，所建立的动力非线性演化方程与静力非线性演化方程有着良好的相容性。本研究还推导得出了单轴加载条件下混凝土动态强度提高的解析公式，该公式表达简单，与实验结果有着良好的一致性。

2. 混凝土随机性、非线性及其耦合作用的建模。非线性与随机性，是混凝土本构关系的两个基本特征。本书将混凝土的细观断裂应变描述为随机场，定量精确求解了宏观损伤演化的均值和方差。通过引入能量等效应变观念，建立了损伤演化从细观到宏观、从一维到多维的桥梁。在进一步的研究中，通过考虑细观单元的滞回效应，建立了考虑材料滞回性能的混凝土损伤本构关系。

3. 基于能量标度的多尺度损伤表示理论。采用多尺度的视角考察损伤，是损伤理论发展的必然趋势。本书选取能量作为传递媒介，基于多尺度理论建立了多尺度能量传递定理，将宏观损伤变量及其演化表示为细观尺度的能量积分，为进一步研究混凝土的随机损伤本构关系奠定了基础。

4. 细观动态断裂的初步研究。本书改进了经典内聚单元方法，通过引入随机性单元分布，建立了精细的数值分析模型，用以模拟固体的动态断裂过程。数值模拟结果初步揭示了动力荷载作用下固体内裂缝开展的规律，并为进一步开展固体率敏感效应的细观物理研究奠定了基础。

目　录

第1章 绪论

20 世纪 90 年代以来，伴随着国民经济的起飞，我国的基础设施建设发展迅速。而近年来，基础设施建设的发展又表现出了由量变到质变的转化，三峡工程、西气东输、南水北调、京沪高铁等一大批集中了大量人力物力并凝结着我国最高技术水平的重大工程集中涌现出来。由于其在国民经济中所起的支撑性作用，重大工程结构的破坏往往会引起巨大的直接和间接经济损失。这就使得对于重大工程的设计和分析不应该再延续传统工程设计中简单粗略的路线，而应该结合物理、力学、材料等相关学科的最新研究成果，精细考虑结构的损伤发展和破坏过程，以期能够精确地模拟和预测结构在外部作用下的表现，实现工程结构的精细化设计，将经济风险和社会风险降到最低。

在我国的重大工程建设中，混凝土作为一种主导性建筑材料，发挥着基础性作用。然而与重大工程结构繁荣兴旺的背景相比较，混凝土科学和混凝土结构学的研究，明显赶不上发展的需要。一些关键的科学与技术问题，至今仍然处于悬而未决的困难境地。尽管国内外的学者在过去的数十年中付出了大量的努力，然而，由于混凝土的高度复杂性，使得多数开始应用的研究成果依然不如人意。对于混凝土力学行为的预测与控制，还远远没有达到从必然王国走向自由王国的境界。如何正确地反映混凝土的受力力学行为尤其是动力荷载作用下的力学行为，仍然是呈现在研究工作者面前的巨大挑战[1-4]。

20 世纪 80 年代以来，伴随着损伤力学、现代计算力学，特别是多尺度理论等一系列创新性概念与思想的萌生与发展，人们逐步清晰地看到了解决这一重大理论问题和工程难题的曙光。以损伤力学作为混凝土力学行为描述的框架体系，以计算力学作为材料和结构分析模拟的基本工具，从微观、细观和宏观多个尺度上考虑混凝土的非线性行为和破坏，必将推动混凝土科学的创新过程。而这一过程，也必将使人们能够在新的高度科学反映并正确控制重大工程结构在动力灾变过程中的性态，为进行重大工程结构的精细化分析与设计提供理论基础和技术支持。

1.1 混凝土的物理力学特性

混凝土是由胶凝材料将集料胶结成整体而形成的工程复合材料的统称。通常所讲的混凝土是指用水泥作胶凝材料，砂、石作集料，与水(加或不加外加剂和掺合料)按一定比例配合，经搅拌、成型、养护而得的水泥混凝土，也称普通混凝土，它广泛应用于土木工程[5]。

硬化混凝土是一种复杂的颗粒复合材料，具有复杂的内部结构，而在不同的尺度上，其结构组成又表现出不同的特点，如图 1-1 所示。在混凝土构件尺度上，由于构件的尺度远大于混凝土材料的特征尺度，所以分析中一般将混凝土视为均质连续体；在混凝土材料尺度上，混凝土是一种颗粒增强复合材料，基体为水泥砂浆，增强颗粒为粗骨料；同时水泥砂浆也具有颗粒增强复合材料的结构特点，其基体为水泥胶体，而增强颗粒为细骨料；水泥胶体本身也具有相当复杂的微结构，其中包含水化水泥胶体、未水水化水泥颗粒、水分蒸发留下的气孔以及混凝土干缩形成的裂缝等。由于不同尺度上微结构的影响，混凝土在外力作用下不仅表现出高度的非线性，而且表现出典型的随机性，对这两个基本性质的合理描述，构成了现代混凝土科学研究的核心[1,2]。

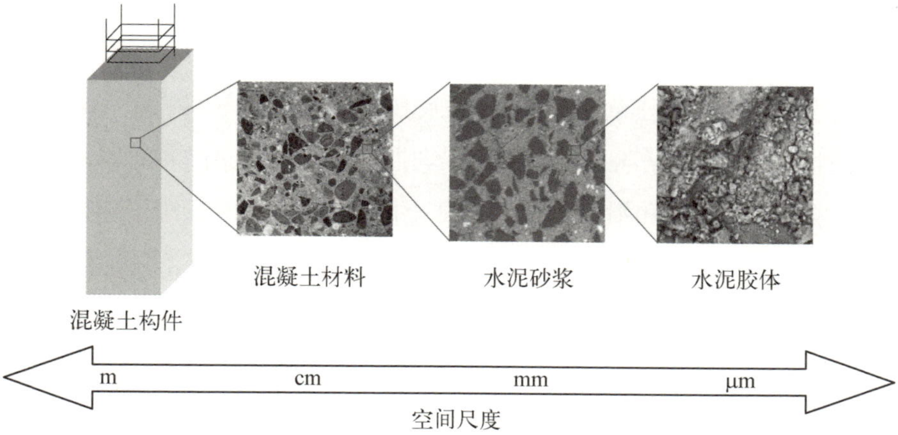

图 1-1 混凝土多尺度结构

混凝土的非线性主要来源于其内部微裂缝的产生和演化。在混凝土硬化过程中，未与水泥颗粒发生反应的水分陆续蒸发，在水泥胶体中留下了大量的气孔；同时水泥硬化过程中的干缩也导致了混凝土基体中初始微裂纹的产生。在外荷载作用下，初始缺陷附近的应力集中导致微缺陷和微裂缝的发展，这一过程必然使得混凝土的应力应变关系偏离线弹性阶段而进入非线性阶段。当微裂缝的扩展和汇集导致宏观裂缝的产生时，混凝土的力学行为逐渐由强化转化为软化，应力应变关系进入下降段。最后由于宏观裂缝的贯通和切割，导致混凝土失去承载力而最终破坏。分析大量试验中所观察到的混凝土的典型非线性行为可以发现：强度软化和刚度退化都源自混凝土中裂缝的发展；单边效应来自裂缝的张开和闭合；受拉受压强度迥异源于混凝土对于受拉裂缝与受剪裂缝的抗力不同；残余应变源于裂缝的不完全闭合。一言以蔽之，混凝土的非线性受力特征均与混凝土中的微裂缝有关。

在问题的另一个方面，无论是在试验过程中还是在实际生产过程中，人们都不可能精确控制混凝土的材料结构和组成。因此，混凝土材料各组分具有典型的随机分布特征。这就使得无论是初始的微裂缝分布还是后续的裂缝演化过程，都不可避免地具有随机性的特征。而随机的微裂缝演化，必然导致随机的强度和非线性表现[1]。换句话说，混凝土材料构成的随机分布性质，必然导致其在外力作用下的响应具有随机演化性质。事实上，混凝土的随机性与非线性有着复杂的相互影响和耦合。混凝土在破坏和损伤过程中表现出的渐进性特性，就源于随机性引起的材料性质的非均匀性；而混凝土微结构的随机性又可能被非线性效应放大或者缩小，最终呈现出丰富多彩的随机非线性响应特性。

在动力荷载作用下，混凝土还表现出明显的率敏感性，即随着加载速率的提高，混凝土的强度和刚度都会随之表现出明显的提高。混凝土的率敏感性实质上是其非线性在动力荷载作用下的特殊表现。但是由于其对于结构动力分析具有重要的意义，所以现有的研究倾向于将其独立于静力非线性的研究而单独开展。另一方面，虽然混凝土受力行为的率敏感性已经被众多的试验研究所证实，但是混凝土率敏感性产生的物理机理却长期没有定论，现有的文献中大多将其归结为：黏性效应、惯性效应和微裂缝演化效应[6]。黏性效应主要用于描述黏性流体的率敏感性，用于混凝土材料是否适合还没有定论；惯性效应只有在很高的加载速率下才会产生明显的效果，但是实验证实在不高的应变率作用下混凝土的强度提高已经很明显；微裂缝的演化触及了率敏感性的实质，即不同的应变率下微裂缝的演化是不一样的，但是并没有具体指出怎样的微裂缝动力演化引起怎样的率敏感性。换句话说，微裂缝效应仅定性地触及了率相关效应的物理机制，而缺乏从定量角度揭示其本质的研究。

一般而言，混凝土的本构关系是指在外部作用下混凝土内部应力与应变之间的物理关系。由于这种物理关系在细观意义上描述了混凝土的基本力学性质，因此，它构成了研究混凝土构件和结构在外部作用下的变形及运动的基础。在一定意义上，混凝土非线性分析研究的核心和灵魂是混凝土本构关系的研究[1]。将混凝土的基本物理力学特性用数学物理模型加以合理的描述，是混凝土的本构关系研究的基本目的。

1.2　混凝土损伤力学述评

在相当长的一个历史时期，经典弹性力学、塑性力学、断裂力学等多种理论相继被引入混凝土本构关系的研究之中。然而，人们在经过大量探索之后不无遗憾地发现，这些理论很难客观、全面地反映混凝土受力力学行为。由于在本构关系研究中的困难，使得在结构构件乃至结构整体层次上的研究大多局限于经验科学的层面。前已述及，混凝土的非线性特性表现出典型的“软化”“弱化”的特征，而针对“软化”“弱化”导致非线性问题的建模是损伤力学的主要研究内容。20 世纪 80 年代以来，伴随着损伤力学登上混凝土研究的历史舞台，混凝土本构关系研究与结构非线性分析研究均开始出现一系列观念上的变化。

1.2.1　宏观连续介质损伤理论

在 Kachanov[7]，Robotnov[8]，Lemaitre and Chaboche[9] 等人的早期研究基础上，到 20 世纪 70 年代中期，损伤力学的理论框架逐步形成。1972 年，Hult 正式提出了损伤力学（damage mechanics）这一概念[10]。1981 年，在法国召开了损伤力学的第一次国际会议。20 世纪 80 年代以来，损伤力学引起了各国学者的广泛兴趣，得以迅速发展，并在实际工程中得到越来越广泛的运用。

一般认为,最早将损伤力学的基本概念应用于描述混凝土非线性特性的是 Dougill[11]。但是,混凝土损伤力学理论研究中第一个具有开创意义的工作是 Ladeveze 和 Mazars 做出的[12-14]。众所周知:混凝土最典型的性质是其在拉应力和压应力作用下表现出迥异的强度与刚度特性(所谓单边效应)。为了考虑单边效应,Ladeveze[12] 最先引入应力张量的正负分解

$$\boldsymbol{\sigma} = \boldsymbol{\sigma}^{+} + \boldsymbol{\sigma}^{-} \tag{1-1}$$

并假设由正应力引起受拉损伤,负应力引起受压损伤,在复杂加载时,损伤为受拉损伤和受压损伤的组合。

1984 年,Mazars[13] 进一步引入了等效单轴应变建立经验损伤演化方程,形成了针对混凝土材料的各向同性损伤模型。

根据 Lemaitre 等效应力假定,损伤材料的应力-应变关系可以定义为

$$\sigma = (1 - D)E_0\varepsilon \tag{1-2}$$

其中,E_0 为未损伤材料的弹性模量,D 为标量损伤变量。

与 Ladeveze[12] 相类似,Mazars 认为损伤变量 D 可以表示成受拉损伤变量 D_T 和受压损伤变量 D_C 的线性组合

$$D = \alpha_T D_T + \alpha_C D_C \tag{1-3}$$

并将经验的损伤演化方程取为

$$D_T = 1 - \frac{\varepsilon_0(1 - A_T)}{\varepsilon_{eq}} - \frac{A_T}{e^{B_T(\varepsilon_{eq} - \varepsilon_0)}} \tag{1-4}$$

$$D_C = 1 - \frac{\varepsilon_0(1 - A_C)}{\varepsilon_{eq}} - \frac{A_C}{e^{B_C(\varepsilon_{eq} - \varepsilon_0)}} \tag{1-5}$$

式中,A_T, A_C, B_T, B_C 和 ε_0 均为材料常数。

显然,这一表述方式与混凝土一维受力的应力-应变关系有着强烈的关联。

线性组合系数 α_T 和 α_C 满足

$$\alpha_T + \alpha_C = 1 \tag{1-6}$$

Mazars 建议的表达式为

$$\alpha_T = \sum_{i=1}^{3} \frac{\varepsilon_i^t \langle \varepsilon_i \rangle}{\varepsilon_{eq}^2} \tag{1-7}$$

$$\alpha_C = \sum_{i=1}^{3} \frac{\varepsilon_i^c \langle \varepsilon_i \rangle}{\varepsilon_{eq}^2} \tag{1-8}$$

其中,ε_i^t 和 ε_i^c 可由未损伤材料的应力(有效应力)计算给出。

在上述模型中,等效应变定义为

$$\varepsilon_{eq} = \sqrt{\langle \varepsilon_1 \rangle^2 + \langle \varepsilon_2 \rangle^2 + \langle \varepsilon_3 \rangle^2} \tag{1-9}$$

此处

$$\langle \varepsilon_i \rangle = \frac{1}{2}(\varepsilon_i + |\varepsilon_i|) \quad i = 1, 2, 3 \tag{1-10}$$

其中,$|\cdot|$表示绝对值。事实上,等效应变的引入形成了多维受力本构关系的基础。

Mazars 模型[13]虽然带有极强的经验性,但由于其等效应变表达形式具有简洁性和实用性,且损伤演化表达式(1-4)和式(1-5)具有高阶光滑性,从而有利于结构非线性分析的收敛。这一思路,对后续的混凝土损伤力学研究产生了深远影响。

1986 年,Mazars[14]基于前述应力张量分解的思路,进一步引入弹性损伤能释放率建立损伤准则,为混凝土损伤力学的进一步发展奠定了基础。在这一研究中,Mazars 认为材料的 Helmholtz 自由能势可表

达为

$$\psi=\frac{1}{2(1-d^{+})}\boldsymbol{\sigma}^{+}:\mathbf{C}_0^{-1}:\boldsymbol{\sigma}^{+}+\frac{1}{2(1-d^{-})}\boldsymbol{\sigma}^{-}:\mathbf{C}_0^{-1}:\boldsymbol{\sigma}^{-} \tag{1-11}$$

其中，$\mathbf{C}_0$ 为材料的弹性刚度张量；d^+ 和 d^- 分别为受拉损伤变量和受压(剪)损伤变量。

根据能量力学基本原理，对 Helmholtz 自由能势求偏导可得应力应变关系

$$\boldsymbol{\varepsilon}=\frac{\partial\psi}{\partial\boldsymbol{\sigma}}=\mathbf{C}_0^{-1}:\left[\frac{1}{(1-d^{+})}\boldsymbol{\sigma}^{+}+\frac{1}{(1-d^{-})}\boldsymbol{\sigma}^{-}\right] \tag{1-12}$$

定义损伤能释放率为

$$Y^{+}=-\frac{\partial\psi}{\partial d^{+}}=\frac{\boldsymbol{\sigma}^{+}:\mathbf{C}_0^{-1}:\boldsymbol{\sigma}^{+}}{2(1-d^{+})^2} \tag{1-13}$$

$$Y^{-}=-\frac{\partial\psi}{\partial d^{-}}=\frac{\boldsymbol{\sigma}^{-}:\mathbf{C}_0^{-1}:\boldsymbol{\sigma}^{-}}{2(1-d^{-})^2} \tag{1-14}$$

并将损伤演化方程表述为 Y 的函数，且仍采用与式(1-4)和式(1-5)类似的经验表达式

$$d^{+}=g^{+}(Y^{+})=1-\frac{Y_0^{+}(1-A^{+})}{Y^{+}}-\frac{A^{+}}{e^{B^{+}(Y^{+}-Y_0^{+})}} \tag{1-15}$$

$$d^{-}=g^{-}(Y^{-})=1-\frac{Y_0^{-}(1-A^{-})}{Y^{-}}-\frac{A^{-}}{e^{B^{-}(Y^{-}-Y_0^{-})}} \tag{1-16}$$

其中，A^+，A^-，B^+，B^-，Y_0^+ 以及 Y_0^- 均为材料常数。

上述模型具有较为坚实的热力学基础，能够很好地模拟混凝土材料在低周反复荷载作用下的刚度退化，分析结果与单轴试验结果的吻合程

度也令人满意。

应力张量正负分解以及将与损伤变量对偶的损伤能释放率作为基本变量建立损伤演化法则的建模思路，对混凝土损伤力学的发展产生了深远的影响。上述模型，后来被称为Ledeveze-Mazars单边损伤本构模型[3]。

后续研究表明：Ledeveze-Mazars模型在本质上属于弹性损伤模型，并不能很好地反映多轴受压应力状态下混凝土强度和延性的提高。为此，不少研究者试图在弹性损伤的框架内修正和完善Ladeveze-Mazars模型，其中代表性的工作包括Mazars and Pijaudier-Cabot[15]、Lubarda et al[16]、Comi et al[17]、Papa and Taliercio[18]以及Comi and Perego[19]等。然而由于弹性损伤框架的局限性，上述模型并没有在Ladeveze-Mazars模型的基础上取得实质性进展，所建立的模型也很难很好地反映混凝土多轴非线性行为的机理和特性，尤其是在多轴受压区，模型预测结果与试验结果存在显著差距[20]。

弹性损伤模型的根本缺陷在于没有反映混凝土受力非线性发展过程中部分存在塑性变形这一事实。因此，自20世纪80年代中期以来，一批研究者试图突破弹性损伤的理论框架，将塑性应变及其演化规律引入到损伤本构关系的建模过程中，以期能够反映混凝土材料的残余变形。在此方向，研究工作大体上沿着两个侧面展开。其一是在Cauchy应力空间建立塑性应变的演化方程，如Ortiz[21]、Simo and Ju[22,23]、Lubliner et al[24]、Yazdani and Schreye[25]、Abu-Lebdeh and Voyiadjis[26]以及Carol[27]等。Cauchy应力表征宏观水平的表观应力，材料进入软化段后，宏观应力会产生下降，基于Cauchy应力空间建立的弹塑性损伤模型必然涉及屈服面收缩问题，因此会出现数值收敛和稳定性等一系列问题。而在另一侧面，在有效应力空间建立塑性应变演化方程，则不会出现这些问题。事实上，在加载过程中，有效应力空间内的屈服面一直处于膨胀状态而不存在收缩，因此可以避免软化段的复杂处理问题。在此侧面的典型研究见于 Ju[28]、Lee and Fenves[29]、Faria et al[30]和 Jason et al[31]等。

为了说明上述研究的脉络，需要先介绍有效应力的概念。在外力作用下，材料产生应变 ε。对于已损伤材料，材料单元体上承担的应力就是结构对应点的实际应力，定义为柯西(Cauchy)应力 σ；而与之对应的未损伤材料产生相同的应变 ε 后材料单元体上所承担的应力，就定义为有效应力 $\bar{\sigma}$，如图 1-2 所示。

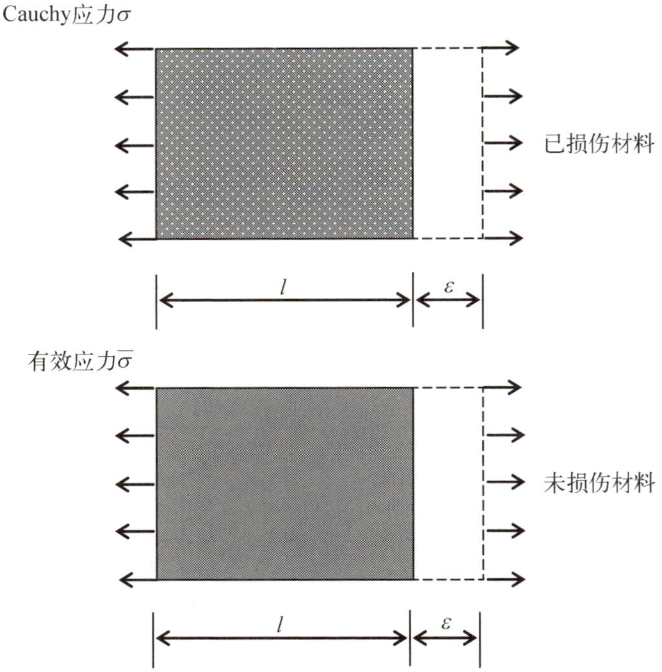

图 1-2　有效应力与柯西应力

实际上，如果将损伤理解为材料内部的微空洞和微缺陷，那么有效应力相当于作用在材料中除去空洞和缺陷之后的“净”面积上的应力。实际中，如果考虑材料的塑性变形，那么材料的总应变 $\boldsymbol{\varepsilon}$ 会包含弹性应变 $\boldsymbol{\varepsilon}_e$ 和塑性应变 $\boldsymbol{\varepsilon}_p$，即

$$\boldsymbol{\varepsilon} = \boldsymbol{\varepsilon}_e + \boldsymbol{\varepsilon}_p \tag{1-17}$$

此时有效应力定义为

$$\bar{\boldsymbol{\sigma}} = \mathbf{C}_0 : \boldsymbol{\varepsilon}_e = \mathbf{C}_0 : (\boldsymbol{\varepsilon} - \boldsymbol{\varepsilon}_p) \tag{1-18}$$

为考虑单边效应，对有效应力张量也可以作正负分解，有

$$\bar{\boldsymbol{\sigma}} = \bar{\boldsymbol{\sigma}}^{+} + \bar{\boldsymbol{\sigma}}^{-} \tag{1-19}$$

1998年，Faria et al[30]提出了基于有效应力分解的损伤能释放率表达式

$$\psi = (1-d^{+})\psi^{+} + (1-d^{-})\psi^{-} = \frac{1}{2}(1-d^{+})\bar{\boldsymbol{\sigma}}^{+} : \mathbf{C}_0^{-1} : \bar{\boldsymbol{\sigma}}^{+} + \frac{1}{2}(1-d^{-})\bar{\boldsymbol{\sigma}}^{-} : \mathbf{C}_0^{-1} : \bar{\boldsymbol{\sigma}}^{-} \tag{1-20}$$

由不可逆热力学原理，Faria et al[30]推导得到了损伤本构关系的基本表达式

$$\boldsymbol{\sigma} = (1-d^{+})\bar{\boldsymbol{\sigma}}^{+} + (1-d^{-})\bar{\boldsymbol{\sigma}}^{-} \tag{1-21}$$

基于有效应力分解的损伤能释放率表述，为在有效应力空间内处理塑性变形问题提供了方便与可能。但令人遗憾的是，为了较好地逼近试验结果，Faria et al[30]放弃了基于损伤能释放率建立损伤演化表达式这一途径，转而完全根据经验人为地定义了所谓“等价应力”，即

$$\tau^{+} = \sqrt{\bar{\boldsymbol{\sigma}}^{+} : \mathbf{C}_0^{-1} : \bar{\boldsymbol{\sigma}}^{+}} \tag{1-22}$$

$$\tau^{-} = \sqrt{\sqrt{3}(K\bar{\sigma}_{oct}^{-} + \bar{\tau}_{oct}^{-})} \tag{1-23}$$

其中，$\bar{\sigma}_{oct}^{-}$和$\bar{\tau}_{oct}^{-}$为八面体上有效应力负分量；K为材料参数，用以描述混凝土二维受压加载下的抗压强度提高。

Faria et al[30]根据上述“等价应力”的定义，同时对损伤演化函数表达式(1-4)和表达式(1-5)进行了适当调整，给出了下述损伤演化表达式

$$d^{+}=g^{+}(\tau^{+})=1-\frac{\tau_0^{+}}{\tau^{+}}e^{B^{+}\left(1-\frac{\tau^{+}}{\tau_0^{+}}\right)} \tag{1-24}$$

$$d^{-}=g^{-}(\tau^{-})=1-\frac{\tau_0^{-}(1-A^{-})}{\tau^{-}}-\frac{A^{-}}{e^{B^{-}(\tau^{-}-\tau_0^{-})}} \tag{1-25}$$

显然，这种损伤变量演化法则依然带有极强的经验痕迹。

对于塑性应变演化的处理，是建立弹塑性损伤模型时需要考虑的另一个重要问题。原则上，可以采用经典塑性力学中的类似手法处理这一问题，但是考虑到直接运用塑性力学方法在屈服状态判断时需要进行迭代，出于大型结构非线性分析时的计算效率考虑，不少学者主张采用经验表达的方法来考虑塑性变形，如 Resende[32]，Faria et al[30]，Valliappan et al[33]和 Hatzigeorgioiu et al[34]。其中 Faria et al[30]建议的经验塑性应变率表达式为

$$\dot{\boldsymbol{\varepsilon}}_p=\beta E_0 H(\dot{d}^{-})\frac{\bar{\boldsymbol{\sigma}}:\dot{\boldsymbol{\varepsilon}}}{\bar{\boldsymbol{\sigma}}:\bar{\boldsymbol{\sigma}}}\mathbf{C}_0^{-1}:\bar{\boldsymbol{\sigma}} \tag{1-26}$$

式中，β 为经验系数；$H(\cdot)$为 Heaviside 函数。

Valliappan et al[33]根据有效应力张量的定义，在应变主轴方向考虑塑性变形，认为塑性变形为主轴方向历史最大变形的 δ 倍，即

$$\boldsymbol{\varepsilon}_p=\delta\boldsymbol{\varepsilon}_{\max} \tag{1-27}$$

上述两个经验塑性模型均在弹塑性损伤建模中得到了广泛的应用。

损伤力学的核心问题之一是如何建立合理的损伤准则和损伤演化法则。在上述损伤本构模型中，基于损伤能释放率建立损伤准则（如 Mazars 弹性损伤本构模型[14]、Simo-Ju 弹塑性损伤模型[22,23]等）虽然具有明确的不可逆热力学基础，但分析结果无法准确模拟混凝土的力学行为；而基于经验建立损伤准则（如 Resende 模型[32]、Faria 模型[30]等）虽然可以较好地模拟混凝土的力学行为，但理论框架缺乏热力学基础，

从而使其普遍性受到质疑。针对这一困境,吴建营、李杰从考虑损伤和塑性的耦合效应入手,引入弹塑性 Helmholtz 自由能势,基于损伤能释放率建立损伤准则,形成了具有热力学基础的双标量弹塑性损伤模型[20,35-39]。

为了考虑塑性耗散,可将 Helmholtz 自由能势分解为弹性和塑性部分

$$\psi(\bar{\boldsymbol{\sigma}}, \boldsymbol{\kappa}, d^{+}, d^{-}) = \psi^{e}(\bar{\boldsymbol{\sigma}}, d^{+}, d^{-}) + \psi^{p}(\boldsymbol{\kappa}, d^{-}) \quad (1-28)$$

其中弹性 Helmholtz 自由能势为

$$\begin{aligned}\psi^{e}(\bar{\boldsymbol{\sigma}}, d^{+}, d^{-}) &= \psi^{e+}(\bar{\boldsymbol{\sigma}}^{+}, d^{+}) + \psi^{e+}(\bar{\boldsymbol{\sigma}}^{-}, d^{-}) \\ &= \frac{1}{2}(1-d^{+})\bar{\boldsymbol{\sigma}}^{+} : \mathbf{C}_0^{-1} : \bar{\boldsymbol{\sigma}}^{+} \\ &\quad + \frac{1}{2}(1-d^{-})\bar{\boldsymbol{\sigma}}^{-} : \mathbf{C}_0^{-1} : \bar{\boldsymbol{\sigma}}^{-}\end{aligned} \quad (1-29)$$

而塑性 Helmholtz 自由能势 ψ^{p} 只与塑性变量 $\boldsymbol{\kappa}$ 以及受剪损伤变量 d^{-} 有关,表示为

$$\psi^{p}(\boldsymbol{\kappa}, d^{-}) = (1-d^{-})\psi_0^{p}(\boldsymbol{\kappa}, d^{-}) \quad (1-30)$$

$$\psi_0^{p}(\boldsymbol{\kappa}, d^{-}) = \frac{b}{2E_0}\left(3\bar{J}_2^{-} + \eta^{p}\bar{I}_1^{-}\sqrt{3\bar{J}_2^{-}} - \frac{1}{2}\bar{I}_1^{+}\bar{I}_1^{-}\right) \quad (1-31)$$

式中,$\bar{J}_2^{-} = \bar{s}^{-} : \bar{s}^{-}/2$ 为有效受压偏应力 $\bar{s}^{-}$ 的第二不变量;$\bar{I}_1^{+}$ 为 $\bar{\sigma}^{+}$ 的第一不变量;$\bar{I}_1^{-}$ 为 $\bar{\sigma}^{-}$ 的第一不变量;b 为材料参数,可根据实验确定。

与损伤变量对偶的损伤能释放率表达式为

$$Y^{+} = -\frac{\partial\psi}{\partial d^{+}} = \frac{1}{2}\bar{\boldsymbol{\sigma}}^{+} : \mathbf{C}_0^{-1} : \bar{\boldsymbol{\sigma}}^{+} \quad (1-32)$$

$$Y^{-} = -\frac{\partial\psi}{\partial d^{-}} = b\left(\alpha\bar{I}_1^{-} + \sqrt{3\bar{J}_2^{-}}\right)^2 \quad (1-33)$$

类似于 Mazars 的猜测，在吴-李模型中，损伤演化法则取为

$$d^{+}=1-\frac{r_0^{+}}{r^{+}}\left[(1-A^{+})e^{B^{+}\left(1-\frac{r^{+}}{r_0^{+}}\right)}+A^{+}\right]\quad(r^{+}\geqslant r_0^{+})\tag{1-34}$$

$$d^{-}=1-\frac{r_0^{-}}{r^{-}}(1-A^{-})-A^{-}e^{B^{-}\left(1-\frac{r^{-}}{r_0^{-}}\right)}\quad(r^{-}\geqslant r_0^{-})\tag{1-35}$$

式中，r_0^{+}和 r_0^{-} 为初始受拉和受剪损伤能释放率阈值；r^{+}和 r^{-} 为即时受拉和受剪损伤能释放率；A^{+}，A^{-}，B^{+} 和B^{-} 均为模型参数，可以根据试验得到的混凝土单轴受拉和单轴受压应力-应变曲线标定。

对比研究表明：应用吴-李模型的数值算法相对简单，计算效率能够满足大型混凝土结构非线性分析的需要。从而，在理论性和实用性上取得了较好的统一。但是，虽然通过引入弹塑性损伤能释放率，在损伤准则建立上奠定了热力学基础，但损伤演化法则仍然在本质上带有经验色彩。事实上，在宏观连续介质力学框架中，是难于在物理本质上揭示损伤演化规律的[2]。

1.2.2 细观随机损伤理论

与宏观损伤力学的研究相对比，细观损伤力学试图从混凝土细观缺陷(微裂缝、微空洞)的形成与发展的角度反映混凝土力学行为的发展、变化过程。对于最简单的微缺陷构型和加载条件，特别是单调裂缝在无穷远应力作用下的情形，材料宏观性质的变化规律可以得到解析解，这方面的研究已经相当成熟，Nemat-Nasser and Horri 的专著[40]对此进行了详细的讨论。为了考虑微裂缝间相互作用的影响，各国研究者也已经进行了大量的研究，形成了包括 Mori-Tanaka 方法[41]、自洽方法(Budiasky and O'connell[42])、广义自洽方法(Christensen and Lo[43])、

微分方法(Norris[44]以及 Hashin[45])等系列研究成果。但是,上述方法都只能在稀疏裂缝分布的前提下描述裂缝之间的弱相互作用。如何基于微裂缝系综模型描述加载中后期混凝土中微裂缝之间的交错、合并甚至形成剪切带等强相互作用,至今仍然是世界性的难题。

混凝土的细观结构具有典型的随机性,这种随机性对于其中微裂缝群的演化有着深刻的影响,进而也影响到材料的宏观损伤演化。所以在混凝土的细观损伤建模过程中,微结构的随机性影响不容忽略。现有的细观损伤理论,并不能具象地直接考虑混凝土随机微结构中的微裂缝形成和扩展。而采用抽象的方式,则可以考虑微结构的随机性及其对宏观非线性的影响。

1986 年,Krajcinovic and Fanella[46]将经典弹簧模型引入混凝土损伤研究中,以并联弹簧束(图 1-3)的随机断裂模拟材料的破坏机制,从弹簧束破坏概率的角度定义了材料的损伤。模型中假设各弹簧刚度相同,弹簧断裂强度 f_R 服从某一分布,将损伤定义为

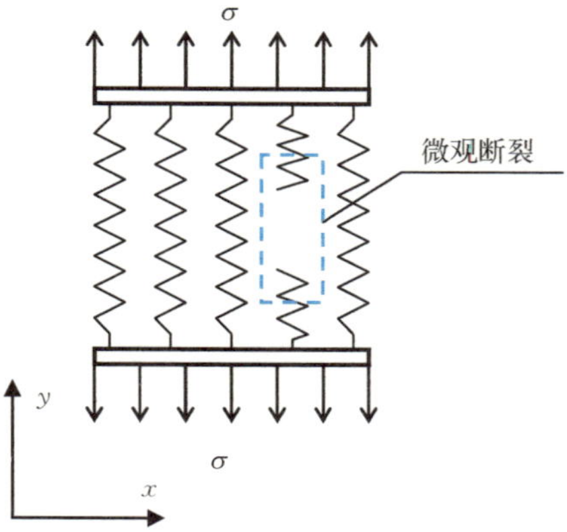

图 1-3 并联弹簧束模型

$$d = \frac{\int_{r}^{kx} p(f_R)\mathrm{d}f_R}{\int_{r}^{F_R} p(f_R)\mathrm{d}f_R} = \mathrm{Prob}(f_R \leqslant kx) \tag{1-36}$$

式中,x 为弹簧束位移,k 为弹簧束的刚度,因此,kx 表示弹簧束的力;F_R 为弹簧束中最强弹簧的断裂强度;$p(f_R)$ 为弹簧断裂强度概率分布密度函数;而 Prob(·)表示某一事件发生的概率。

若假定弹簧断裂强度服从 Weibull 分布,损伤演变规律可用弹簧束内力表示为

$$d(kx)=1-\mathrm{e}^{-\left(\frac{kx}{\theta}\right)^m} \tag{1-37}$$

式中，m 和 θ 是 Weibull 分布的形状和标度参数。

假设各个弹簧断裂强度为同一分布，可得到弹脆性材料的损伤本构关系。例如单轴受拉本构方程可写成

$$\sigma=(1-d)E\varepsilon \tag{1-38}$$

值得指出的是：在 Krajcinovic 的研究中，直接用细观单元的断裂概率定义损伤变量。而在本质上，如此定义的损伤变量是确定性变量而非随机变量。因此，该模型并不能确定损伤演化过程中的随机演化特征和变异性信息。换言之，Krajcinovic 模型在本质上属于确定性本构关系模型。

1996 年，Kandarpa et al[47] 对 Krajcinovic 模型作出进一步扩展，将弹簧的破坏强度用连续的随机变量表示，并且通过随机场的相关结构考虑相邻缺陷之间的相互影响，建立了基于弹簧模型的混凝土单轴受压随机损伤本构模型。根据 Kandarpa et al 的推导，可得损伤的均值和方差

$$\mu_\Omega(d)=F_\Delta(d) \tag{1-39}$$

$$\sigma_\Omega^2(d)=2\int_0^1(1-r)F_\Delta(d,\ d;\ r)\mathrm{d}r-\mu_\Omega^2(d) \tag{1-40}$$

式中，d 为位移；$F_\Delta(d)$ 为随机场的一维分布函数，模型中假定随机场的分布函数与空间坐标无关；$F_\Delta(d,\ d;\ r)$ 为随机场的二维分布函数，模型中假定二维分布函数只与随机场中两点的绝对距离 r 有关。

Kandarpa 模型考虑了随机变量的相关性、部分反映了损伤的随机性，是第一个真正意义上的细观随机损伤模型。但是，由于处于研究的初始阶段，该模型在建模过程中未加说明地采用受压力-位移曲线拟合受拉损伤的演化，从而使这一模型的可信性受到质疑。另外，从本质上

考察 Kandarpa 模型属于弹性损伤模型范围。

微弹簧模型的本质，是将材料力学性质的随机性作为损伤的演化依据之一，这就能自然而然地将混凝土材料内秉的非线性与随机性及两者的耦合作用纳入到一个统一模型中来。基于从细观物理机制入手研究损伤演化的基本观点，李杰等对 Kandarpa 模型做出了系列的改造[48-53]，采用细观尺度意义上断裂应变服从某类概率分布的微弹簧模型来表征基本细观单元，并引入声发射技术与随机建模准则，逐步发展了两类细观随机断裂-滑移模型[2]，如图 1-4 所示。进而，通过引入能量等效应变并与前述双标量弹塑性损伤模型相结合，发展了一类新型的弹塑性损伤模型[51]，较好地解决了非线性与随机性的综合反应问题。

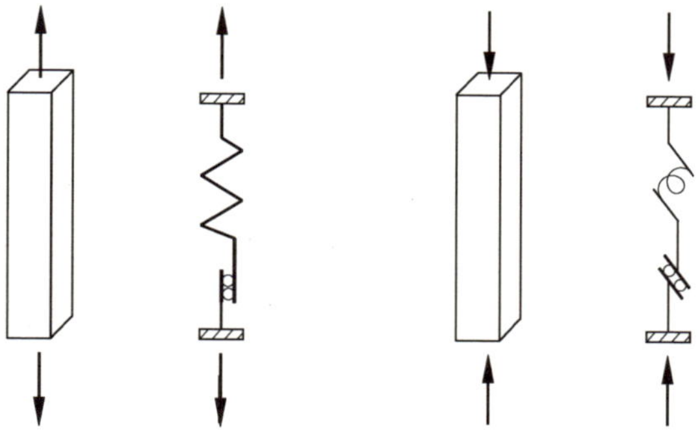

图 1-4 混凝土损伤细观随机断裂模型

(a) 受拉单元；(b) 受剪单元

在上述模型中，在细观层次上将混凝土离散为具有一定特征高度和截面积的小柱体，并用微弹簧模型加以表示。拉伸(或剪切)微弹簧均假定为理想弹脆性材料，其断裂应变为一随机变量。根据细观损伤力学分析，可得损伤演化规律为

$$d^{+}=g^{+}(\varepsilon^{+})=\int_{0}^{1}H[\varepsilon^{+}-\Delta^{+}(x)]\mathrm{d}x \qquad (1-41)$$

$$d^{-} = g^{-}(\varepsilon^{-}) = \int_0^1 H[\varepsilon^{-} - \Delta^{-}(x)]\mathrm{d}x \tag{1-42}$$

式中，$\Delta^{\pm}(x)$ 为一维断裂应变场；$\varepsilon^{\pm}$ 为控制应变。

利用随机分析方法，可由上两式得到损伤的统计特征和概率分布[51,52]。损伤的均值演化为

$$\mu_{d^{\pm}}(\varepsilon^{\pm}) = F^{\pm}(\varepsilon^{\pm}) \tag{1-43}$$

而损伤的方差演化为

$$V_{d^{\pm}}^{2} = 2\int_0^1 (1-\gamma)F^{\pm}(\varepsilon^{\pm}, \varepsilon^{\pm}; \gamma)\mathrm{d}\gamma - F^{\pm}(\varepsilon^{\pm})^2 \tag{1-44}$$

其中，$F^{\pm}(\varepsilon^{\pm})$ 和 $F^{\pm}(\varepsilon^{\pm}, \varepsilon^{\pm}; \gamma)$ 为细观断裂随机场的一维和二维分布函数。

本质上，微弹簧模型是一种抽象细观模型，它从一定程度上反映了损伤导致应力重分布的物理本质，因此，它反映了混凝土的非线性、随机性及其联系。但是由于这种反映是笼统而抽象的，其模型参数的识别必然有赖于对于实验数据的拟合。

1.2.3 率相关损伤演化研究

在动力加载条件下，需考虑混凝土的应变率效应。现有的连续损伤力学方面的研究大多倾向于利用静力损伤理论的框架，直接引入率相关的损伤演化函数，从而建立动力连续损伤力学体系。在连续介质损伤力学框架内，损伤演化方程可以统一表示为

$$\dot{d}^{\pm} = \dot{\lambda}^{\pm}\frac{\partial f^{\pm}}{\partial Y^{\pm}} \tag{1-45}$$

其中，$f^{\pm}$ 为损伤势函数。

对于静力损伤演化情况，损伤一致性因子 $\dot{\lambda}^{\pm}$ 可以由一致性条件

求出；对于动力加载情况，为了考虑材料的率敏感性，Simo and Ju[22,28]参照粘塑性力学的处理技巧，直接引入损伤一致性因子的经验表达式如下

$$\dot{\lambda}^{\pm}=\gamma_{d}^{\pm}\left(\frac{r^{\pm}}{\lambda^{\pm}}-1\right)^{n_{d}^{\pm}} \tag{1-46}$$

式中，$\gamma_{d}^{\pm}$和$n_{d}^{\pm}$均为控制动力损伤演化的材料参数。

上述处理方式虽然能够简单地将动力损伤演化与静力损伤演化统一起来，但是动力损伤演化的求解还是需要处理隐式非线性方程，这大大增加了结构模拟的计算量。1996年，Cervera et al[54]进一步改进了上述动力损伤演化表达式，给出了显式动力损伤演化方程，即

$$\begin{cases}d^{\pm}=g^{\pm}(r_{d}^{\pm})\\ \dot{r}_{d}^{\pm}=\gamma_{d}^{\pm}\left(\dfrac{r^{\pm}}{r_{d}^{\pm}}-1\right)^{n_{d}^{\pm}}\end{cases} \tag{1-47}$$

式中，$r_{d}^{\pm}$为动力损伤驱动力，而$r^{\pm}$为静力损伤驱动力，一般取为损伤能释放率或其单调函数。

动力作用下混凝土的细观损伤研究非常少。在既有研究中，Eibl and Schmidt-Hurtienne[55]借助前述微弹簧模型的基本思路，对黏弹性模型进行了推广。在Eibl的工作中，首先引入质量元件描述动力加载的局部惯性力效应，然后用质量元件、弹簧元件以及摩擦元件组成基本受力元件，最后将多个服从某种概率分布的基本受力元件并联，用以建立混凝土材料单轴受力的率相关模型(图1-5)。在这个模型中，混凝土的损伤可以用上述并联弹簧束的断裂表示，在弹簧断裂后，由于质量、黏性和摩擦元件的作用，应力不会立即降为0，而是存在一个应力释放和衰减的时间过程，基于此得到下述单轴动力本构方程

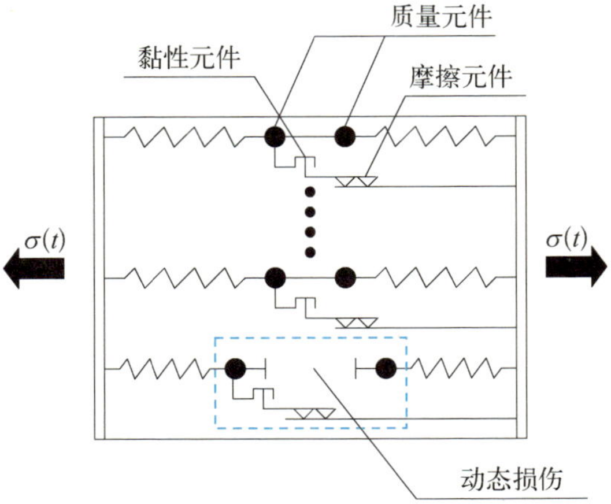

图 1-5　Eibl 模型示意

$$\sigma(t)=E\varepsilon(t)\left\{[1-D(\varepsilon)]+\int_0^t\frac{\partial D}{\partial\varepsilon}\frac{\partial\varepsilon}{\partial\tau}g(t-\tau)\mathrm{d}\tau\right\}+\sigma_{fr}D(\varepsilon)[1-D_{fr}(\varepsilon)] \tag{1-48}$$

其中静态损伤演化函数取 Weibull 分布函数

$$D(\varepsilon)=1-\mathrm{e}^{-\frac{1}{2}\left(\frac{\varepsilon-\varepsilon_0}{a\varepsilon_0}\right)^2}\quad\varepsilon\geqslant\varepsilon_0 \tag{1-49}$$

其中，a 为形状参数，ε_0 为初始损伤阈值。$D_{fr}(\varepsilon)$ 表示弹簧断裂后内摩擦力的随机分布，也取为 Weibull 分布

$$D_{fr}(\varepsilon)=1-\mathrm{e}^{-\frac{1}{2}\left(\frac{\varepsilon-\varepsilon_0}{b\varepsilon_0}\right)^2}\quad\varepsilon\geqslant\varepsilon_0 \tag{1-50}$$

b 为形状参数。衰减函数 $g(t-\tau)$ 可取为指数函数形式或者直线函数形式。

上述模型从混凝土率效应产生的物理机理出发，分别采用不同的元件来描述细观层次上的黏性效应、惯性效应和微裂缝演化效应，并基于此建立了微观动力方程。但是，在从微观到宏观的建模过程中，该模型仅仅简单地用极值分布来代替损伤演化，并不能描述损伤演化的随机性，亦不能说明率效应对损伤演化随机性的影响。

1.2.4 简短的评论

经过了近30年的发展，已经初步形成了比较完整的混凝土损伤力学理论体系，并且开始在实际工程中得到应用。但是，通过上面的讨论不难发现，现存理论中仍然存在着一些非常基本的、带有基础性的关键问题尚待解决。现代连续介质损伤力学试图将理论框架构筑在不可逆热力学理论之上，力图建立起严密的理论体系。然而，对于其理论体系中最重要的部分，即损伤演化法则，却不能从不可逆热力学体系中直接得到，现有的连续介质损伤力学体系从本质上来讲是唯象的，对于物理本质依赖于细观基础的损伤演化规律在逻辑上已不可能直接获取，因此，对混凝土材料而言，从微裂缝的产生、扩展及其导致的应力重分布过程的角度求解损伤演化，是混凝土损伤力学发展的必由之路[2]。

最近一二十年间，伴随着计算理论和技术的飞速发展，多尺度理论渐渐得到研究者们的关注。基于多尺度思想重新审视材料的损伤和破坏问题，是一个现实可能的新途径。事实上，损伤产生的原因，即材料的微缺陷与微裂缝，是细观尺度的物理问题；而损伤导致的结果，即结构的渐进式破坏，是宏观尺度的物理问题。原因与结果之间的联系，是两个尺度物理规律之间的联系。这样，我们就有望从多尺度思想出发，借助现代数值计算技术，推进混凝土损伤力学关键科学问题的解决。

1.3 多尺度理论述评

在长期的研究中人们发现，一些科学和工程问题具有复杂的空间结构和时间结构。同一个问题在不同的尺度上会显现出迥异的形态，对其进行描述的物理规律也截然不同。比如固体问题，在宏观尺度上可以看作连续体，采用连续介质力学进行描述，而在微观尺度上就需要考虑其晶体结构，采用分子动力学进行模拟。再比如湍流问题，不同尺度的涡连续变化，具有从耗散尺度到积分尺度的连续谱，其常用的大涡模拟方法中，需采用计算模拟大尺度涡而解析模拟小尺度涡。如果尺度之间的耦合可以忽略，单个尺度上的物理过程完全可以由经典力学或量子力学描述，剩下的就是类似于解方程那样的认识过程；而大多数多尺度问题涉及统计力学中非平衡态的非线性演化过程，不同的尺度之间存在强耦合或敏感耦合，不能简单地在一个尺度上直接处理，而必须将不同尺度耦合求解（何国威、白以龙[56]）。另一方面，在理论和实践领域长期未得到解决的一些经典问题，恰恰具有上述多尺度耦合特性。

在多尺度思想的框架下，多尺度方法呈现出多样性。实际上，目前的研究并不能给出对一般多尺度力学问题的普适方法。对于不同的问题，研究者所建立的多尺度理论体系往往有着巨大的差别，所依赖的分析工具也各不相同。所以选取适当的多尺度方法体系，是进行多尺度科学研究首先要考虑的问题。

对于混凝土结构的损伤和破坏问题，其涉及的尺度如图 1-1 所示。其中宏观构件和结构的尺度是必须仔细考虑的，我们研究的目的就是模拟和预测混凝土结构的性能，保证结构的安全性和使用性。在宏观构件和结构尺度上，混凝土可以看作连续体，采用连续损伤力学进行描述。与宏观尺度联系最紧密的就是混凝土材料尺度，在这个尺度上，混凝土是一种颗粒复合材料，基体为水泥砂浆，增强颗粒为粗骨料。在外力作用下，混凝土内部会产生微裂缝，微裂缝的扩展和汇集是混凝土损伤的根本原因。混凝土材料尺度的分析主要依赖于复合材料断裂力学和数值模拟，其中准确模拟微裂缝的产生和扩展是这个尺度上分析的关键。对于材料破坏和损伤的分析显然需要考虑非线性，理论上讲非线性体系的两尺度耦合应该考虑为强相互作用，采用并行（concurrent）多尺度方法进行分析。然而实际分析中我们发现：一方面并行多尺度方法需要耗费大量的计算量，在现阶段还不具备实用性；另一方面，考虑弱尺度间相互作用的串行(hierarchy)多尺度方法不仅计算简便，同时在一个相当宽的范围内也可以给出令人满意的结果。所以本书在多尺度耦合分析中采用了后一类方法。

在固体复合材料的研究中，最常用的串行多尺度方法就是均匀化理论(homogenization theory)。后来为了研究复合材料的损伤和破坏，研究者又将均匀化方法推广到了损伤理论中，提出了多尺度损伤理论。下面对这两部分内容进行简要的回顾。

1.3.1　多尺度均匀化理论

均匀化理论(homogenization theory)的提出源于对复合材料等效性质的研究。在复合材料结构的分析和计算中，往往倾向于用等效的均匀材料代替复合材料，而等效均匀材料的性质需根据原始复合材料的结构求解得到。早期的方法大多直接立足于实际应用，并不具备严格的数学力学基础，但是却能够给出令人满意的结果。上世纪 70—80 年代期间，大量研究者深入研究了这一类复合材料求解方法，并且逐渐形成了具有严格数学基础的方法体系，最终形成了经典均匀化理论。关于经典均匀化理论的详细讨论，可参阅 Bensoussan et al[57] 以及 Bakhvalov and Panasenko[58] 的专著，这里对重要结论作简要回顾。

经典均匀化理论的建立基于周期性假定，即认为复合材料结构具有周期性微观结构(图 1-6)。换言之，就是假定材料性质是整体空间坐标的周期性函数，函数的周期长度远小于整体结构的尺度。那么我们就可以将结构尺度看作宏观尺度，用宏观坐标 $\mathbf{x}$ 描述；而将微结构的周期长度看作微观尺度，用微观坐标 $\mathbf{y}$ 描述。二者之间的换算基于尺度参数 ϵ，有

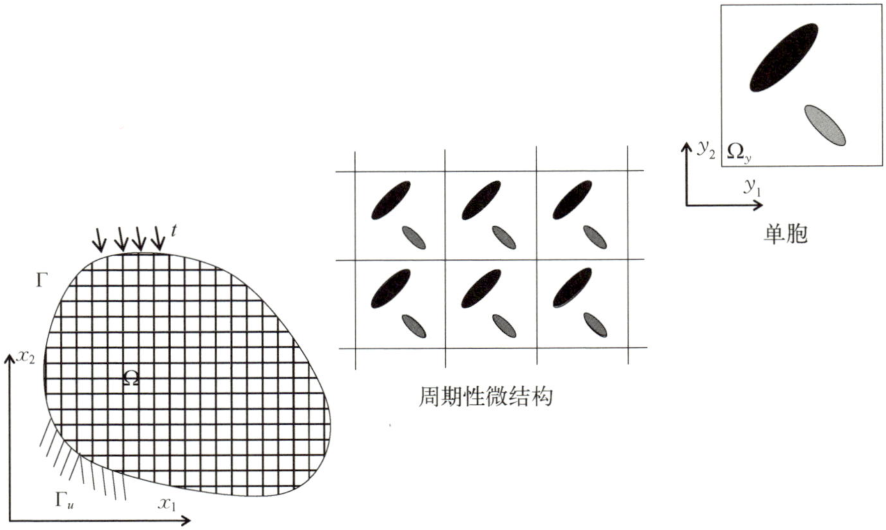

图 1-6　周期性复合材料结构

$$\mathbf{y} = \frac{\mathbf{x}}{\epsilon} \tag{1-51}$$

定义在周期性微结构上的场函数,可以由统一尺度表达式展开为两尺度函数的摄动级数。对于位移场,有

$$\mathbf{u}^{\epsilon}(\mathbf{x}) = \sum_{n=0}^{\infty} \epsilon^{n} \mathbf{u}^{[n]}(\mathbf{x},\ \mathbf{y}) \tag{1-52}$$

对于位移场求空间偏导数,可得应变场的摄动展开,有

$$\boldsymbol{\varepsilon}^{\epsilon}(\mathbf{x}) = \sum_{n=-1}^{\infty} \epsilon^{n} \boldsymbol{\varepsilon}^{[n]}(\mathbf{x},\ \mathbf{y}) \tag{1-53}$$

各阶应变分量

$$\begin{cases} \boldsymbol{\varepsilon}^{[-1]} = \nabla_y^s \otimes \mathbf{u}^{[0]} \\ \boldsymbol{\varepsilon}^{[k]} = \nabla_x^s \otimes \mathbf{u}^{[k]} + \nabla_y^s \otimes \mathbf{u}^{[k+1]} \quad k \geqslant 1 \end{cases} \tag{1-54}$$

其中，$\otimes$为张量算符的并乘；对称梯度算符$\nabla^s = \dfrac{1}{2}(\nabla + \nabla^T)$。

对于线弹性材料，式(1－53)两边同乘以刚度张量 $\mathbf{C}$，可得应力的摄动展开如下

$$
\begin{aligned}
\boldsymbol{\sigma}^{\epsilon}(\mathbf{x}) = \mathbf{C} : \boldsymbol{\varepsilon}^{\epsilon}(\mathbf{x}) &= \sum_{n=-1}^{\infty} \epsilon^{n} [\mathbf{C} : \boldsymbol{\varepsilon}^{[n]}(\mathbf{x},\ \mathbf{y})] \\
&= \sum_{n=-1}^{\infty} \epsilon^{n} \boldsymbol{\sigma}^{[n]}(\mathbf{x},\ \mathbf{y})
\end{aligned} \tag{1-55}
$$

将应力摄动展开式(1－55)代入平衡方程$\nabla \cdot \boldsymbol{\sigma}^{\epsilon} + \mathbf{b} = 0$，经过一系列数学处理[58]，可得位移场的 0 阶和 1 阶形式解如下

$$
\begin{cases}
\mathbf{u}^{[0]}(\mathbf{x},\ \mathbf{y}) = \mathbf{v}^{[0]}(\mathbf{x}) \\
\mathbf{u}^{[1]}(\mathbf{x},\ \mathbf{y}) = \mathbf{v}^{[1]}(\mathbf{x}) + \boldsymbol{\chi}(\mathbf{y}) : \nabla_x^s \otimes \mathbf{v}^{[0]}(\mathbf{x})
\end{cases} \tag{1-56}
$$

其中，$\mathbf{v}^{[0]}(\mathbf{x})$ 是宏观结构的位移场，此处可知位移场的 0 阶摄动解只与结构的宏观位移场有关，与微观坐标无关；$\mathbf{v}^{[1]}(\mathbf{x})$ 表征了单胞的空间平移对称性；3 阶特征张量 $\boldsymbol{\chi}(\mathbf{y})$ 表征了宏观响应与微观响应之间的变换关系，可由下述特征方程求解得出

$$
\frac{\partial}{\partial \mathbf{y}} \{\mathbf{C} + \mathbf{C} : \nabla_y^s \otimes \boldsymbol{\chi}(\mathbf{y})\} = 0 \tag{1-57}
$$

将形式解式(1－56)代入应变-应力的摄动展开式(1－53)和式(1－55)并截断高阶项，然后考虑单元体内的平均运算，可得均匀化刚度张量 $\overline{\mathbf{C}}$ 表达式[58]如下

$$
\overline{\mathbf{C}} = \mathbf{C} + \mathbf{C} : \left\{ \frac{1}{V_y} \int_{\Omega_y} \nabla_y^s \otimes \boldsymbol{\chi}(\mathbf{y}) \mathrm{d}\Omega \right\} \tag{1-58}
$$

其中，V_y 为单元体的体积；$\dfrac{1}{V_y}\displaystyle\int_{\Omega_y} \cdot \, \mathrm{d}\Omega$ 表示单元体内的平均。

至此可知，复合材料的均匀化刚度并不是其各组分刚度的直接平均，而与其特征张量 $\boldsymbol{\chi}(\mathbf{y})$ 密切相关。

上述经典均匀化方法体系具有严格的数学基础，给出了复合材料等效性质求解的一般性理论体系，在实际中得到了广泛的应用。另一方面，经典均匀化方法也不可避免地存在某些局限。首先，实际的复合材料并不都具有周期性微结构，从理论上讲，经典方法是不适用于这一类材料的。其次，经典方法只得到了位移场的 0 阶和 1 阶摄动解，对摄动展开的高阶项进行了截断处理，这就使得在某些情况下经典方法的误差将会较大；再次，多尺度特征方程式(1－57)的求解是比较复杂的，对于一般的复合材料结构，很难得到解析解；最后，对于非线性材料或者演化的复合材料结构，经典均匀化方法将不再适用。对于这几个问题的探索构成了均匀化方法的最新发展，下文中将对各个方向上的发展逐一简述。

在实际应用中发现，将经典均匀化方法应用于某些非周期材料也能得到很好的结果。因此，可以考虑放松周期性假定，扩展经典均匀化方法的适用范围。经典均匀化方法之所以引入周期性假定，是为了获得数学处理上的便利，以期能够以代表性单元体表征复合材料的微结构性质。当然，代表性单元体的定义并不一定基于严格的周期性假定。最早 Bensoussan et al[57] 讨论了放松周期性假定的可能性，引入了“拟周期”(almost periodic or quasi-periodic)结构的概念，将周期性从整体结构放松到局部结构，讨论了二阶拟周期椭圆型边值问题。曹礼群、崔俊芝[59] 进一步讨论了二维、三维拟周期弹性结构的均匀化理论。Lions and Souganidis[60] 建立了二阶退化偏微分方程在周期和拟周期条件下的均匀化理论。20 世纪 70 年代以来，一些研究者完全放弃了周期性假定，转而从随机性的角度来描述复合材料微结构。Kozlov[61] 以及 Papanicolaou and Varadhan[62] 最早研究了线性椭圆算子的随机均匀化，而后续的研究逐渐将随机均匀化应用于各类问题[63-67]。这些研究通过引入适当的概率空间，证明了如果材料的微结构性质满足有界性(bounded)、正定性(positive definite)、均匀性(stationarity)和各态历经性(ergodic)，那么古典均匀化方法的结论在随机性微结构上几乎处处成立(almost surely)[68]。

Gambin[69]最早研究了考虑高阶项的均匀化方法，并推导得到了如下均匀化应力与应变的关系

$$
\begin{aligned}
\bar{\boldsymbol{\sigma}}(\mathbf{x}) = {} & \bar{\mathbf{C}}_0 \mathbin{..} \bar{\boldsymbol{\varepsilon}}(\mathbf{x}) + \epsilon \bar{\mathbf{C}}_1 \mathbin{...} \nabla_x \otimes \bar{\boldsymbol{\varepsilon}}(\mathbf{x}) \\
& + \epsilon^2 \bar{\mathbf{C}}_2 \mathbin{....} \nabla_x \otimes \bar{\boldsymbol{\varepsilon}}(\mathbf{x}) \otimes \nabla_x + \cdots\cdots
\end{aligned}
\tag{1-59}
$$

由上式可以发现，高阶摄动项的引入使得均匀化应力-应变关系发生了本质的改变，应力不仅与应变有关，还与应变的空间梯度有关。这与应变梯度理论(strain gradient theory)[70-72]的结论是一致的，同时应变梯度理论又被证明与非局部化理论(nonlocal theory)[73-75]具有某种程度的等价性。由此可知，考虑高阶项的均匀化理论可构成应变梯度理论与非局部化理论的理论基础。后来，Smyshlyaev and Cherednichenko[76]基于高阶均匀化理论严格推导出了应变梯度理论；而Boutin[77]则讨论了高阶均匀化理论与各类非局部化理论的关系。然而令人遗憾的是，高阶项的保留使得均匀化理论的表达、推导以及数值模拟都异常复杂，因此可以说高阶均匀化理论的理论意义远大于其实用意义。

Guedes and Kikuchi[78]较为系统地研究了经典均匀化方法的数值算法。为了便于数值分析和建模，Guedes and Kikuchi 建立了均匀化方法的等价弱形式，其中特征方程(1-57)的等价弱形式表达式为

$$
\int_{\Omega_Y} \frac{\partial \mathbf{v}(\mathbf{y})}{\partial \mathbf{y}} : \mathbf{C} : \frac{\partial \boldsymbol{\chi}(\mathbf{y})}{\partial \mathbf{y}} \mathrm{d}\Omega = -\int_{\Omega_Y} \frac{\partial \mathbf{v}(\mathbf{y})}{\partial \mathbf{y}} : \mathbf{C} \mathrm{d}\Omega \tag{1-60}
$$

其中，$\mathbf{v}(\mathbf{y})$ 为权函数。

基于式(1-60)，可以应用标准的有限单元法流程数值求解材料特

征张量 $\boldsymbol{\chi}(\mathbf{y})$。为了提高数值模拟的精度和收敛速度，Guedes and Kikuchi[78]还讨论了自适应有限元方法在均匀化方法的应用。研究结果表明，由于复合材料内部各组分之间的弹性模量存在较大差异，自适应加密网格能够较好地模拟由此引起的应力集中，进而提高均匀化材料性质的计算精度。除了有限单元法，Chen and Mehraeen[79]尝试采用无网格(meshfree)方法进行了均匀化方法的数值分析研究。

非线性均匀化方法的研究总体上来说有两类基本思路。一类思路倾向于保证理论体系在数学上的严密性，将系统的控制方程考虑为某一类非线性方程，进而针对特定的非线性控制方程建立对应的均匀化理论。Evans[80]研究了哈密顿-雅可比(Hamilton-Jacobi)方程以及非线性椭圆方程的均匀化问题。Marchi[81]对非线性抛物线方程的均匀化问题进行了分析。Caffarelli et al[82]讨论了平稳各态历经介质中的非线性椭圆方程和抛物线方程的均匀化问题。之后，Camilli and Marchi[83]又进一步讨论了非线性椭圆方程均匀化理论的收敛性和收敛率。由于宏观结构的非线性响应非常的复杂，很难用一个方程完全的描述。这就使得上面的这一类研究还大多停留在数学层面，很难直接应用于工程实际。另一类思路则倾向于探求非线性产生的物理机理，将古典均匀化方法的结论直接应用于非线性演化的微结构。在这种思路的指导下，考虑微观裂缝的产生和发展，并采用均匀化方法的结果求解宏观等效材料性质，导致了多尺度损伤理论，这部分内容将在下一小节中做简要回顾。

1.3.2 多尺度损伤理论

在外力的作用下，结构不可避免的要进入非线性。特别是对土木结构的分析设计，简单地忽略非线性段而只考虑材料的线性性能会导致投资的浪费。然而另一方面，材料的非线性表现又是非常复杂的，对于不同的材料而言，其非线性具有本质的区别，很难加以统一地考虑。所以对于材料非线性的考虑必须根据材料的特性加以针对性的考虑。前已述及，对于混凝土等脆性材料而言，其非线性产生的本质是内部微裂缝的产生和发展导致的"软化"和"弱化"，因此，混凝土的非线性性能特别适合用损伤力学理论加以反映。这里，将围绕损伤理论来讨论均匀化方法的非线性推广及相应的多尺度损伤理论。

1999 年以来，Fish 及其合作者推广了经典摄动均匀化方法，建立了一类多尺度损伤理论[84,85]，考虑了损伤在多个尺度上的演化。在这一理论中，宏观尺度上材料的"软化"和"弱化"采用宏观损伤变量考虑，而微观尺度上材料中微裂缝的产生和扩展用微观损伤考虑。为了建立统一的均匀化方法体系，除了位移场的摄动展开式(1-52)，另外引入损伤变量的摄动展开如下

$$\omega^{\epsilon}(\mathbf{x}) = \omega^{[0]}(\mathbf{x},\ \mathbf{y}) + \epsilon\omega^{[1]}(\mathbf{x},\ \mathbf{y}) + \cdots \tag{1-61}$$

这里 ω 表示损伤标量。

考虑微观损伤引起的非线性，有应力-应变关系

$$\boldsymbol{\sigma}^{\epsilon}(\mathbf{x}) = \{1 - \omega^{\epsilon}(\mathbf{x})\}\mathbf{C} : \boldsymbol{\varepsilon}^{\epsilon}(\mathbf{x}) \tag{1-62}$$

将应变摄动展开式(1-53)和损伤摄动展开式(1-61)代入上面应力-应变关系，整理可得应力展开式

$$\boldsymbol{\sigma}^{\epsilon}(\mathbf{x}) = \sum_{n=-1}^{\infty} \epsilon^{n} \boldsymbol{\sigma}^{[n]}(\mathbf{x},\ \mathbf{y}) \tag{1-63}$$

其中各阶应力摄动项

$$\begin{cases} \boldsymbol{\sigma}^{[-1]} = \{1 - \omega^{[0]}\}\mathbf{C} : \boldsymbol{\varepsilon}^{[-1]} \\ \boldsymbol{\sigma}^{[k]} = \{1 - \omega^{[0]}\}\mathbf{C} : \boldsymbol{\varepsilon}^{[k]} + \sum_{r=0}^{k} \omega^{[k-r+1]}\mathbf{C} : \boldsymbol{\varepsilon}^{[r-1]} \quad k \geqslant 0 \end{cases} \tag{1-64}$$

代入平衡方程 $\nabla \cdot \boldsymbol{\sigma}^{\epsilon} + \mathbf{b} = 0$，经过一系列数学处理[84]，可得微观损伤引

起的附加应变与宏观应变之间有如下简单的换算关系

$$\boldsymbol{\varepsilon}^d(\mathbf{x}) = \eta^d \nabla_x^s \mathbf{u}^{[0]}(\mathbf{x}) \tag{1-65}$$

其中应变转换系数

$$\eta^d = -\left[\int_{\Omega_Y}(1-\omega^{[0]})\mathbf{G}:\mathbf{C}:\mathbf{G}\mathrm{d}\Omega\right]^{-1} :: \left[\int_{\Omega_Y}(1-\omega^{[0]})\mathbf{G}:\mathbf{C}:\mathbf{A}\mathrm{d}\Omega\right] \tag{1-66}$$

其中张量 **A** 为无损材料宏观和微观应变的转换张量，可以由无损材料的特征张量表示为

$$\mathbf{A} = \nabla_y^s \otimes \boldsymbol{\chi}(\mathbf{y}) \tag{1-67}$$

无损材料的特征函数 $\boldsymbol{\chi}(\mathbf{y})$ 可以由对应无损材料的特征方程(1－57)解出。张量 **G** 与 **A** 的关系为

$$\mathbf{G} = \mathbf{A} - \mathbf{I} \tag{1-68}$$

其中 **I** 为 4 阶对称单位张量，其表达式为 $\mathbf{I} = \frac{1}{2}(\delta_{ik}\delta_{jl} + \delta_{il}\delta_{jk})\mathbf{e}_i \otimes \mathbf{e}_j \otimes \mathbf{e}_k \otimes \mathbf{e}_l$。

Fish 多尺度损伤模型试图从多个尺度描述复合材料损伤的产生和发展过程，在经典均匀化理论中引入损伤标量的多尺度展开，用以描述各个尺度损伤之间的联系，最终建立一个比较完整的多尺度损伤理论体系。而 Fish 模型的局限性也相当明显，多尺度损伤的摄动展开更多是为了便于数学上的处理，但是这种描述方式却在某种程度上掩盖了损伤的物理机制。这种从一个尺度的抽象损伤再到另一个尺度上的抽象损伤的建模过程并没有深化人们对损伤的认识。虽然可以由细观尺度的损伤演化计算得到宏观尺度的损伤演化，但是细观尺度的损伤演化还是要依赖于直接的实验测定，其实验测定的难度并不低

于宏观损伤演化。所以这一类模型从本质上看并没有完整地体现出多尺度思想的实质。

细观尺度的损伤表现为具象的微裂缝和微缺陷的发展。近年来，Dascalu 及其合作者[86-88]以及 Alfaro et al[89]研究者初步探索了由细观尺度微裂缝演化得到宏观尺度损伤演化的多尺度理论框架，有迹象表明，这一方向上的研究正在成为固体力学的热点内容。

根据 Dascalu et al[86,87]的理论，首先将微裂缝看作微观结构的一部分，并对包含微裂缝的材料结构(图 1－7)直接进行均匀化，可得其均匀化应变、应力以及特征张量等表达式，这些结果与经典均匀化方法的结果一致。

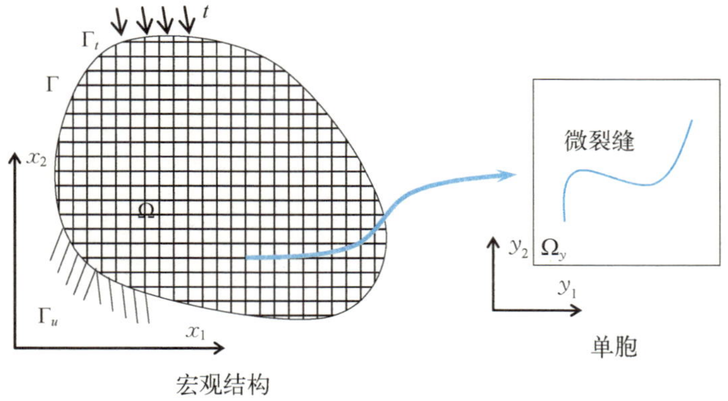

图 1－7 包含微观裂纹的材料多尺度结构

Dascalu et al[86]将损伤定义为微裂缝长度与微观单元体长度的比值，如果微观单元体取单位长度，那么损伤就直接等于微观裂缝的长度。那么在能量分析的基础上，可得如下能量平衡方程

$$\frac{\mathrm{d}}{\mathrm{d}t}\int_{\Omega_y}\frac{1}{2}\nabla_y^s\mathbf{u}^{[1]}:\mathbf{C}:\nabla_y^s\mathbf{u}^{[1]}\mathrm{d}\Omega+\mathcal{G}_y\frac{\mathrm{d}d}{\mathrm{d}t}=\int_{CY}\{\mathbf{N}\otimes[\dot{\mathbf{u}}^{[1]}]\}:\mathbf{C}:\nabla_y^s\mathbf{u}^{[1]}\mathrm{d}S_y \tag{1-69}$$

式(1-69)左边第一项为单元体弹性能变化率，第二项为裂缝扩展能量耗散率，右边为外力功率。其中断裂能释放率 $\mathcal{G}_y$ 可以由裂缝端部的 J 积分[90]求得。式(1-69)给出的能量平衡是用微观位移 $\mathbf{u}^{[1]}$ 表示的，经过一系列积分变换，Dascalu et al[87]建立起了损伤演化与宏观状态量之间的关系如下

$$\frac{1}{2}\frac{\mathrm{d}d}{\mathrm{d}t}\left(\nabla_y^s\mathbf{u}^{[0]}:\frac{\mathrm{d}\mathbf{C}}{\mathrm{d}d}:\nabla_y^s\mathbf{u}^{[0]}\right)+\mathcal{G}_y\frac{\mathrm{d}d}{\mathrm{d}t}+\frac{\mathrm{d}}{\mathrm{d}t}\int_{CY}\frac{1}{2}[\mathbf{u}^{[1]}]\cdot\boldsymbol{\sigma}^{[0]}\cdot\mathbf{N}\mathrm{d}S_y=\int_{CY}[\dot{\mathbf{u}}^{[1]}]\cdot\boldsymbol{\sigma}^{[0]}\cdot\mathbf{N}\mathrm{d}S_y \tag{1-70}$$

然后，将均匀化理论的形式解式(1-56)代入宏观能量平衡式(1-70)，再经过一系列数学变换，可得如下损伤演化方程

$$\frac{\mathrm{d}d}{\mathrm{d}t}\left(\frac{1}{2}\nabla_y^s\mathbf{u}^{[0]}:\frac{\mathrm{d}\mathbf{C}}{\mathrm{d}d}:\nabla_y^s\mathbf{u}^{[0]}+\frac{\mathcal{G}_y}{\epsilon}+\nabla_y^s\mathbf{u}^{[0]}:\mathbf{B}:\nabla_y^s\mathbf{u}^{[0]}\right)=0 \tag{1-71}$$

其中 4 阶张量 **B** 的分量表达式为

$$\begin{aligned}B_{mnpq}=&\frac{\mathrm{d}}{\mathrm{d}d}\left\{\frac{1}{2}\int_{CY}C_{ijkl}\left[\delta_{mk}\delta_{nl}+\frac{1}{2}\left(\frac{\partial\chi_l^{mn}}{\partial y_k}+\frac{\partial\chi_k^{mn}}{\partial y_l}\right)\right]N_j[\chi_i^{pq}]\mathrm{d}S_y\right\}\\&-\int_{CY}C_{ijkl}\left[\delta_{mk}\delta_{nl}+\frac{1}{2}\left(\frac{\partial\chi_l^{mn}}{\partial y_k}+\frac{\partial\chi_k^{mn}}{\partial y_l}\right)\right]N_j\left[\frac{\chi_i^{pq}}{\mathrm{d}d}\right]\mathrm{d}S_y\end{aligned} \tag{1-72}$$

Dascalu et al[87]利用得到的损伤演化表达式对某些实际结构进行了数值模拟。表明多尺度损伤演化表达式能够很好地联系宏观尺度结构的非线性行为及微观尺度微裂缝的产生和扩展。同时数值模拟的结果还表现出了显著的尺寸效应(size effect)[91]，即所得多尺度损伤演化依赖于单元体几何尺寸的变化，这与非线性断裂力学的研究结论[92]具有一

致性，也从一个侧面验证了模型的正确性。

Dascalu 多尺度损伤模型着眼于细观微裂缝的演化，将均匀化方法直接应用于带有微裂缝的单元体，采用能量作为联系宏观性能和细观微裂缝演化的工具，为多尺度损伤力学的研究提供了非常有价值的思路。然而，这一模型过于简单地采用裂缝的几何尺寸定义损伤变量，由此得到的损伤演化并不能直接应用于宏观结构的分析，而是还需要进一步求解等效材料刚度张量作为结构分析的依据。从本质上而言，这样的处理方式并没有将损伤力学实质性地引入多尺度分析的框架里面来，更没有发挥损伤力学在结构非线性模拟中的优势。

1.4 本书主要思路和工作

从物理的角度出发，建立混凝土的非线性本构关系，以期合理反应混凝土的非线性、随机性以及率相关性，进而为重大工程结构的分析和设计提供科学基础，是本研究的根本目标。基于我们对混凝土物理力学性质的理解，通过对国内外研究的系统梳理，形成了如下基本研究思路：

- 将连续介质损伤理论作为混凝土宏观本构关系模型的基本理论框架。
- 从细观尺度建立综合反映混凝土非线性、随机性和率相关性的细观损伤物理模型。
- 分别以细观随机断裂模型和数值多尺度损伤理论为基础建立宏、细观尺度之间的联系，在不同层次上揭示损伤的演化物理机理，并在动力损伤研究中做出可能的扩展。
- 将数值分析作为宏观和细观分析的基本工具。

根据上述基本思路，本书主要工作如下：

（1）第 2 章结合混凝土损伤力学的最新进展，考虑率敏感效应，在双标量弹塑性本构模型基础上建立考虑混凝土塑性、损伤和率相关性的完整的混凝土连续损伤理论框架，作为宏观结构分析的基础。

（2）第 3 章在细观随机断裂模型基础上深入研究弹塑性随机损伤本构关系，利用能量等效应变的观念建立较为完整的弹塑性随机损伤模型，并引入细观滞回的概念对这一类模型进行扩展。

（3）第 4 章基于经典均匀化理论，以能量作为尺度之间联系的媒介，建立基于能量的多尺度损伤表示理论，发展多尺度损伤本构模型，结合细观与宏观数值方法进行结构多尺度损伤和破坏的数值模拟。

（4）第 5 章从细观尺度对动力损伤产生的原因和机理进行探讨，初步研究动力加载条件下材料损伤和断裂的物理规律。

（5）第 6 章对全书的研究进行总结，并对今后的工作提出展望。

第2章 混凝土宏观损伤力学理论及扩展

连续介质损伤力学理论旨在系统研究材料宏观力学性能的劣化及其在结构分析中的数学建模问题。现代连续介质损伤力学将体系构筑在不可逆热力学理论之上,引入损伤变量作为内变量,用以描述材料的一维和多维非线性演化,可直接应用于一般结构的非线性数值分析。混凝土连续介质损伤力学则是针对性地描述混凝土的代表性非线性特征,在一般连续介质损伤力学的基础上引入了某些技巧,进而得到的适合于描述混凝土材料非线性性能的连续介质损伤力学体系。本章在吴建营、李杰提出的混凝土双标量弹塑性损伤模型的基础上[20,35-39],考虑应变率效应,发展了综合考虑弹塑性损伤与率相关特征的混凝土损伤力学模型,作为混凝土宏观非线性性能描述的理论框架,同时,也为将本研究应用于实际结构的分析建立了标准的接口。

在混凝土连续介质损伤力学建模之初,需要先研究混凝土的基本非线性特征。

2.1 混凝土的基本非线性特征

由于其内部结构的复杂性以及在成型过程中所经历的复杂的物

理化学变化，混凝土在外力作用下表现出异常复杂的非线性性质。然而经过长期的实验观察和理论研究，研究者已经对混凝土的非线性性态有了较为系统的认识，并进行了总结和归纳[3,20]。一般认为，在混凝土众多的非线性性质中，下述几个方面对于结构分析有着显著的影响。

2.1.1 受压软化与受拉刚化

混凝土在外力作用下，由于其中内部微裂缝的产生和扩展，使得其应力-应变关系逐渐偏离线性，进入非线性阶段。虽然混凝土在受压和受拉作用下强度迥异，但是其非线性行为却都表现出某种“软化”和“弱化”特征，具有一定的一致性。然而，对于这两种“劣化”效应的研究是分别展开的，并且不同的研究所取的参照各不相同，这就导致对应的描述的术语截然相反。对于受压(图 2－1)，研究者取完全弹塑性行为作为参照，将混凝土的受压非线性定义为“软化(softening)”[93]；而对于受拉(图 2－2)，研究者取完全弹脆性行为作为参照，将混凝土的受拉非线性行为定义为“刚化(stiffening)”[94]。本书认为，采用“软化”统一地表述混凝土峰值以后的非线性行为较为合适。

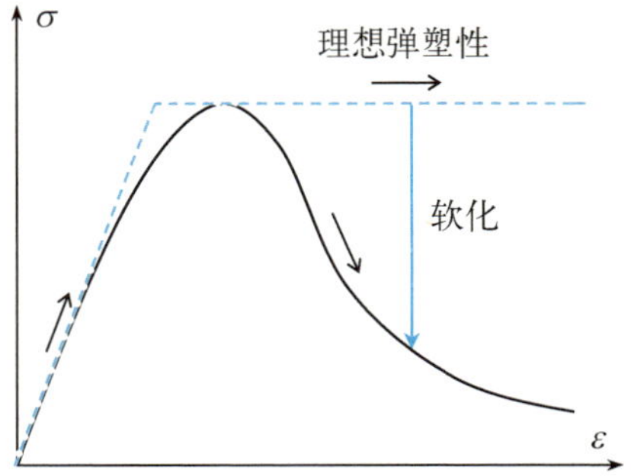

图 2－1 单调加载下混凝土单轴受压应力-应变曲线

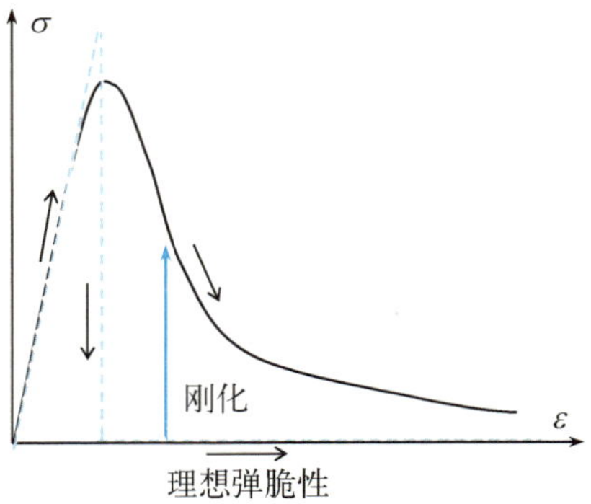

图 2－2 单调加载下混凝土单轴受拉应力-应变曲线

2.1.2 单边效应

混凝土的单边效应源于其中微裂缝的张开和闭合。微裂缝实际上具有两种状态,即张开和闭合。张开状态的微裂缝对混凝土的宏观性能有明显的影响,而闭合状态的微裂缝对混凝土的作用则复杂得多,总体而言其对混凝土宏观性能的影响要小,实际分析中甚至假定闭合微裂缝对混凝土的宏观性能没有作用,等价于无裂缝状态。而在实际服役过程中,混凝土结构可能承受地震等往复荷载的作用,这类往复荷载会导致混凝土材料在受拉和受压状态之间发生转换,同时导致了其中微裂缝的张开和闭合。微裂缝的张合使得在受拉、受压转换过程中,混凝土的刚度会出现不连续变化,受拉状态下混凝土的刚度迅速减小,而转换到受压状态时其刚度又得到一定程度的恢复。对上述现象,一般定义为混凝土在反复加载状态下的单边效应[95]。

2.1.3 残余应变

混凝土加载进入非线性段之后再卸载至应力为 0,此时其应变不会恢复至 0,而是有一定的残余,称之为残余应变,通常残余应变会随着最大加载应变的增大而增大(如图 2-3 和图 2-4)。应该特别注意的是,混凝土的残余应变与金属材料的塑性变形有着明显的区别。后者主要来源于金属内部的位错及其运动,而前者产生的原因则非常复杂。一般认为,水泥凝胶体的黏塑性变形与基体中微裂缝的不完全闭合共同作用是产生混凝土残余应变的原因。

2.1.4 拉压软化与约束强化

在多维受力状态下,混凝土在不同加载方向上的响应之间会产生复

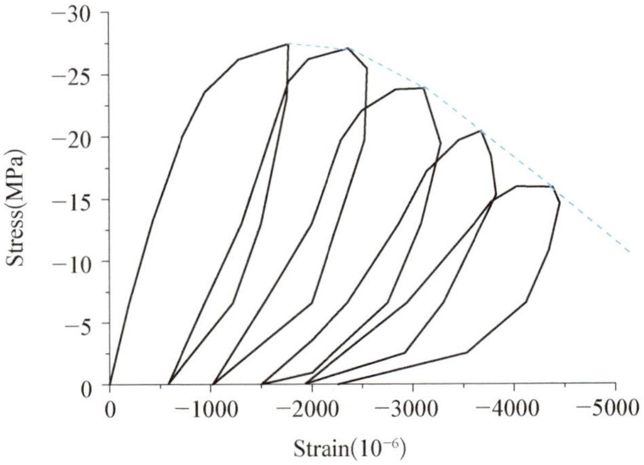

图 2-3　重复加载下混凝土单轴受压应力-应变曲线[96]

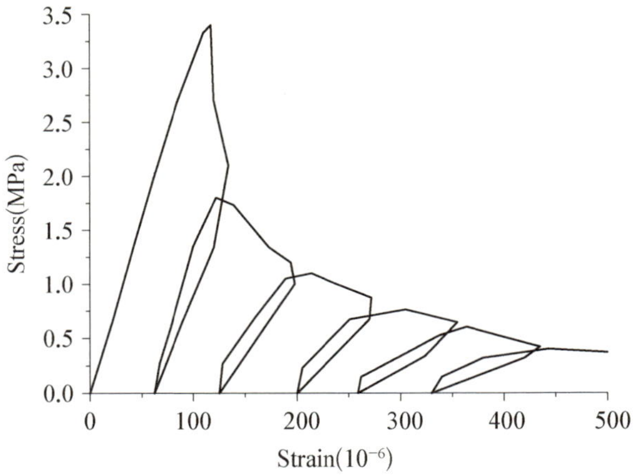

图 2-4　重复加载下混凝土单轴受拉应力-应变曲线[97]

杂相互影响，这就使得多维受力情况下混凝土的性能与一维受力情况下有很大的不同。Kupfer et al[98]最早对混凝土的二轴受力性能进行了精确地实验研究，测得了混凝土的二维强度包络线如图 2-5 所示。根据试验结果：在双轴拉压区，不论是混凝土的抗拉强度还是其抗压强度，都会因为垂直方向应力的存在而降低，这种现象称为拉压软化；而在双轴受压区，由于垂直方向约束压应力的存在，使得混凝土的抗压强度有所提高，这种现象被称为约束强化。三维受力状态下，混凝土的约束强化更加明显。实验表明，在围压作用下，混凝土的抗压强度甚至可以有几倍乃至几十倍的提高[99,100]。

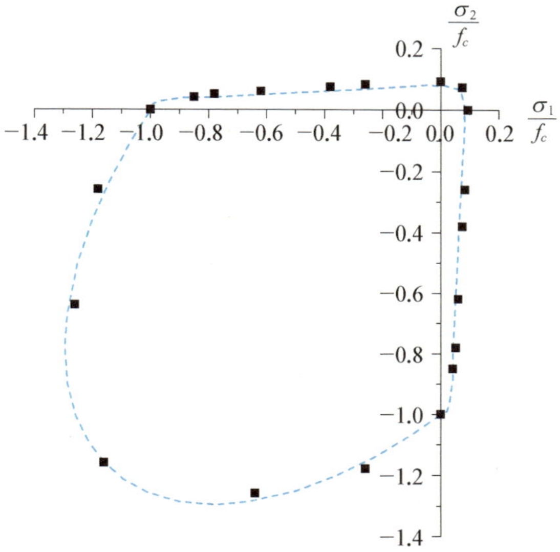

图 2-5　混凝土二维强度包络图[98]

2.1.5　应变率效应

早在 20 世纪初，人们已经发现混凝土是一种率敏感材料。1917 年，Abrams 在对混凝土进行动载（应变速率约为 2×10^{-4}/s）和静载（应变速率约为 8×10^{-6}/s）压缩试验时发现混凝土抗压强度存在速率敏感性[101]。但是，直到 20 世纪 60，70 年代，由于经济建设和军事方面的需要，混凝土的动力特性才受到更多研究者的重视，至今已经积累了丰富的动力强度试验的结果。由图 2-6 和图 2-7 可知，动力作用下混凝土的强度有显著的提高，抗拉强度的率敏感性较抗压强度更强。同时动态强度的提高存在明显的拐点，这从一个侧面说明随着加载速率的提高，率敏感性的控制因素可能发生了转换。

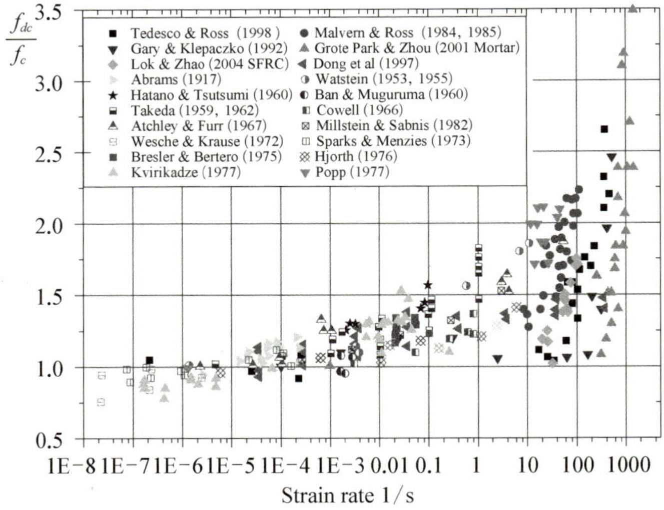

图 2-6　混凝土动态受压强度提高[101-115]

（图中 f_{dc} 为混凝土动态抗压强度，f_c 为混凝土静态抗压强度）

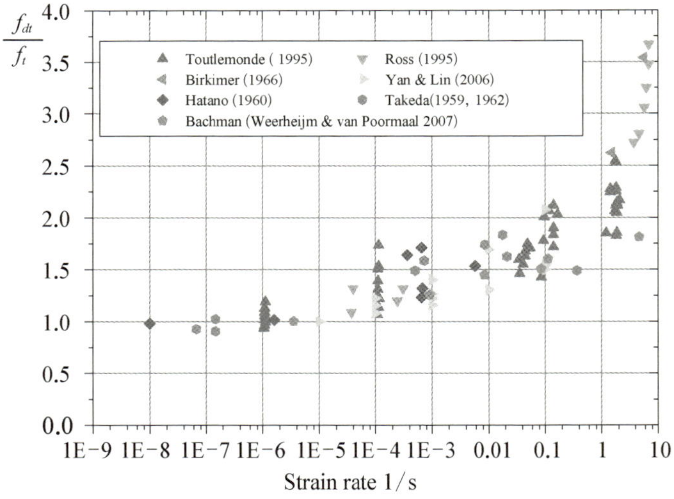

图 2-7　混凝土动态受拉强度提高[103,106,116-121]

（图中 f_{dt} 为混凝土动态抗拉强度，f_t 为混凝土静态抗拉强度）

2.2　不可逆热力学框架

不可逆热力学是建立一般性的多维弹塑性损伤力学的理论基础。

引入应变张量的弹、塑性分解[28]

$$\boldsymbol{\varepsilon} = \boldsymbol{\varepsilon}^e + \boldsymbol{\varepsilon}^p \tag{2-1}$$

其中，$\boldsymbol{\varepsilon}^e$和$\boldsymbol{\varepsilon}^p$为总应变$\boldsymbol{\varepsilon}$的弹性和塑性分量。

引入等效应变假定[28,122]之后，可定义有效应力张量为

$$\bar{\boldsymbol{\sigma}} = \mathbf{C}_0 : \boldsymbol{\varepsilon}^e = \mathbf{C}_0 : (\boldsymbol{\varepsilon} - \boldsymbol{\varepsilon}^p) \tag{2-2}$$

此处 $\mathbf{C}_0$ 为未损伤材料的弹性刚度张量，而 $:$ 表示张量的二重缩并。

为了将材料的弹性、塑性和损伤统一考虑到一个理论框架中，现代损伤力学引入了不可逆热力学中 Helmholtz 自由能势（HFE）的概念①。弹塑性损伤 Helmholtz 自由能势一般表示为如下形式：

$$\psi(\boldsymbol{\varepsilon}^e, \mathbf{D}, \boldsymbol{q}) = \psi^e(\boldsymbol{\varepsilon}^e, \mathbf{D}) + \psi^p(\mathbf{D}, \boldsymbol{q}) \tag{2-3}$$

其中，$\mathbf{D}$ 为四阶损伤张量；$\boldsymbol{q}$ 为应力空间塑性内变量组成的向量。

上式中，为了分别考虑弹性损伤和塑性损伤，将弹塑性损伤 Helmholtz 自由能势 ψ 做了分解，通过分解，得到弹性 Helmholtz 自由能势 ψ^e 和塑性 Helmholtz 自由能势 ψ^p。其中考虑完全四阶损伤张量的弹性 Helmholtz 自由能势定义为

---

① 在不可逆热力学中，常用的自由能势有两类，即 Helmholtz 自由能势和 Gibbs 自由能势。前者适用于等温过程，而后者适用于等压绝热过程。对于一般的固体受力问题，特别是在体积变化并不明显的条件下，二者具有一致性，所以在一般的书籍或者文献中统一将其表示为 Helmholtz 自由能势。

$$\psi^e(\boldsymbol{\varepsilon}^e, \mathbf{D}) = \frac{1}{2}\boldsymbol{\varepsilon}^e : (\mathbf{I} - \mathbf{D}) : \mathbf{C}_0 : \boldsymbol{\varepsilon}^e \tag{2-4}$$

塑性 Helmholtz 自由能势的表达式将在下文中讨论。

根据不可逆热力学定律，任何不可逆热力学过程都要满足下述克劳修斯-杜哈美不等式

$$-\dot{\psi} + \boldsymbol{\sigma} : \dot{\boldsymbol{\varepsilon}} \geqslant 0 \tag{2-5}$$

对 Helmholtz 自由能势式(2-3)求时间导数，有

$$\dot{\psi} = \frac{\partial \psi^e}{\partial \boldsymbol{\varepsilon}^e} : \dot{\boldsymbol{\varepsilon}}^e + \frac{\partial \psi}{\partial \mathbf{D}} :: \dot{\mathbf{D}} + \frac{\partial \psi^p}{\partial \boldsymbol{q}} \cdot \dot{\boldsymbol{q}} \tag{2-6}$$

其中::表示四阶张量的全缩并，定义为 $\mathbf{A} :: \mathbf{B} = A_{ijkl}B_{ijkl}$。

将上式代入克劳修斯-杜哈美不等式(2-5)并整理，可得

$$\left(\sigma - \frac{\partial \psi^e}{\partial \boldsymbol{\varepsilon}^e}\right) : \dot{\boldsymbol{\varepsilon}}^e - \frac{\partial \psi}{\partial \mathbf{D}} :: \dot{\mathbf{D}} + \left(\boldsymbol{\sigma} : \dot{\boldsymbol{\varepsilon}}^p - \frac{\partial \psi^p}{\partial \boldsymbol{q}} \cdot \dot{\boldsymbol{q}}\right) \geqslant 0 \tag{2-7}$$

式(2-7)成立的充分条件为下述一个等式

$$\boldsymbol{\sigma} = \frac{\partial \psi^e}{\partial \boldsymbol{\varepsilon}^e} \tag{2-8}$$

和两个不等式

$$-\frac{\partial \psi}{\partial \mathbf{D}} :: \dot{\mathbf{D}} \geqslant 0 \tag{2-9}$$

$$\boldsymbol{\sigma} : \dot{\boldsymbol{\varepsilon}}^p - \frac{\partial \psi^p}{\partial \boldsymbol{q}} \cdot \dot{\boldsymbol{q}} \geqslant 0 \tag{2-10}$$

由等式(2-8)可知固体的实际应力(Cauchy 应力)只与弹性应变有关，将弹性 Helmholtz 自由能势式(2-4)代入等式(2-8)，整理可得损伤本构关系如下：

$$\boldsymbol{\sigma} = (\mathbf{I} - \mathbf{D}) : \bar{\boldsymbol{\sigma}} = (\mathbf{I} - \mathbf{D}) : \mathbf{C}_0 : (\boldsymbol{\varepsilon} - \boldsymbol{\varepsilon}_p) \tag{2-11}$$

将损伤本构关系式(2-11)代入不等式(2-10)可得如下演化不等式

$$(\mathbf{I} - \mathbf{D}) : \bar{\boldsymbol{\sigma}} : \dot{\boldsymbol{\varepsilon}}^p - \frac{\partial \psi^p(\mathbf{D}, \boldsymbol{q})}{\partial \boldsymbol{q}} \cdot \dot{\boldsymbol{q}} \geqslant 0 \tag{2-12}$$

式(2-12)取等号,积分可得塑性 Helmholtz 自由能势函数为

$$\psi^p = \int (\mathbf{I} - \mathbf{D}) \bar{\boldsymbol{\sigma}} : \mathrm{d}\boldsymbol{\varepsilon}^p \tag{2-13}$$

式(2-12)中定义的演化条件中,塑性与损伤有着耦合作用,若基于此直接建立塑性损伤理论,则在数值求解过程中,中间解需要在塑性子空间与损伤子空间之间反复迭代,而两个子空间之间的迭代既大大增加了计算量,又非常不利于计算收敛。所以,需要考虑式(2-12)的适当简化。笔者认为,若考虑式(2-12)中损伤变量是可分离变量的,即存在四阶张量 $\mathbf{A}_p(\boldsymbol{q})$,使得

$$\psi^p(\mathbf{D}, \boldsymbol{q}) = (\mathbf{I} - \mathbf{D}) :: \mathbf{A}_p(\boldsymbol{q}) \tag{2-14}$$

代入(2-12),则可得

$$\bar{\boldsymbol{\sigma}} : \dot{\boldsymbol{\varepsilon}}^p - \frac{\partial \psi_0^p}{\partial \boldsymbol{q}} \cdot \dot{\boldsymbol{q}} \geqslant 0 \tag{2-15}$$

其中,初始塑性 Helmholtz 自由能势

$$\psi_0^p(\boldsymbol{q}) = \mathbf{I} :: \mathbf{A}_p(\boldsymbol{q}) \tag{2-16}$$

此时塑性应变的演化只与有效应力有关。

基于式(2-15)建立起来的塑性理论称为有效应力空间塑性力学,我们将在第 2.4 节中详细讨论这一部分内容。此处仅指出,有效应力空间塑性力学实际上是对完全弹塑性损伤理论的一种近似,只有当损伤变量与塑性函数之间可分离,即式(2-14)满足时,其在理论上才精确成

立。从应用层面讲,可分离假定不会引起很大的误差。

由不等式(2-9)可得与损伤变量 **D** 对偶的损伤能释放率,即

$$\mathbf{Y}=-\frac{\partial\psi}{\partial\mathbf{D}}=\frac{1}{2}\boldsymbol{\varepsilon}^e\otimes\mathbf{C}_0:\boldsymbol{\varepsilon}^e-\frac{\partial\psi^p(\mathbf{D},\ \boldsymbol{q})}{\partial\mathbf{D}}\tag{2-17}$$

再一次应用前述的可分离假设,即式(2-14),可得

$$\mathbf{Y}=-\frac{\partial\psi}{\partial\mathbf{D}}=\frac{1}{2}\boldsymbol{\varepsilon}^e\otimes\mathbf{C}_0:\boldsymbol{\varepsilon}^e+\psi_0^p(\boldsymbol{q})\mathbf{I}\tag{2-18}$$

一般,取损伤张量 **D** 为损伤能释放率 **Y** 的单调递增函数,代入式(2-9)左端,有

$$-\frac{\partial\psi}{\partial\mathbf{D}}::\dot{\mathbf{D}}=\mathbf{Y}::\frac{\partial\mathbf{D}}{\partial\mathbf{Y}}::\dot{\mathbf{Y}}\tag{2-19}$$

上式右端第一项大于等于0,由于单调性,第二项与第三项同号,因此上式将大于等于0,满足不等式(2-9)。

由式(2-18)可知,虽然可分离假定将损伤从塑性演化中剥离出来,但是塑性演化仍然通过损伤能释放率对损伤演化有影响,从这个意义上讲,经可分离假定简化后的模型考虑了塑性与损伤之间的单向耦合作用。此时建立的损伤理论可以将塑性子空间的求解与损伤子空间的求解顺序进行,而不用在两个子空间之间迭代。由于单向耦合性的存在,两个子空间的求解顺序也不能颠倒。

2.3 损伤子空间理论

一般认为,采用四阶张量可以较为完全地表现混凝土损伤的各向异性性质[20],然而完全四阶张量表示的损伤很难通过有效手段测量,也就

不能通过实测得到其损伤准则。同时，完全张量形式的损伤其计算和模拟也非常困难，所以需要进行简化。简化过程中既需要降低计算和测量的难度，同时又不能破坏理论的严谨性。

2.3.1　损伤张量的分解和相关状态量的表示

在数学和力学上，对高阶向量空间进行简化的有效方法，就是将其投影到子空间中。对于四阶损伤张量，也存在类似的简化方法。

假定四阶张量空间的 N 阶子空间由一组基张量 $\{\mathbf{P}^I \mid I=1, 2, \cdots, N\}$ 构成，不同的基张量代表不同的损伤机制，N 表示需要考虑的损伤机制的数量。那么一般四阶损伤张量可表示为

$$\mathbf{D} \approx \sum_{I=1}^{N} d^I \mathbf{P}^I \tag{2-20}$$

其中，d^I 为广义坐标。

对于损伤张量 $\mathbf{D}$，其每一个广义坐标的取值都定义在[0，1]区间内，取 0 值表示完全没有损伤产生而 1 表示损伤发育完全。如果每一个广义坐标都取 1，损伤张量的取值将为四阶单位张量 $\mathbf{I}$，由此得

$$\sum_{I=1}^{N} \mathbf{P}^I = \mathbf{I} \tag{2-21}$$

式(2-21)定义为损伤基张量的单位分解性质。

广义坐标 d^I 均为标量，这就为损伤的表述带来极大的方便。将损伤张量分解式(2-20)代入弹性 Helmholtz 自由能势表达式(2-4)，有

$$\begin{aligned}\psi^e &= \frac{1}{2}\boldsymbol{\varepsilon}^e : \left(\mathbf{I} - \sum_{I=1}^{N} d^I \mathbf{P}^I\right) : \mathbf{C}_0 : \boldsymbol{\varepsilon}^e \\ &= \sum_{I=1}^{N}\left\{\frac{1}{2}(1-d^I)\boldsymbol{\varepsilon}^e : \mathbf{P}^I : \mathbf{C}_0 : \boldsymbol{\varepsilon}^e\right\} \\ &= \sum_{I=1}^{N}\left\{\frac{1}{2}(1-d^I)(\mathbf{P}^I : \bar{\boldsymbol{\sigma}}) : \mathbf{C}_0^{-1} : \bar{\boldsymbol{\sigma}}\right\}\end{aligned} \tag{2-22}$$

将损伤基张量单位分解式(2-21)两端同乘以有效应力，可得有效应力分解

$$\bar{\boldsymbol{\sigma}} = \sum_{I=1}^{N} \bar{\boldsymbol{\sigma}}^{I} = \sum_{I=1}^{N} \mathbf{P}^{I} : \bar{\boldsymbol{\sigma}}^{I} \tag{2-23}$$

将有效应力分解(2-23)代入弹性能表达式(2-22)，整理可得

$$\psi^{e} = \sum_{I=1}^{N} \left\{ \frac{1}{2}(1-d^{I})\bar{\boldsymbol{\sigma}}^{I} : \mathbf{C}_0^{-1} : \bar{\boldsymbol{\sigma}} \right\} \tag{2-24}$$

下面考虑材料的塑性 Helmholtz 自由能势。将损伤张量分解式(2-20)以及有效应力张量分解式(2-23)代入式(2-13)，可得塑性 Helmholtz 自由能势如下：

$$\psi^{p} = \sum_{I=1}^{N} \int (1-d^{I})\bar{\boldsymbol{\sigma}}^{I} : \mathrm{d}\boldsymbol{\varepsilon}^{p} \tag{2-25}$$

综合式(2-24)与式(2-25)，可得总 Helmholtz 自由能势为

$$\psi = \psi^{e} + \psi^{p} = \sum_{I=1}^{N} \left[\frac{1}{2}(1-d^{I})\bar{\boldsymbol{\sigma}}^{I} : \mathbf{C}_0^{-1} : \bar{\boldsymbol{\sigma}} + \int (1-d^{I})\bar{\boldsymbol{\sigma}}^{I} : \mathrm{d}\boldsymbol{\varepsilon}^{p} \right] \tag{2-26}$$

与各损伤标量 d^I 对应的损伤能释放率也是标量，可表示为

$$Y^{I} = -\frac{\partial \psi}{\partial d^{I}} = \frac{1}{2}\bar{\boldsymbol{\sigma}}^{I} : \mathbf{C}_0^{-1} : \bar{\boldsymbol{\sigma}} + \int \bar{\boldsymbol{\sigma}}^{I} : \mathrm{d}\boldsymbol{\varepsilon}^{p} \tag{2-27}$$

由于损伤变量 d^I 本身为标量，同时不考虑不同机制损伤之间的耦合，那么其标量函数 q_d 就可取为其本身，于是相应的损伤准则为

$$F^{I}(Y^{I}) - d^{I} = 0 \Leftrightarrow d^{I} = F^{I}(Y^{I}) \tag{2-28}$$

值得指出，损伤演化函数 F^I 不能在连续损伤框架内给出。传统连续介质损伤理论采用一维试验结果拟合之，本书后续章节中试图通过细观力学方法解得。

2.3.2　双标量损伤模型

对于混凝土、岩石等伪脆性材料，其在拉、压应力作用下表现出迥异的性质，损伤的生成和演化均有很大不同，所以至少需要引入两个损伤变量，分别描述这两类损伤的演化，这就是双标量损伤模型。此时四阶损伤张量分解为

$$\mathbf{D} = d^{+}\mathbf{P}^{+} + d^{-}\mathbf{P}^{-} \tag{2-29}$$

其中，d^{+} 与 d^{-} 分别为受拉损伤变量和受压损伤变量①；$\mathbf{P}^{+}$ 与 $\mathbf{P}^{-}$ 分别为损伤变量对应的基张量，满足如下单位分解关系

$$\mathbf{P}^{+} + \mathbf{P}^{-} = \mathbf{I} \tag{2-30}$$

基张量 $\mathbf{P}^{+}$ 与 $\mathbf{P}^{-}$ 分别代表受拉与受压的损伤发展的主方向，如果认为损伤发展的主方向与对应有效应力的主方向一致，即受拉损伤在主拉有效应力方向发展，而受压损伤在主压有效应力方向上发展，那么可以用有效应力的主方向代替损伤的主方向[30,39]，有如下投影张量表达式

$$\begin{cases} \mathbf{P}^{+} = \sum_i H(\hat{\bar{\sigma}}_i)(\mathbf{p}_i \otimes \mathbf{p}_i \otimes \mathbf{p}_i \otimes \mathbf{p}_i) \\ \mathbf{P}^{-} = \mathbf{I} - \mathbf{P}^{+} \end{cases} \tag{2-31}$$

其中，$\hat{\bar{\sigma}}_i$ 与 $\mathbf{p}_i$ 分别为有效应力 $\bar{\boldsymbol{\sigma}}$ 的第 i 阶特征值和单位化特征向量。对应的有效应力分解为

$$\begin{cases} \bar{\boldsymbol{\sigma}}^{+} = \mathbf{P}^{+} : \bar{\boldsymbol{\sigma}} = \sum_i \langle \hat{\bar{\sigma}}_i \rangle (\mathbf{p}_i \otimes \mathbf{p}_i) \\ \bar{\boldsymbol{\sigma}}^{-} = \mathbf{P}^{-} : \bar{\boldsymbol{\sigma}} = \bar{\boldsymbol{\sigma}} - \bar{\boldsymbol{\sigma}}^{+} \end{cases} \tag{2-32}$$

---

① 这里的受压主要针对自由受压情形，此时混凝土的损伤和破坏受内部的剪切微裂缝的控制，所以对应的损伤称为受压损伤或受剪损伤。

与上式相对应的损伤能释放率为

$$\begin{cases} Y^{+}=\dfrac{1}{2}\bar{\boldsymbol{\sigma}}^{+}:\mathbf{C}_0^{-1}:\bar{\boldsymbol{\sigma}}+\displaystyle\int\bar{\boldsymbol{\sigma}}^{+}:\mathrm{d}\boldsymbol{\varepsilon}^{p} \\ Y^{-}=\dfrac{1}{2}\bar{\boldsymbol{\sigma}}^{-}:\mathbf{C}_0^{-1}:\bar{\boldsymbol{\sigma}}+\displaystyle\int\bar{\boldsymbol{\sigma}}^{-}:\mathrm{d}\boldsymbol{\varepsilon}^{p} \end{cases} \tag{2-33}$$

在吴-李模型中对上述损伤能释放率表达式做了进一步简化。他们注意到：在受拉应力状态下，其塑性变形的发展极其有限，故可以忽略受拉应力状态下的塑性 Helmholtz 自由能势，因此，受拉损伤能释放率可简化为

$$\begin{aligned} Y^{+}&=\frac{1}{2}\bar{\boldsymbol{\sigma}}^{+}:\mathbf{C}_0^{-1}:\bar{\boldsymbol{\sigma}} \\ &=\frac{1}{2E_0}\left[\frac{2(1+\nu_0)}{3}3\bar{J}_2^{+}+\frac{1-2\nu_0}{3}(\bar{I}_1^{+})^2-\nu_0\bar{I}_1^{+}\bar{I}_1^{-}\right] \end{aligned} \tag{2-34}$$

对于受压部分，将未损伤材料考虑为各向同性材料，可得弹性 Hemholtz 自由能势为

$$\begin{aligned} \frac{1}{2}\bar{\boldsymbol{\sigma}}^{-}:\mathbf{C}_0^{-1}:\bar{\boldsymbol{\sigma}}=\frac{1}{2E_0}\Bigg[&\frac{2(1+\nu_0)}{3}3\bar{J}_2^{-} \\ &+\frac{1-2\nu_0}{3}(\bar{I}_1^{-})^2-\nu_0\bar{I}_1^{+}\bar{I}_1^{-}\Bigg] \end{aligned} \tag{2-35}$$

而对于塑性 Hemholtz 自由能势的具体表达，本书在下一节中进行了详细的讨论，这里先引用其结果讨论对应的损伤的演化。将 Drucker-Prager 型塑性应变演化方程(2-82)代入受压损伤能释放率的塑性部分，有

$$\begin{aligned} \int\bar{\boldsymbol{\sigma}}^{-}:\mathrm{d}\boldsymbol{\varepsilon}^{p}&=\int\bar{\boldsymbol{\sigma}}^{-}:\left(\sqrt{\frac{3}{2}}\frac{\bar{\mathbf{s}}}{\|\bar{\mathbf{s}}\|}+\alpha\mathbf{1}\right)\mathrm{d}\lambda^{p} \\ &=\frac{b}{2E_0}\left(3\bar{J}_2^{-}+\alpha\bar{I}_1^{-}\sqrt{3\bar{J}_2}-\frac{1}{2}\bar{I}_1^{+}\bar{I}_1^{-}\right) \end{aligned} \tag{2-36}$$

此处 $b=\sqrt{\frac{8}{3}}\frac{\lambda^{p}E_0}{\|\bar{\mathbf{s}}\|}$ 定义为材料硬化模量，为材料常数。则受压损伤能释放率

$$
\begin{aligned}
Y^{-} &= \frac{1}{2}\bar{\boldsymbol{\sigma}}^{-}:\mathbf{C}_0^{-1}:\bar{\boldsymbol{\sigma}}+\int\bar{\boldsymbol{\sigma}}^{-}:\mathrm{d}\boldsymbol{\varepsilon}^{p} \\
&= \frac{1}{2E_0}\left\{\left[b+\frac{2(1+\nu_0)}{3}\right]3\bar{J}_2^{-}+b\alpha\bar{I}_1^{-}\sqrt{3\bar{J}_2^{-}}\right. \\
&\quad \left.+\frac{1-2\nu_0}{3}(\bar{I}_1^{-})^2-\left(\frac{b}{2}+\nu_0\right)\bar{I}_1^{+}\bar{I}_1^{-}\right\}
\end{aligned} \tag{2-37}
$$

上述表达式仍然比较复杂，不利于实际计算。在吴-李模型中，建议在适当选取参数的基础上，使得受压损伤能释放率近似满足完全平方形式，即取

$$
Y^{-}=b_0\left(\alpha\bar{I}_1^{-}+\sqrt{3\bar{J}_2^{-}}\right)^2 \tag{2-38}
$$

根据式(2-28)，可以在一般意义上给出损伤演化方程的基本形式为

$$
\begin{cases}
d^{+}=g_Y^{+}(Y^{+}) \\
d^{-}=g_Y^{-}(Y^{-})
\end{cases} \tag{2-39}
$$

上述损伤演化式(2-39)是基于损伤能释放率表达的，而实际由试验得到的一维损伤演化往往表达成应变的形式，即损伤标量是单轴应变或者弹性应变的函数，如下

$$
\begin{cases}
d^{+}=g^{+}(\varepsilon^{e+}) \\
d^{-}=g^{-}(\varepsilon^{e-})
\end{cases} \tag{2-40}
$$

损伤能释放率 $Y^{\pm}$ 与单轴应变 $\varepsilon^{e\pm}$ 并不直接对等。因此，基于单轴应变建立的一维损伤演化函数往往不能直接应用于基于损伤能释放率表示的多维损伤演化。本书在文献[2,51]的启发下，基于损伤一致性条

件，进一步推导了能量等效应变表达式，以便可以直接采用一维损伤演化函数式(2-40)表示多维加载条件下的损伤演化。

损伤一致性条件：如果两个应力状态的损伤能释放率相等，那么二者的损伤变量取值就相等，并且与二者的具体受力状态无关。

图 2-8 中给出了二维损伤演化的几何结构。根据损伤一致性条件，在损伤等值线上的各应力状态损伤能释放率保持不变，其损伤变量的取值也相等。因此对于任意一个二维受力状态 $(\varepsilon_1^e, \varepsilon_2^e)$，可以获得与一维受力状态能量等效的应变 ε^e，按照这一应变由一维损伤演化方程计算损伤变量，所得损伤变量值将与直接基于二维应力状态计算的损伤值相同。

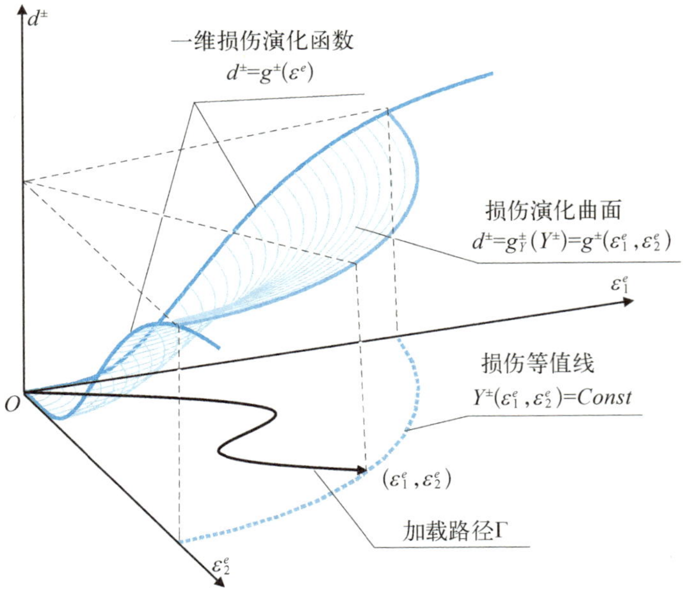

图 2-8 损伤演化的几何结构

一般而言，对于三维应力状态，损伤能释放率亦可表示为

$$
\begin{cases}
Y^{+}=Y^{+}(\varepsilon_1^e, \varepsilon_2^e, \varepsilon_3^e) \\
Y^{-}=Y^{-}(\varepsilon_1^e, \varepsilon_2^e, \varepsilon_3^e)
\end{cases}
\tag{2-41}
$$

而对于一维应力状态，将 $(\bar{\sigma}_1 = E_0 \varepsilon^e,\ \bar{\sigma}_2 = 0,\ \bar{\sigma}_3 = 0)$ 分别代入受拉损伤能释放率式(2-34)和受压损伤能释放率式(2-38)，可得

$$\begin{cases} y^+ = \dfrac{E_0}{2}(\varepsilon^{e+})^2 \\ y^- = b_0[(\alpha - 1)E_0 \varepsilon^{e-}]^2 \end{cases} \tag{2-42}$$

显然，这个特定条件下三维受力状态的损伤能释放率等于单轴受力状态的损伤能释放率

$$\begin{cases} Y^+ = y^+ \\ Y^- = y^- \end{cases} \tag{2-43}$$

根据损伤一致条件，在损伤等面上，一般三维受力状态亦满足上述关系，因此，可解得与多维受力状态等效的单轴应变如下

$$\begin{cases} \varepsilon_{eq}^+ = \sqrt{\dfrac{2Y^+}{E_0}} \\ \varepsilon_{eq}^- = \dfrac{1}{(\alpha - 1)E_0}\sqrt{\dfrac{Y^-}{b_0}} \end{cases} \tag{2-44}$$

其中，ε_{eq}^+ 与 ε_{eq}^- 定义为能量等效应变。

因此，多维损伤演化可由试验确定的一维损伤演化函数以能量等效应变表示为

$$\begin{cases} d^+ = g^+(\varepsilon_{eq}^+) \\ d^- = g^-(\varepsilon_{eq}^-) \end{cases} \tag{2-45}$$

其中，$g^{\pm}(\cdot)$ 的具体形式可分别由单轴受拉与受压试验确定。

2.3.3　一维经验损伤演化函数

直接对混凝土一维试验结果进行拟合得到的本构关系称为经验本

构关系。常用的一维经验本构关系包括过镇海模型[123]和 Mander 模型[124]。

现行国标《混凝土结构设计规范》(GB20010—2002)附录 C. 2 中基于过镇海模型,给出了混凝土单轴应力-应变关系。对于单轴受压受力状态,其应力-应变关系为

$$y=\begin{cases}\alpha_a x+(3-2\alpha_a)x^2+(\alpha_a-2)x^3 & x\leqslant 1\\ x/[\alpha_d(x-1)^2+x] & x>1\end{cases} \tag{2-46}$$

式中,α_a 与 α_d 分别为混凝土单轴受压应力-应变曲线上升段、下降段的参数值,而

$$x=\frac{\varepsilon}{\varepsilon_c} \tag{2-47}$$

$$y=\frac{\sigma}{f_c} \tag{2-48}$$

f_c 与 ε_c 分别为单轴受压峰值应力与峰值应变。混凝土单轴受拉的应力-应变曲线可按下列公式确定

$$y=\begin{cases}1.2x-0.2x^6 & x\leqslant 1\\ x/[\alpha_t(x-1)^{1.7}+x] & x>1\end{cases} \tag{2-49}$$

α_t 为混凝土单轴受拉应力-应变曲线下降段的参数值,而

$$x=\frac{\varepsilon}{\varepsilon_t} \tag{2-50}$$

$$y=\frac{\sigma}{f_t} \tag{2-51}$$

f_t 与 ε_t 分别为单轴受拉峰值应力与峰值应变。

进一步研究发现,虽然规范建议的应力-应变曲线能够很好地拟

合混凝土的试验曲线，但是由于其内在的经验性，在某些细节上并不能准确反映混凝土的性能，特别是对于多项式形式的上升段，在某些条件下会引起计算结果的奇异性，不能直接用于单轴损伤演化函数的建立。

1988 年，Mander 等人在大量试验的基础上建议了下述混凝土应力-应变关系，在此后的 20 年间得到了广泛的应用，其表达式为

$$y=\frac{nx}{n-1+x^{n}} \tag{2-52}$$

其中

$$n=\frac{E_c\varepsilon_{ct}}{E_c\varepsilon_{ct}-f_{ct}} \tag{2-53}$$

$$x=\frac{\varepsilon}{\varepsilon_{ct}} \tag{2-54}$$

$$y=\frac{\sigma}{f_{ct}} \tag{2-55}$$

上述几式中，E_c 为混凝土的弹性模量；f_{ct} 为应力-应变曲线的峰值应力；ε_{ct} 为应力-应变曲线的峰值应变。

Mander 模型中受拉与受压应力-应变曲线采取统一的表达式，通过峰值应力与峰值应变的参数取值加以区别。另一方面，Mander 模型采用一段形式的混凝土应力-应变表达式，虽然保持了曲线的连续性和表达的简洁性，但是实际中混凝土的下降段差别很大，很难直接采用峰值强度、峰值应变以及弹性模量直接确定，所以宜引入相关参数描述混凝土下降段的形状，这样也有利于数值模拟。

本书综合考虑上述两个模型，建议采用 Mander 模型的上升段与《规范》建议模型的下降段表示混凝土的单轴应力-应变模型。同时注意到，《规范》建议模型中，受拉应力-应变曲线的下降段表达式与受压曲线

的下降段表达式的差别很小，为了实际应用的方便，建议统一给出混凝土单轴受拉和受压的应力-应变曲线表达，有

$$y=\begin{cases}\dfrac{nx}{n-1+x^n} & x\leqslant 1\\ \dfrac{x}{\alpha_{ct}(x-1)^2+x} & x>1\end{cases} \tag{2-56}$$

其中，参数的表达式如式(2-53)、式(2-54)和式(2-55)。

另一方面，对于双标量本构关系，其一维应力-应变关系可以统一表示为

$$\sigma=(1-d^{\pm})E_c\varepsilon \tag{2-57}$$

联立式(2-56)与式(2-57)，可解得一维经验损伤演化方程为

$$d^{\pm}=\begin{cases}1-\dfrac{\rho_{ct}n}{n-1+x^n} & x\leqslant 1\\ 1-\dfrac{\rho_{ct}}{\alpha_{ct}(x-1)^2+x} & x>1\end{cases} \tag{2-58}$$

其中

$$\rho_{ct}=\frac{f_{ct}}{E_c\varepsilon_{ct}} \tag{2-59}$$

此处统一以下标“c”来表示受压损伤演化的相关参数，而以下标“t”来表示受拉损伤演化的相关参数。

2.4 塑性子空间理论

塑性应变的演化与有效应力 $\bar{\sigma}$ 有关，本节将直接在有效应力空间建立塑性演化的理论框架。

2.4.1 弹塑性理论

类比经典塑性理论，可建立塑性演化方程如下：

$$\dot{\boldsymbol{\varepsilon}}^p = \dot{\lambda}^p \boldsymbol{\Gamma}(\bar{\boldsymbol{\sigma}}, \boldsymbol{q}) \tag{2-60}$$

与

$$\dot{\boldsymbol{q}} = -\dot{\lambda}^p \mathbf{H}(\bar{\boldsymbol{\sigma}}, \boldsymbol{q}) \tag{2-61}$$

其中，λ^p 为塑性流动因子。

塑性演化函数

$$\boldsymbol{\Gamma}(\bar{\boldsymbol{\sigma}}, \boldsymbol{q}) = \frac{\partial G^p(\bar{\boldsymbol{\sigma}}, \boldsymbol{q})}{\partial \bar{\boldsymbol{\sigma}}} \tag{2-62}$$

其中，$G^p(\bar{\boldsymbol{\sigma}}, \boldsymbol{q})$ 为演化势函数，而塑性硬化函数

$$\mathbf{H}(\bar{\boldsymbol{\sigma}}, \boldsymbol{q}) = \mathbf{C}_p \cdot \frac{\partial G^p(\bar{\boldsymbol{\sigma}}, \boldsymbol{q})}{\partial \boldsymbol{q}} \tag{2-63}$$

其中，$\mathbf{C}_p$ 为塑性硬化刚度张量。至此得到有效应力空间的塑性演化方程①。

在有效应力空间中定义屈服势函数如下：

$$F^p(\bar{\boldsymbol{\sigma}}, \boldsymbol{q}) = 0 \tag{2-66}$$

则控制塑性应变演化的 Kuhn-Tucker 条件可表示为

---

① 也可以在应变空间定义一组完全等价的塑性变量，为

$$\dot{\boldsymbol{q}} = -\mathbf{C}_p \cdot \dot{\boldsymbol{\kappa}} \Leftrightarrow \dot{\boldsymbol{\kappa}} = -\mathbf{C}_p^{-1} \cdot \dot{\boldsymbol{q}} \tag{2-64}$$

综合式(2-65)、式(2-63)和式(2-64)，可解得应变空间塑性变量的演化方程

$$\dot{\boldsymbol{\kappa}} = \dot{\lambda}^p \frac{\partial G^p(\bar{\boldsymbol{\sigma}}, \boldsymbol{q})}{\partial \boldsymbol{q}} \tag{2-65}$$

$$F^p \leqslant 0,\quad \dot{\lambda}^p \geqslant 0,\quad \dot{\lambda}^p F^p \leqslant 0 \tag{2-67}$$

对式(2-66)求时间导数可得塑性一致性条件如下：

$$\dot{F}^p(\bar{\boldsymbol{\sigma}}, \boldsymbol{q}) = \frac{\partial F^p(\bar{\boldsymbol{\sigma}}, \boldsymbol{q})}{\partial \bar{\boldsymbol{\sigma}}} : \dot{\bar{\boldsymbol{\sigma}}} + \frac{\partial F^p(\bar{\boldsymbol{\sigma}}, \boldsymbol{q})}{\partial \boldsymbol{q}} \cdot \dot{\boldsymbol{q}} = 0 \tag{2-68}$$

对有效应力式(2-2)求时间微分，有

$$\dot{\bar{\boldsymbol{\sigma}}} = \mathbf{C}_0 : (\dot{\boldsymbol{\varepsilon}} - \dot{\boldsymbol{\varepsilon}}^p) = \mathbf{C}_0 : (\dot{\boldsymbol{\varepsilon}} - \dot{\lambda}^p \boldsymbol{\Gamma}) \tag{2-69}$$

将式(2-65)及式(2-69)代入塑性一致性条件式(2-68)，可解得塑性流动因子

$$\dot{\lambda}^p = \frac{\dfrac{\partial F^p}{\partial \bar{\boldsymbol{\sigma}}} : \mathbf{C}_0 : \dot{\boldsymbol{\varepsilon}}}{\dfrac{\partial F^p}{\partial \bar{\boldsymbol{\sigma}}} : \mathbf{C}_0 : \boldsymbol{\Gamma} + \dfrac{\partial F^p}{\partial \boldsymbol{q}} \cdot \mathbf{H}} \tag{2-70}$$

如果考虑相关流动法则，取 $\mathbf{G}^p = \mathbf{F}^p$，那么塑性流动因子为

$$\dot{\lambda}^p = \frac{\dfrac{\partial F^p}{\partial \bar{\boldsymbol{\sigma}}} : \mathbf{C}_0 : \dot{\boldsymbol{\varepsilon}}}{\dfrac{\partial F^p}{\partial \bar{\boldsymbol{\sigma}}} : \mathbf{C}_0 : \dfrac{\partial F^p}{\partial \bar{\boldsymbol{\sigma}}} + \dfrac{\partial F^p}{\partial \boldsymbol{q}} \cdot \mathbf{C}_p \cdot \dfrac{\partial F^p}{\partial \boldsymbol{q}}} \tag{2-71}$$

将塑性流动因子表达式(2-70)代入有效应力率表达式(2-69)，可得

$$\dot{\bar{\boldsymbol{\sigma}}} = \left(\mathbf{C}_0 - \frac{\mathbf{C}_0 : \boldsymbol{\Gamma} \otimes \dfrac{\partial F^p}{\partial \bar{\boldsymbol{\sigma}}} : \mathbf{C}_0}{\dfrac{\partial F^p}{\partial \bar{\boldsymbol{\sigma}}} : \mathbf{C}_0 : \boldsymbol{\Gamma} + \dfrac{\partial F^p}{\partial \boldsymbol{q}} \cdot \mathbf{H}} \right) : \dot{\boldsymbol{\varepsilon}} \tag{2-72}$$

可定义

$$\mathbf{C}_{ep} = \mathbf{C}_0 - \frac{\mathbf{C}_0 : \boldsymbol{\Gamma} \otimes \dfrac{\partial F^p}{\partial \bar{\boldsymbol{\sigma}}} : \mathbf{C}_0}{\dfrac{\partial F^p}{\partial \bar{\boldsymbol{\sigma}}} : \mathbf{C}_0 : \boldsymbol{\Gamma} + \dfrac{\partial F^p}{\partial \boldsymbol{q}} \cdot \mathbf{H}} \tag{2-73}$$

为弹塑性切线刚度张量。对于相关塑性流动，弹塑性切线刚度张量

$$\mathbf{C}_{ep}=\mathbf{C}_0-\frac{\mathbf{C}_0:\dfrac{\partial F^p}{\partial\bar{\boldsymbol{\sigma}}}\otimes\dfrac{\partial F^p}{\partial\bar{\boldsymbol{\sigma}}}:\mathbf{C}_0}{\dfrac{\partial F^p}{\partial\bar{\boldsymbol{\sigma}}}:\mathbf{C}_0:\dfrac{\partial F^p}{\partial\bar{\boldsymbol{\sigma}}}+\dfrac{\partial F^p}{\partial\boldsymbol{q}}\cdot\mathbf{C}_p\cdot\dfrac{\partial F^p}{\partial\boldsymbol{q}}}\tag{2-74}$$

为对称张量。

一般而言，屈服函数可做如下分解：

$$F^p(\bar{\boldsymbol{\sigma}},\ \boldsymbol{q})=F_0^p(\bar{\boldsymbol{\sigma}}+q_2)+R(q_1-f_y)\tag{2-75}$$

$F_0^p(\cdot)$ 为材料的等效单轴屈服应力函数；$R(\cdot)$ 为屈服面半径；应力空间塑性变量 $\boldsymbol{q}=\{q_1,\ q_2\}^T$ 为二维向量，q_1 为等向硬化的量度，q_2 为运动硬化的量度；f_{y0} 为材料的初始屈服应力。同时，可定义材料的后继屈服应力为 $f_y=f_{y0}-q_1$。

在土工材料的塑性模型中，常将屈服函数进一步简化为如下形式：

$$F^p(\bar{\boldsymbol{\sigma}},\ \boldsymbol{q})=F_0^p(\bar{\boldsymbol{\sigma}})-c\tag{2-76}$$

其中，c 为内聚力函数。

上式忽略了运动强化，而只考虑各向同性强化。土工材料中常用的屈服函数，如 Mohr-Coulomb 屈服函数或者 Drucker-Prager 屈服函数[125]，并不完全适用于混凝土材料。原因是混凝土的塑性除了存在与土工材料一致的内摩擦机制以外，还具有对主拉应力的敏感性。

Lee and Fenves[29] 在 Lubliner et al[24] 研究的基础上，考虑了最大主拉应力 $\hat{\sigma}_{\max}$ 对 Drucker-Prager 模型的修正，建议了屈服函数的表达式，Wu et al[39] 又将其引入有效应力空间，得到如下屈服函数表达式：

$$F^p(\bar{\boldsymbol{\sigma}})=(\alpha\bar{I}_1+\sqrt{3\bar{J}_2}+\beta\langle\hat{\bar{\sigma}}_{\max}\rangle)-(1-\alpha)c\tag{2-77}$$

式中，α 为材料参数，表示为

$$\alpha = \frac{\dfrac{f_{b0}^{-}}{f_0^{-}} - 1}{2\dfrac{f_{b0}^{-}}{f_0^{-}} - 1} \tag{2-78}$$

其中，f_0^{-} 与 f_{b0}^{-} 分别为混凝土的单轴受压与双轴受压初始屈服强度，二者之比 f_{b0}^{-}/f_0^{-} 是混凝土重要的力学参数，实验测定结果为 1.15—1.25。而 β 和 c 则是后继屈服强度的函数，其表达式为

$$\begin{cases} \beta = \dfrac{f_y^{-}}{f_y^{+}}(1-\alpha) - (1+\alpha) \\ c = f_y^{-} \end{cases} \tag{2-79}$$

其中，f_y^{+} 和 f_y^{-} 分别为混凝土后继抗拉强度和后继抗压强度，二者均可定义为等效塑性应变向量 $\boldsymbol{\kappa}$ 的函数。

吴-李模型中[20]，取混凝土的演化势函数为修正的 Drucker-Prager 型函数，为

$$G^p = \alpha \bar{I}_1 + \sqrt{3\bar{J}_2} - (1-\alpha)c \tag{2-80}$$

塑性应变演化函数

$$\boldsymbol{\Gamma} = \frac{\partial G^p}{\partial \bar{\boldsymbol{\sigma}}} = \sqrt{\frac{3}{2}}\frac{\bar{\mathbf{s}}}{\|\bar{\mathbf{s}}\|} + \alpha \mathbf{1} \tag{2-81}$$

式中，二阶张量的范数定义为 $\|\bar{\mathbf{s}}\| = \sqrt{\bar{\mathbf{s}} : \bar{\mathbf{s}}}$；而 $\mathbf{1}$ 表示二阶单位张量。

将式(2-81)代入式(2-60)，可得塑性应变的 Drucker-Prager 型演化方程为

$$\dot{\boldsymbol{\varepsilon}}^p = \dot{\lambda}^p \left(\sqrt{\frac{3}{2}}\frac{\bar{\mathbf{s}}}{\|\bar{\mathbf{s}}\|} + \alpha \mathbf{1} \right) \tag{2-82}$$

上式表明的塑性应变演化包含体积分量。

2.4.2 经验塑性模型

前述推导已经建立起了比较完整的有效应力空间塑性力学体系。但是材料的塑性硬化函数 $\mathbf{H}$ 与塑性硬化模量 $\mathbf{C}_p$ 并不能在塑性理论体系内直接确定,需要借助体系外的方法,譬如试验数据拟合或者细观塑性分析。而目前对混凝土塑性变形产生的细观机制并没有了解得十分清楚,所以不少研究者采用经验塑性模型得到材料的硬化函数和模量[30,96]。

首先考虑单轴受压状态 ($\bar{\sigma}_1 = \bar{\sigma}_2 = 0$, $\bar{\sigma}_3 = \bar{\sigma} < 0$)。此时有 $\langle \bar{\sigma} \rangle_{\max} = 0$, 因此屈服函数式(2-77)与演化函数式(2-80)具有相同的表达式,有

$$F^p = G^p = \alpha \bar{I}_1 + \sqrt{3\bar{J}_2} - (1-\alpha)c = 0 \tag{2-83}$$

其中,黏聚性函数 $c = c(\boldsymbol{\kappa})$ 为应变空间塑性变量的函数。

比较式(2-75)与式(2-83)可以解得

$$\begin{cases} R = 1 - \alpha \\ c(\boldsymbol{\kappa}) = -q_1 + f_y \end{cases} \tag{2-84}$$

由式(2-65)可解得应变空间塑性变量的演化

$$\dot{\boldsymbol{\kappa}} = \dot{\lambda}^p \frac{\partial G^p}{\partial \boldsymbol{q}} = \dot{\lambda}^p \frac{\partial G^p}{\partial c} \frac{\partial c}{\partial q_1} = \dot{\lambda}^p (1-\alpha) = \dot{\kappa} \tag{2-85}$$

另一方面,由式(2-82)得

$$\dot{\boldsymbol{\varepsilon}}^p : \dot{\boldsymbol{\varepsilon}}^p = (\dot{\lambda}^p)^2 \left(\frac{3}{2} + \alpha^2 \right) \tag{2-86}$$

将式(2-86)代入式(2-70)并考虑时间积分,可得

$$\kappa = \frac{1-\alpha}{\sqrt{\frac{3}{2}+\alpha^2}}\int_0^t \sqrt{\dot{\boldsymbol{\varepsilon}}^p : \dot{\boldsymbol{\varepsilon}}^p}\,\mathrm{d}t \tag{2-87}$$

将单轴受压的有效应力代入式(2-82)整理，可解得单轴受压状态下各轴塑性应变

$$\begin{cases} \varepsilon_1^p = \dfrac{\alpha-\sqrt{\dfrac{3}{8}}}{\alpha+\sqrt{\dfrac{3}{2}}}\varepsilon^p \\ \varepsilon_2^p = \dfrac{\alpha-\sqrt{\dfrac{3}{8}}}{\alpha+\sqrt{\dfrac{3}{2}}}\varepsilon^p \\ \varepsilon_3^p = \varepsilon^p \end{cases} \tag{2-88}$$

将各轴塑性应变代入式(2-87)，可得单轴受压状态下的等效塑性应变

$$\kappa = \rho \mid \varepsilon^p \mid \quad \rho = \frac{1-\alpha}{\frac{3}{2}+\alpha}\sqrt{\frac{3\left(\alpha^2+\frac{9}{4}\right)}{\frac{3}{2}+\alpha^2}} \tag{2-89}$$

对于常规混凝土，$f_{\overline{b0}}/f_{\overline{0}}$ 实验测定结果为 1.15—1.25，因此，α 取值范围为 0.115—0.165，由上式计算 ρ 的取值范围为 1.05—1.15，实际应用中建议取 $\rho\approx 1.1$。此时在单轴受压应力状态下考虑式(2-83)，可得

$$\mid \bar{\sigma} \mid - c(\rho \mid \varepsilon^p \mid) = 0 \tag{2-90}$$

在一维受力状态下，$\bar{\sigma} = E_0\bar{\varepsilon}^e$，代入上式，有

$$E_0 \mid \bar{\varepsilon}^e \mid - c(\rho \mid \varepsilon^p \mid) = 0 \tag{2-91}$$

上式表明函数 $c(\cdot)$ 可以由一维加载条件下塑性应变与弹性应变的关系求得。

Karson and Jirsa[96] 根据试验结果，给出塑性应变与总应变的经验关系如下：

$$\frac{\varepsilon^p}{\varepsilon_c}=a\left(\frac{\varepsilon}{\varepsilon_c}\right)^2+b\left(\frac{\varepsilon}{\varepsilon_c}\right) \tag{2-92}$$

式中，ε_c 为峰值应力对应的应变；材料参数建议取值

$$\begin{cases}a=0.145\\ b=0.130\end{cases} \tag{2-93}$$

联立式(2-91)与式(2-92)并考虑应变分解 $\varepsilon=\varepsilon^e+\varepsilon^p$，就可解得黏聚性应力函数 $c(\cdot)$。值得注意的是，这里的粘聚性应力函数虽然是通过单轴受力状态解出的，但是可以直接应用于多轴受力的求解。此处易解得材料的塑性硬化刚度

$$C_p=\rho c'(\rho\kappa) \tag{2-94}$$

前面推导的理论塑性力学模型具有严格的理论基础，在基于一维试验结果得到塑性硬化模量之后，整个理论体系已经完备，可以在有效应力空间直接进行塑性变形的求解，并进一步确定弹塑性损伤能释放率，进入下一步的损伤求解。但是也不难看出，上述理论塑性力学体系表达非常复杂，其数值计算过程必然需要耗费大量的计算量，尤其不利于大型结构的模拟和分析。

基于减少结构模拟计算量的考虑，吴建营[20]建议了经验塑性模型。首先将塑性应变演化式(2-82)简化为如下形式：

$$\dot{\boldsymbol{\varepsilon}}^p\approx b^p\bar{\boldsymbol{\sigma}} \tag{2-95}$$

类比 Faria et al[30] 的塑性模型，吴建营[20] 给出塑性一致性因子表达式

如下：

$$b^p = \xi^p E_0 H(\dot{d}^-) \frac{\langle \boldsymbol{\varepsilon}^e : \dot{\boldsymbol{\varepsilon}} \rangle}{\bar{\boldsymbol{\sigma}} : \bar{\boldsymbol{\sigma}}} \geqslant 0 \tag{2-96}$$

此处 $\dot{d}^-$ 为受压损伤变量；Heaviside 函数 $H(\dot{d}^-)$ 表明只有受压损伤的发展才会引起塑性变形；ξ^p 为材料常数。将经验塑性演化方程式(2-95)代入有效应力演化式(2-69)，可得

$$\begin{aligned} \dot{\bar{\boldsymbol{\sigma}}} &= \mathbf{C}_0 : \left[\dot{\boldsymbol{\varepsilon}} - \xi^p E_0 H(\dot{d}^-) \frac{\langle \boldsymbol{\varepsilon}^e : \dot{\boldsymbol{\varepsilon}} \rangle}{\bar{\boldsymbol{\sigma}} : \bar{\boldsymbol{\sigma}}} \bar{\boldsymbol{\sigma}} \right] \\ &= \mathbf{C}_0 : \dot{\boldsymbol{\varepsilon}} - \xi^p E_0 H(\dot{d}^-) \frac{\langle \bar{\boldsymbol{\sigma}} : \dot{\boldsymbol{\varepsilon}} \rangle}{\bar{\boldsymbol{\sigma}} : \bar{\boldsymbol{\sigma}}} \bar{\boldsymbol{\sigma}} \end{aligned} \tag{2-97}$$

定义 $\mathbf{n}_\sigma = \dfrac{\bar{\boldsymbol{\sigma}}}{\sqrt{\bar{\boldsymbol{\sigma}} : \bar{\boldsymbol{\sigma}}}}$，代入上式，可得

$$\begin{aligned} \dot{\bar{\boldsymbol{\sigma}}} &= \mathbf{C}_0 : \dot{\boldsymbol{\varepsilon}} - \xi^p E_0 H(\dot{d}^-) \langle \mathbf{n}_\sigma : \dot{\boldsymbol{\varepsilon}} \rangle \mathbf{n}_\sigma \\ &= [\mathbf{C}_0 - \xi^p E_0 H(\dot{d}^-) H(\mathbf{n}_\sigma : \dot{\boldsymbol{\varepsilon}}) \mathbf{n}_\sigma \otimes \mathbf{n}_\sigma] : \dot{\boldsymbol{\varepsilon}} \end{aligned} \tag{2-98}$$

由此可知，弹塑性切线刚度张量为

$$\mathbf{C}_{ep} = \mathbf{C}_0 - \xi^p E_0 H(\dot{d}^-) H(\mathbf{n}_\sigma : \dot{\boldsymbol{\varepsilon}}) \mathbf{n}_\sigma \otimes \mathbf{n}_\sigma \tag{2-99}$$

2.5　率相关非线性演化

上述模型尚未考虑材料应变率效应。事实上，混凝土是一种典型的率敏感材料，其率敏感性可能对结构在动力荷载下的响应产生不可忽略的影响。既有研究表明[126]，混凝土的率敏感性是与其非线性性质直接联系的，而与线性行为的关系不大。因此在建模过程中，应该从非线性

演化的角度考虑混凝土的率敏感性。现有的研究大都专注于从混凝土非线性的一个侧面，即在塑性子空间[127]或者损伤子空间[54,126]中进行率相关效应的研究。本书经过研究发现，仅仅在一个子空间拓展混凝土损伤力学模型，不能完整地反映混凝土的率敏感性——仅仅考虑率相关塑性演化不能很好地描述动力加载下的强度提高，而仅仅考虑率相关损伤演化则过高地估计了动力作用下材料的变形能力。本节，拟从损伤和塑性两个方面引入率相关关系，试图建立完整的率相关非线性演化体系。

2.5.1　率相关损伤演化

针对于静力标量损伤演化的一般表达式

$$\dot{d} = \dot{\lambda}_d \frac{\partial g(q)}{\partial q} \tag{2-100}$$

Simo and Ju[22,23]类比 Perzyna 型黏塑性模型[128]，直接给出了考虑率相关损伤演化的损伤流动因子表达式

$$\dot{\lambda}_d = \eta_d \left\langle \frac{q}{\lambda_d} - 1 \right\rangle^{n_d} \tag{2-101}$$

其中，η_d 与 n_d 是与材料率敏感性有关的材料常数。

不难看出，上述 Simo-Ju 动力损伤演化模型建立的是隐式表达式，其求解过程还需要在两个方程之间迭代，这会增加结构模拟的计算量。本书采用 Cervera et al[54]提出的显式模型对静力损伤演化式(2-45)作率相关拓展。即取

$$\begin{cases} d^{\pm} = g^{\pm}\left(q_r^{\pm}\right) \\ \dot{q}_r^{\pm} = \eta_d^{\pm} \left\langle \dfrac{\bar{\varepsilon}^{e\pm}}{q_r^{\pm}} - 1 \right\rangle^{n_d^{\pm}} \end{cases} \tag{2-102}$$

式中 $\eta_d^{\pm}$ 与 $n_d^{\pm}$ 是与材料率敏感性有关的材料常数，上标“±”表示对于受拉和受压取不同的数值。$q_r^{\pm}$ 可由静能量等效应变代入微分方程后积分得到。事实上，对于静力加载，加载速率趋近于 0，因此有

$$\dot{q}_r^{\pm} = \eta_d^{\pm}\left\langle\frac{\bar{\varepsilon}^{e\pm}}{q_r^{\pm}} - 1\right\rangle^{n_d^{\pm}} \to 0 \tag{2-103}$$

由此可得 $q_r^{\pm} = \bar{\varepsilon}^{e\pm}$。

2.5.2 有效应力空间黏塑性理论

为了考虑混凝土的率相关性，需考虑混凝土静力本构关系的动力拓展。对于塑性子空间部分，其对应的率相关拓展大多基于黏塑性力学[128,129]。黏塑性力学的基本思路可采用图 2-9 表示。图 2-9 中应力到达屈服点之后，滑动元件开始发生滑移，产生塑性变形，同时黏性元件也开始承受外力，滑动元件与黏性元件的共同作用，使得总应力可以超过屈服点，产生“过应力”。此时若维持外部变形不变，那么黏性原件承受的应力将逐渐释放，应力逐渐返回到屈服点，“过应力”消失。常用的黏塑性理论模型有两大类：对于线性黏塑性应变演化，一般采用 Duvaut-Lions 模型[129]；对于非线性黏塑性演化，一般采用 Perzyna 模型[128]。本节基于后者对有效应力空间塑性理论进行了黏塑性拓展，建立了有效应力空间黏塑性理论。

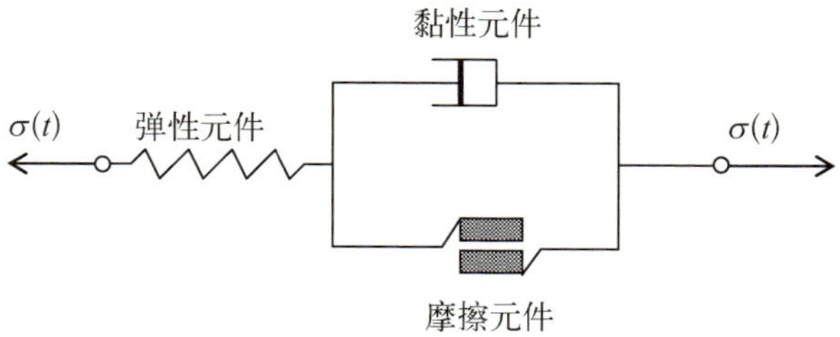

图 2-9　黏塑性理论示意

首先考虑有效应力表达式的率形式

$$\dot{\bar{\boldsymbol{\sigma}}} = \mathbf{C}_0 : (\dot{\boldsymbol{\varepsilon}} - \dot{\boldsymbol{\varepsilon}}^{vp}) \tag{2-104}$$

式中用黏塑性应变 $\boldsymbol{\varepsilon}^{vp}$ 代替了塑性应变 $\boldsymbol{\varepsilon}^{p}$，表明此处考虑了率相关演化。

黏塑性应变的演化与塑性应变的演化具有类似的形式，表达式为

$$\dot{\boldsymbol{\varepsilon}}^{vp} = \dot{\lambda}^{vp}\boldsymbol{\Gamma}(\bar{\boldsymbol{\sigma}}, \boldsymbol{q}) \tag{2-105}$$

根据前面的讨论，考虑黏塑性演化之后，应力可以高于屈服应力，这意味着塑性一致性条件(2-68)不再满足。因此不能再用一致性条件解得黏塑性流动因子 λ^{vp}。一般地，类比 Perzyna 模型[128]，可给出黏塑性流动因子表达式

$$\dot{\lambda}^{vp} = \frac{\Phi_{vp}[F^{p}(\bar{\boldsymbol{\sigma}}, \boldsymbol{q})]}{\eta^{vp}} \tag{2-106}$$

其中，$\Phi_{vp}(\cdot)$ 为黏塑性流动函数。

反解式(2-106)，可得黏塑性屈服函数

$$F^{vp} = F^{p}(\bar{\boldsymbol{\sigma}}, \boldsymbol{q}) - \Theta(\dot{\lambda}^{vp}) = 0 \tag{2-107}$$

其中

$$\Theta(\dot{\lambda}^{vp}) = \Phi_{vp}^{-1}(\eta^{vp}\dot{\lambda}^{vp}) \tag{2-108}$$

为率敏感材料的过应力函数。利用黏塑性材料的屈服条件(2-107)，可得黏塑性理论的 Kuhn-Tucker 条件为

$$F^{vp} \leqslant 0, \quad \dot{\lambda}^{vp} \geqslant 0, \quad \dot{\lambda}^{vp}F^{vp} \leqslant 0 \tag{2-109}$$

Perzyna[128]建议了黏塑性流动函数的几种形式

$$\Phi_{vp}(F)=\begin{cases}\langle F\rangle & \text{Linear}\\ \langle F\rangle^m & \text{Power}\\ e^{\langle F\rangle}-1 & \text{Exponential}\end{cases} \tag{2-110}$$

本书基于最常用的幂函数形式定义粘塑性流动函数，即取

$$\Phi_{vp}(F^p)=\left(\frac{\langle F^p\rangle}{R_y}\right)^{n_{vp}}=\begin{cases}0 & F^p\leqslant 0\\ \left(\dfrac{F^p}{R_y}\right)^{n_{vp}} & F^p>0\end{cases} \tag{2-111}$$

其中，R_y 为屈服函数的半径。

此时，过应力函数

$$\Theta(\dot{\lambda}^{vp})=\begin{cases}0 & F^p\leqslant 0\\ R_y(\eta_{vp}\dot{\lambda}^{vp})^{\frac{1}{n_{vp}}} & F^p>0\end{cases} \tag{2-112}$$

对于经验塑性模型，亦可引入黏塑性修正如下：

$$\boldsymbol{\varepsilon}^{vp}=\frac{\kappa_{vp}}{\kappa}\boldsymbol{\varepsilon}^{p} \tag{2-113}$$

其中塑性等效塑性应变可由式(2-87)求出，等效黏塑性应变由下面微分方程解出

$$\dot{\kappa}_{vp}=\eta_{vp}\left(\frac{\kappa}{\kappa_{vp}}-1\right)^{n_{vp}} \tag{2-114}$$

其中，η_{vp} 与 n_{vp} 为黏塑性力学引入的两个与材料率敏感性相关的材料参数。

如果加载速率非常慢，即 $\dot{\kappa}_{vp}\rightarrow 0$，由上式可解得黏塑性应变等于塑性应变。

2.5.3 动力强度提高因子

动力强度提高因子一般定义为混凝土动力强度与静力强度的比值，

是衡量混凝土率效应的重要指标。由于其非常便于试验测量和记录，所以经过几十年的研究，已经积累起了大量的实验数据。

现行的混凝土动力提高因子的模型一般取为应变率的指数函数或者对数函数[110,119]，也有学者将实验数据分段用指数或对数函数拟合，形成分段函数模型。本节基于双标量弹塑性损伤模型及其率相关推广，在若干简化假定的基础上，推导得到混凝土动力强度提高因子的解析表达式。

首先将多维弹塑性损伤本构关系简化到一维，可得

$$\begin{cases}\sigma=[1-d^{\pm}(q_r)]E_0(\varepsilon^{\pm}-\varepsilon^{vp\pm})\\ \dot{q}_r=\eta_d^{\pm}\left\langle\dfrac{\varepsilon^{e\pm}}{q_r}-1\right\rangle^{n_d^{\pm}}\\ \dot{\varepsilon}^{vp\pm}=\eta_p^{\pm}\left\langle\dfrac{\varepsilon^{p\pm}}{\varepsilon^{vp\pm}}-1\right\rangle^{n_p^{\pm}}\\ E_0\varepsilon^{e\pm}=c(\rho\varepsilon^{p\pm})\end{cases} \tag{2-115}$$

上述一维本构关系同时考虑了损伤演化与塑性变形演化及其对应的率敏感性，表达式偏于复杂，不利于解析分析。为了解得动力提高因子，这里先略去塑性应变，只考虑损伤引起的非线性的影响，有

$$\begin{cases}\sigma=[1-d^{\pm}(q_r^{\pm})]E_0\varepsilon^{\pm}\\ \dot{q}_r^{\pm}=\eta_d^{\pm}\left\langle\dfrac{\varepsilon^{\pm}}{q_r}-1\right\rangle^{n_d^{\pm}}\end{cases} \tag{2-116}$$

本节最后的数值结果表明，塑性应变对于动力提高因子的影响不大。

考虑匀速加载情况，应变函数可以表示为

$$\varepsilon(t)=\dot{\varepsilon}t \tag{2-117}$$

代入单轴动力本构关系式(2-116)，整理可得

$$\dot{q}_r^{\pm} = \eta_d^{\pm}\left(\frac{\dot{\varepsilon}^{\pm}}{q_r}t - 1\right)^{n_d^{\pm}} \tag{2-118}$$

式(2-118)为 $\dot{q}_r^{\pm}$ 的一阶常微分方程，自变量为 t。不失一般性，可假定其初始条件为

$$\dot{q}_r^{\pm}(0) = 0 \tag{2-119}$$

考虑微分方程的试探解形式为

$$q_r^{\pm} = \dot{q}_r^{\pm} t \tag{2-120}$$

其中 $\dot{q}_r^{\pm}$ 为动力能量等效应变的变化率，取为常数。

将试探解式(2-120)代入方程式(2-118)，可得

$$\dot{q}_r^{\pm} = \eta_d^{\pm}\left(\frac{\dot{\varepsilon}^{\pm}}{\dot{q}_r^{\pm}} - 1\right)^{n_d^{\pm}} \tag{2-121}$$

由于 $\dot{\varepsilon}^{\pm}$ 与 $\dot{q}_r^{\pm}$ 均为常数，上式为 $\dot{q}_r^{\pm}$ 的代数方程。可以看出，由方程式(2-121)解出动力损伤驱动力变化率 $\dot{q}_r^{\pm}$，可以使得试探解式(2-120)同时满足原微分方程式(2-118)与初始条件式(2-119)。将式(2-121)整理，可得

$$\frac{\dot{\varepsilon}^{\pm}}{\dot{q}_r^{\pm}}\left(\frac{\dot{\varepsilon}^{\pm}}{\dot{q}_r^{\pm}} - 1\right)^{n_d^{\pm}} = \frac{\dot{\varepsilon}^{\pm}}{\eta_d^{\pm}} \tag{2-122}$$

考虑式(2-117)与式(2-120)，可得单轴应变与 $q_r^{\pm}$ 的换算关系

$$q_r^{\pm} = \frac{\dot{q}_r^{\pm}}{\dot{\varepsilon}^{\pm}}\varepsilon^{\pm} \tag{2-123}$$

将上述换算关系代入单轴动力本构关系式(2-116)，整理可得

$$\sigma = \frac{\dot{\varepsilon}^{\pm}}{\dot{q}_r^{\pm}}\left\{\left[1 - d^{\pm}\left(\frac{\dot{q}_r^{\pm}}{\dot{\varepsilon}^{\pm}}\varepsilon^{\pm}\right)\right]\frac{\dot{q}_r^{\pm}}{\dot{\varepsilon}^{\pm}}\varepsilon^{\pm}\right\} \tag{2-124}$$

上式大括号内部分的极值为混凝土的静力强度 $f_s^{\pm}$，因此对上式求极值

可得动力强度为

$$f_d^{\pm}=\frac{\dot{\varepsilon}^{\pm}}{\dot{q}_r^{\pm}}f_s^{\pm}\Leftrightarrow\frac{f_d^{\pm}}{f_s^{\pm}}=\frac{\dot{\varepsilon}^{\pm}}{\dot{q}_r^{\pm}} \tag{2-125}$$

将式(2-125)代入式(2-122),可得动力强度提高因子的代数方程

$$\frac{f_d^{\pm}}{f_s^{\pm}}\left(\frac{f_d^{\pm}}{f_s^{\pm}}-1\right)^{n_d^{\pm}}=\frac{\dot{\varepsilon}^{\pm}}{\eta_d^{\pm}} \tag{2-126}$$

据此可以解出动力强度提高因子 $\mathrm{DIF}=\frac{f_d^{\pm}}{f_s^{\pm}}$ 随加载应变率 $\dot{\varepsilon}^{\pm}$ 的变化曲线。对于单轴受拉和单轴受压,率相关性是不同的,所以与率敏感性相关的材料参数 $\eta_d^{\pm}$ 与 $n_d^{\pm}$ 也需要取不同的数值。

单轴受压动力提高因子计算结果与试验结果[101-115]的对比如图2-10所示。图中也给出了同时考虑塑性变形的弹塑性损伤模型结果(材料参数:$\eta_p^{-}=5$,$n_{vp}^{-}=6$,$\eta_d^{-}=30$,$n_d^{-}=4$)与忽略塑性变形的弹性损伤模型结果(材料参数:$\eta_d^{-}=40$,$n_d^{-}=4$)。弹塑性损伤模型的结果是基于数值方法计算得到,而弹性损伤模型结果直接基于动力提高因子解析解(2-126)。由图中可以看出:弹塑性损伤模型结果与弹性损伤模型结果基本重合,也说明塑性应变对材料动力强度提高的影响不大。

单轴受拉动力提高因子计算结果与试验结果[103,106,116-121]的对比如图 2-11 所示。计算中材料参数取:$\eta_d^{+}=0.05$,$n_d^{+}=2.5$。可以看出:本书建立的动力强度提高因子的解析模型能够很好地反映混凝土的动力强度提高。

本书模型的表达简单,所需材料参数少,非常适合于实际工程的分析设计。

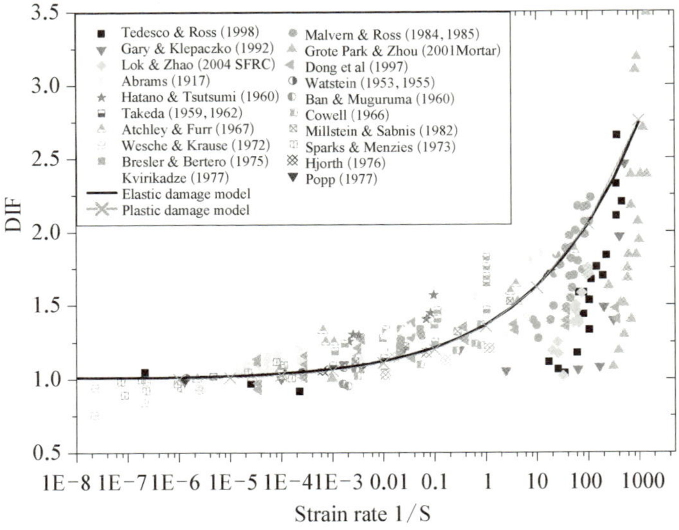

图 2-10　单轴受压动力强度提高因子

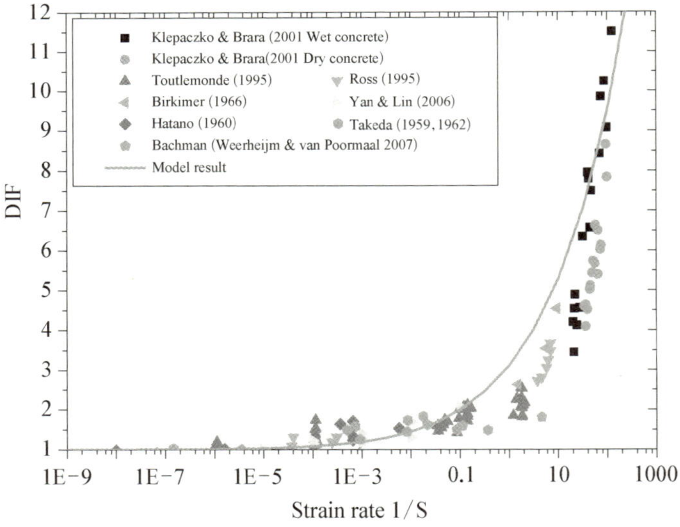

图 2-11　单轴受拉动力强度提高因子

2.6　本构关系的数值求解

由于需要考虑材料的多维损伤和塑性，上述弹塑性损伤本构关系具有一定的复杂性，若要应用于实际结构的非线性分析，需要借助于适当的数值算法。20 世纪 80 年代以来，研究者对非线性本构关系的数值算法进行了系统的研究[23,28,30,130-132]，建立了一类高效的数值算法，称为回映算法(return-mapping algorithm)。本节将对弹塑性损伤本构关系的回映算法进行简要的讨论。

首先考虑弹塑性损伤本构关系(2-11)的率形式，有

$$\begin{cases}\dot{\boldsymbol{\sigma}} = (\mathbf{I}-\mathbf{D}) : \dot{\bar{\boldsymbol{\sigma}}} - \dot{\mathbf{D}} : \bar{\boldsymbol{\sigma}} \\ \dot{\bar{\boldsymbol{\sigma}}} = \mathbf{C}_0 : (\dot{\boldsymbol{\varepsilon}} - \dot{\boldsymbol{\varepsilon}}_p)\end{cases} \tag{2-127}$$

由于前面的建模过程中考虑了有效应力空间塑性力学，所以式(2-127b)是闭合的，可以先单独求解，得到塑性应变及有效应力；然后再求解损伤演化，最后根据式(2-127a)得到应力。

上述求解过程构成了算子分解(operator split)方法[28,132]的基本过程，详述如下：

(1) 弹性预测

首先根据整体结构的分析，给定应变率

$$\dot{\boldsymbol{\varepsilon}} = \nabla^s \dot{\mathbf{u}} \tag{2-128}$$

弹性预测步中，先冻结塑性演化与损伤演化，即

$$\begin{cases}\dot{\boldsymbol{\varepsilon}}^p = 0 \\ \dot{\mathbf{D}} = 0\end{cases} \tag{2-129}$$

由于认为材料只有弹性变形，可得有效应力率

$$\dot{\bar{\boldsymbol{\sigma}}} = \mathbf{C}_0 : \dot{\boldsymbol{\varepsilon}} \tag{2-130}$$

和柯西应力率

$$\dot{\boldsymbol{\sigma}} = (\mathbf{I} - \mathbf{D}) : \dot{\bar{\boldsymbol{\sigma}}} = (\mathbf{I} - \mathbf{D}) : \mathbf{C}_0 : \dot{\boldsymbol{\varepsilon}} \tag{2-131}$$

(2) 塑性修正

如果材料发生塑性变形，则需要根据塑性应变演化方程修正弹性预测步中所得的结果。在塑性修正步中总应变率取为 0，即

$$\dot{\boldsymbol{\varepsilon}} = 0 \tag{2-132}$$

将塑性、黏塑性应变演化统一标识为如下形式

$$\dot{\boldsymbol{\varepsilon}}^p = \begin{cases} \dot{\lambda}^p \boldsymbol{\Gamma} & F = \dot{F} = 0 \\ 0 & \text{otherwise} \end{cases} \tag{2-133}$$

对于塑性演化，屈服函数 F 取

$$F = F^p(\bar{\boldsymbol{\sigma}}, \boldsymbol{q}) = 0 \tag{2-134}$$

而对于黏塑性演化，屈服函数 F 取

$$F = F^{vp} = F^p(\bar{\boldsymbol{\sigma}}, \boldsymbol{q}) - \Theta(\dot{\lambda}^p) = 0 \tag{2-135}$$

有效应力率

$$\dot{\bar{\boldsymbol{\sigma}}} = -\mathbf{C}_0 : \dot{\boldsymbol{\varepsilon}}^p \tag{2-136}$$

前已述及，本书采用的塑性理论直接建立在有效应力空间，所以塑性修正步冻结损伤演化，有

$$\dot{\mathbf{D}} = 0 \tag{2-137}$$

最后得柯西应力率

$$\dot{\boldsymbol{\sigma}} = (\mathbf{I} - \mathbf{D}) : \dot{\bar{\boldsymbol{\sigma}}} = -(\mathbf{I} - \mathbf{D}) : \mathbf{C}_0 : \dot{\boldsymbol{\varepsilon}}^p \tag{2-138}$$

(3) 损伤修正

当材料发生损伤时,需要根据损伤值修正弹塑性预测结果,在损伤修正步中,仍然取

$$\dot{\boldsymbol{\varepsilon}} = 0 \tag{2-139}$$

冻结塑性变形演化,有

$$\dot{\boldsymbol{\varepsilon}}^p = 0 \tag{2-140}$$

进而有有效应力率

$$\dot{\bar{\boldsymbol{\sigma}}} = 0 \tag{2-141}$$

考虑双标量损伤模型,有柯西应力变化率

$$\dot{\boldsymbol{\sigma}} = (\dot{d}^+ \bar{\boldsymbol{\sigma}}^+ + \dot{d}^- \bar{\boldsymbol{\sigma}}^-) + (d^+ \dot{\bar{\boldsymbol{\sigma}}}^+ + d^- \dot{\bar{\boldsymbol{\sigma}}}^-) \tag{2-142}$$

根据 Faria et al[30] 以及 Wu et al[39] 的讨论,有效应力正、负分量的变化率可表示为

$$\begin{cases} \dot{\bar{\boldsymbol{\sigma}}}^+ = \mathbf{Q}^+ : \dot{\boldsymbol{\sigma}} \\ \dot{\bar{\boldsymbol{\sigma}}}^- = \mathbf{Q}^- : \dot{\boldsymbol{\sigma}} \end{cases} \tag{2-143}$$

正、负投影率张量

$$\begin{cases} \mathbf{Q}^+ = \mathbf{P}^+ + 2\sum_{i=1,\, j>i}^{3} \dfrac{\langle \bar{\sigma}_i \rangle - \langle \bar{\sigma}_j \rangle}{\bar{\sigma}_i - \bar{\sigma}_j} \mathbf{p}_{ij} \otimes \mathbf{p}_{ij} \\ \mathbf{Q}^- = \mathbf{I} - \mathbf{Q}^+ \end{cases} \tag{2-144}$$

其中,$\mathbf{p}_{ij} = \dfrac{1}{2}(\mathbf{p}_i \otimes \mathbf{p}_j + \mathbf{p}_j \otimes \mathbf{p}_i)$。

考虑率相关损伤演化之后,损伤变化率为

$$\begin{cases} \dot{d}^{\pm} = [g^{\pm}]' \dot{q}_r^{\pm} \\ \dot{q}_r^{\pm} = \eta_d^{\pm} \left\langle \dfrac{\varepsilon^{e\pm}}{q_r^{\pm}} - 1 \right\rangle^{n_d^{\pm}} \end{cases} \tag{2-145}$$

算子分解体系将弹塑性损伤本构关系的微分方程分解到三个相对独立的子空间独立求解,大大简化了求解过程。上述三个步骤中,弹性预测步骤只需要处理线性系统,相对简单;后两个步骤中则都需要处理一阶非线性微分系统,需要进一步说明。

一般形式的一阶非线性微分系统可以表示为

$$\dot{\mathbf{S}} = \mathbf{\Pi}(\mathbf{S},\ t) \tag{2-146}$$

一阶微分系统的数值求解方法有两类,即显式方法和隐式方法。

显式方法中最基本的是前进 Euler 方法,将微分系统离散为差分系统,有

$$\mathbf{S}_{n+1} = \mathbf{S}_n + \Delta t_{n+1} \mathbf{\Pi}(\mathbf{S}_n,\ t_n) \tag{2-147}$$

此处,$\Delta t_{n+1} = t_{n+1} - t_n$。

基于上式,可以利用第 n 步的数值结果直接求第 $n+1$ 步的数值结果。显式方法的整个求解过程不需要迭代,计算简便,但是需要非常小的时间步长 Δt_{n+1} 才能保证计算的精度,所以适用于冲击碰撞等瞬时问题。为了提高计算精度,减少时间离散步的步数,可以考虑龙格-库塔法等高阶算法。但在处理强非线性系统的过程中,高阶方法容易出现稳定性问题。

完全隐式方法主要是后退 Euler 算法,此时所建立数值差分系统为

$$\mathbf{S}_{n+1} = \mathbf{S}_n + \Delta t_{n+1} \mathbf{\Pi}(\mathbf{S}_{n+1},\ t_{n+1}) \tag{2-148}$$

由于求解中还需要用到第 $n+1$ 步的函数值,也就是待求函数值 $\mathbf{S}_{n+1}$,对于一般非线性问题上式就不能直接显式解出,需要进一步迭代求解。在每一个加载步考虑非线性系统

$$\boldsymbol{\Xi}(\mathbf{S}_{n+1}) = -\mathbf{S}_{n+1} + \mathbf{S}_n + \Delta t_{n+1}\boldsymbol{\Pi}(\mathbf{S}_{n+1},\ t_{n+1}) = 0 \quad (2-149)$$

采用牛顿迭代法求解非线性方程的基本公式

$$\begin{cases} \boldsymbol{\Xi}(\mathbf{S}_{n+1}^{k}) + \left(\dfrac{\partial \boldsymbol{\Xi}}{\partial \mathbf{S}}\right)_{n+1}^{k} \delta \mathbf{S}_{n+1}^{k} = 0 \\ \mathbf{S}_{n+1}^{k+1} = \mathbf{S}_{n+1}^{k} + \delta \mathbf{S}_{n+1}^{k} \end{cases} \quad (2-150)$$

将非线性系统式(2-149)代入离散系统式(2-150)，整理可得

$$\left(\mathbf{1} - \Delta t_{n+1}\dfrac{\partial \boldsymbol{\Pi}}{\partial \mathbf{S}}\right)_{n+1}^{k} \delta \mathbf{S}_{n+1}^{k} = \boldsymbol{\Xi}(\mathbf{S}_{n+1}^{k}) \quad (2-151)$$

迭代直至 $\delta \mathbf{S}_{n+1}^{k} \rightarrow 0$，即可得第 $n+1$ 步的数值解。

隐式分析方法虽然每一步均需要迭代，但是如果系统的雅可比矩阵 $\partial \boldsymbol{\Xi}/\partial \mathbf{S}$ 稳定性较好，使得整个数值系统稳定的时间步长 Δt_{n+1} 较大，总体上就可以减少时间过程数值离散的步数。所以，隐式方法适用于静力非线性问题或者时间过程比较长的问题。理论上讲，其时间积分具有无条件稳定性。

将算子分解体系与隐式求解方法结合，可以得到弹塑性损伤本构关系的基本求解过程：首先进行弹性预测，得到最大的可能有效应力增量和柯西应力增量；然后进行塑性修正，利用牛顿迭代方法求得塑性应变，并将有效应力“回映”到屈服面上(图 2-12)；最后进行损伤修正，利用牛顿迭代法求出损伤变量，最后“回映”修正柯西应力。由于上述过程中，弹性预测与非线性修正是“试探”与“回映”的关系，所以基于上述思路建立起来的本构关系数值算法称为

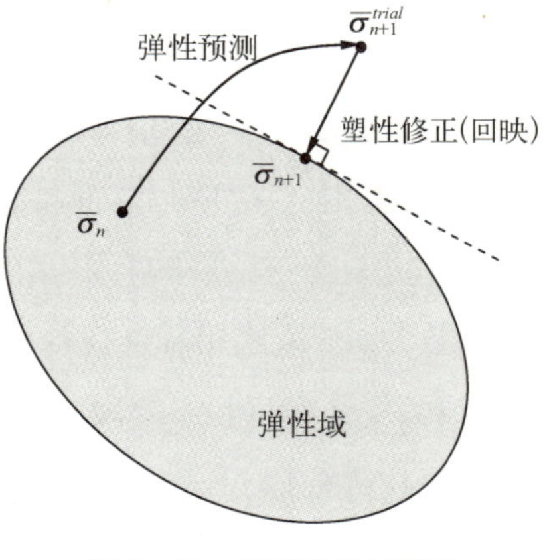

图 2-12　回映算法示意图

回映算法(return-mapping algorithm)[132]。回映算法在每一个加载步都保证迭代收敛并严格满足屈服条件,所以算法精度较高。同时,由于其基础算法即后退欧拉算法是无条件稳定的,使回映算法的算法稳定性也很好,非常适合于本构关系的数值求解。

2.7 分析实例

本节基于前面建立的多维连续介质损伤理论,同时结合经验损伤演化,对钢筋混凝土的静力非线性问题和动力非线性问题进行了数值模拟。模拟中结构的有限元建模和分析均采用 ABAQUS 软件,本构关系则采用 UMAT 方式自主开发并嵌入到有限元分析过程中。

2.7.1 静力非线性分析

例 1 1966 年,Leonhardt and Walther[133]进行了钢筋混凝土深梁的受力和破坏试验。如图 2-13 所示,简支正方形深梁边长为 1 600 mm,厚度为 100 mm,顶部承受均布荷载,梁中配有横向和竖向分布钢筋,同时梁底部还配有抗拉加强钢筋。

本书建立了上述试件的三维有限元模型,混凝土采用三维实体单元,钢筋采用三维杆单元,混凝土与钢筋之间采用完全绑定的方式传递内力。混凝土与钢筋的有限元模型如图 2-14 所示。分析中采用的材料参数为:混凝土单轴受拉强度 $f_t = 1.0$ MPa,单轴受拉峰值应变 $\varepsilon_t = 60\times10^{-6}$,单轴受拉下降段参数 $\alpha_t = 1.0$,单轴受压强度 $f_c = 29.6$ MPa,单轴受压峰值应变 $\varepsilon_c = 2\,000\times10^{-6}$,单轴受压下降段参数 $\alpha_c = 5.0$,混凝土弹性模量 $E_c = 30$ GPa,混凝土泊松比 $\nu = 0.2$;钢筋屈服强度

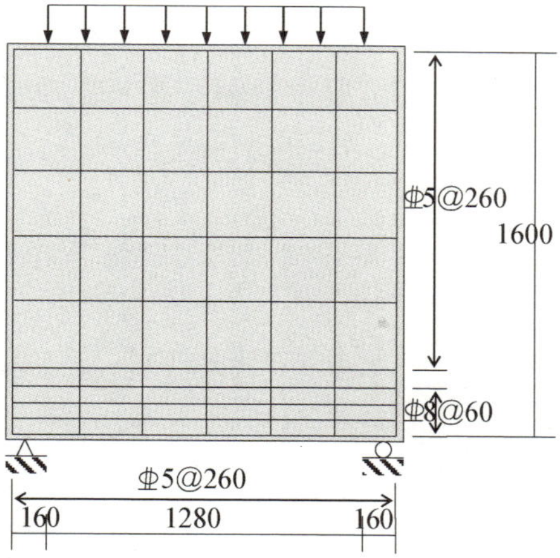

图 2-13　试验构件和加载装置(单位：mm)

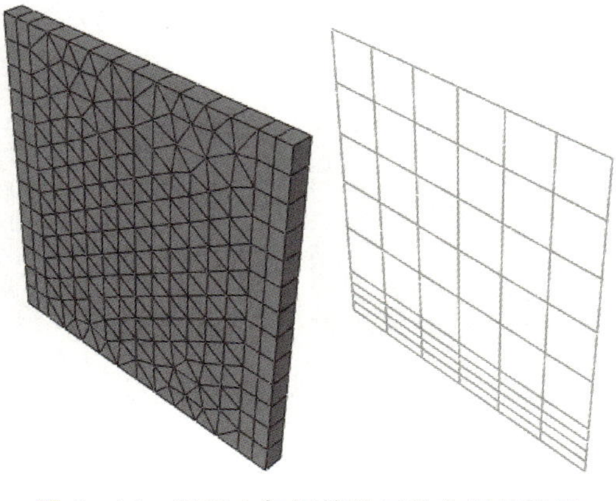

图 2-14　混凝土与钢筋的三维有限元模型

$f_y = 415$ MPa，钢筋弹性模量 $E_s = 210$ GPa。

采用本书模型进行数值模拟，所得结果如图 2-15 和图 2-16。由应力云图 2-15 中可以清楚地看到钢筋混凝土深梁受弯破坏的全过程：初始加载阶段，材料均处于弹性阶段，构件内整体的应力较小；随着外荷载的增加，深梁底部的混凝土受拉损伤而退出工作，底部拉应力由加强钢筋承受，深梁受力的拉杆拱机制初步形成；外荷载进一步增加，受拉损伤区逐步上移，拉杆拱进一步发展，直至将顶部受压区压迫到一个很小的范围内发生压碎破坏，标志着整个构件的最终破坏。图 2 - 16 中，实测荷载位移曲线与数值分析结果也取得了较好的吻合，验证了本书提出模型的正确性和有效性。

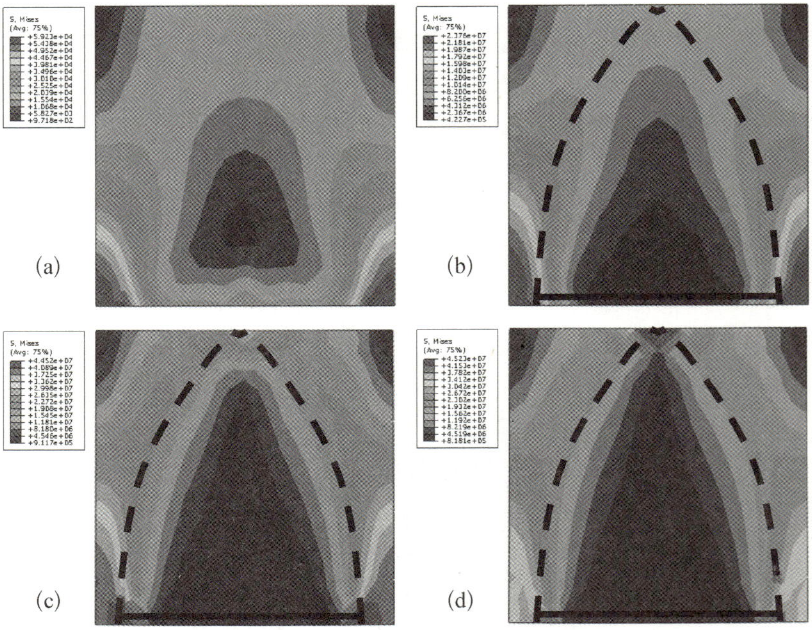

图 2 - 15　不同加载阶段深梁的 Mises 应力云图

(a) 初始弹性状态；(b) 拉杆拱机制初步形成；(c) 拉杆拱机制继续发展；(d) 拉杆拱顶板压碎破坏

例 2　1989 年，Vecchio[133] 设计了一个开孔板纯剪问题来测试钢筋混凝土膜单元的性能，后来被当作钢筋混凝土构件非线性分析的 benchmark 问题。本书亦以此为对象进行实例分析。

如图 2 - 17 所示，钢筋混凝土方板，边长为 850 mm，厚度为 70 mm；中心开孔为正方形，边长 150 mm；板中 x 和 y 两个方向上均配有分布钢筋，两个方向配筋率相同，均为 0.015 0；开孔板四边作用纯剪荷载。

数值模拟仍然采用三维分离式有限元模型。混凝土采用三维实体单元，钢筋采用三维杆单元，二者之间完全绑定，不考虑黏结滑移。混凝

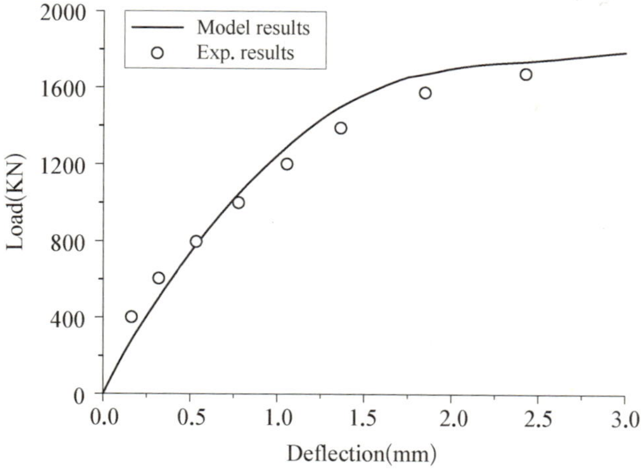

图 2－16　深梁荷载位移曲线

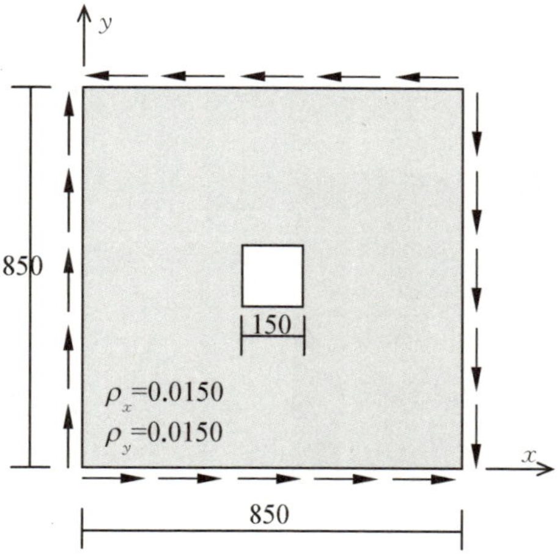

图 2－17　钢筋混凝土开孔板的剪切问题(单位：mm)

土与钢筋的有限元模型如图 2－18 所示。分析中采用的材料参数为：混凝土单轴受拉强度 $f_t = 1.0$ MPa，单轴受拉峰值应变 $\varepsilon_t = 60\times10^{-6}$，单轴受拉下降段参数 $\alpha_t = 3.0$，单轴受压强度 $f_c = 25.0$ MPa，单轴受压峰值应变 $\varepsilon_c = 2\,000\times10^{-6}$，单轴受压下降段参数 $\alpha_c = 5.2$，混凝土弹性模量 $E_c = 20$ GPa，混凝土泊松比 $\nu = 0.22$；钢筋屈服强度 $f_y =$

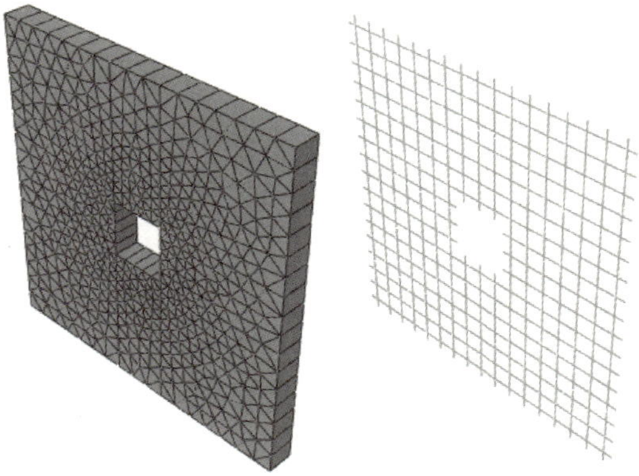

图 2－18　混凝土与钢筋的三维有限元模型

400 MPa，钢筋弹性模量 $E_s = 210$ GPa。

采用本书模型进行的数值模拟结果如图 2－19 和图 2－20 所示。由应力云图可以看出，在初始弹性状态，开孔处受拉角部与受压角部应力幅

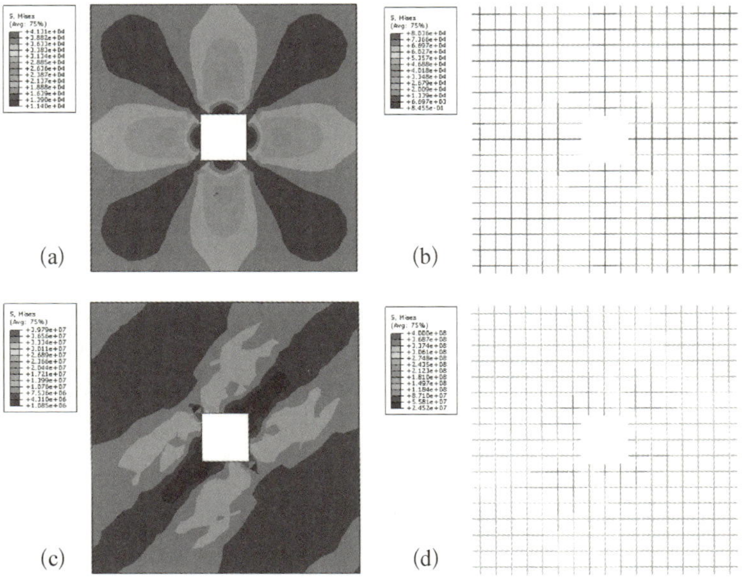

图 2－19　不同加载阶段深梁的 Mises 应力云图

(a) 弹性状态混凝土应力；(b) 弹性状态钢筋应力；
(c) 损伤后混凝土应力；(d) 损伤后钢筋应力

值是一样的，其 Mises 应力云图具有 90°旋转对称性；损伤以后，由于混凝土材料本身在拉应力与压应力作用下行为迥异，导致应力分布丧失了 90°旋转对称性，只具有轴对称性。本书计算的平均剪应力-剪应变曲线也与 Vecchio 的结果符合较好，再次验证了本书模型的正确性和有效性。

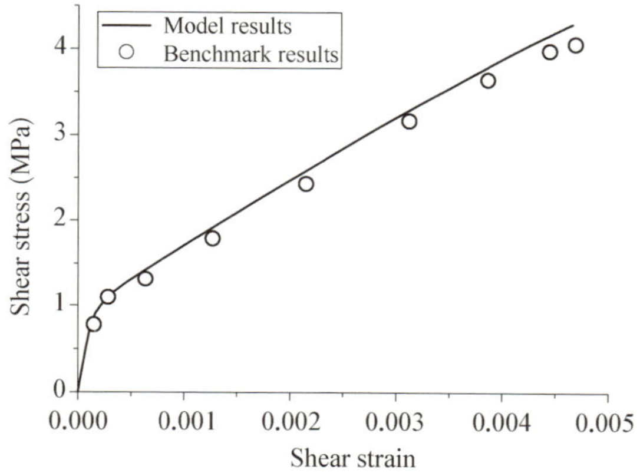

图 2-20　平均剪应力-剪应变曲线

2.7.2　动力非线性分析

1999 年，Kulkarni 和 Shah[134] 对钢筋混凝土梁进行了静力与动力加载试验研究，得到了一系列的实验结果。试验用钢筋混凝土梁的几何形状、配筋状况以及加载装置见图 2-21，其加载程序如表 2-1 所示。所有的混凝土梁截面均采用图 2-21 所示的统一截面，且没有配置腹筋用于抗剪。

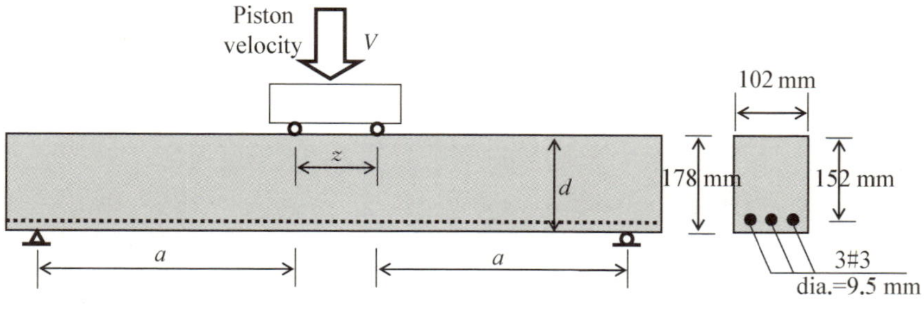

图 2-21　试验构件和加载装置

表 2-1　梁试件的加载程序

试件编号	a/d	z(mm)	f_c(MPa)	V(mm/s)	破坏模式
B3OC25-S	5.0	152	46.2	0.007 2	弯曲
B3OC25-D	5.0	152	46.2	380	弯曲
B3NO15-S	4.0	152	43.0	0.007 2	剪切
B3NO15-D	4.0	152	43.0	380	弯曲

本书选择了上述实验中的四根梁的实验结果，采用平面有限元模型结合本书所发展理论进行了数值模拟。数值分析中混凝土单元类型为平面四节点单元，钢筋作为 rebar layers 直接设置到对应的混凝土单元中。数值模拟中所采用的混凝土的弹性模量 $E_0=37\,000$ MPa，泊松比 $\nu_0=0.2$，密度 $\rho_0=2\,400$ kg/m^3，其他与损伤演化有关的参数见表2-2。钢筋采用线性硬化弹塑性模型，不考虑材料的率敏感性，计算中材料参数取为：弹性模量 $E_s=210$ GPa，屈服强度 $f_y=580$ MPa，塑性硬化模量 $E_p=0.01E_s$。

表 2-2　混凝土计算参数

参　数　类　型	单轴受拉	单轴受压
混凝土峰值应力	$f_t=3.2$ MPa	$f_c=43$ MPa
混凝土峰值应变	$\varepsilon_t=100\times10^{-6}$	$\varepsilon_c=2\,000\times10^{-6}$
混凝土下降段参数	$\alpha_t=0.1$	$\alpha_c=2.0$
粘塑性演化幂指数	N/A	$n_p=4$
粘塑性演化流动系数	N/A	$\gamma_p=100$
率敏感损伤演化幂指数	$n_d^+=1.5$	$n_d^-=4.5$
率敏感损伤演化流动系数	$\gamma_d^+=10$	$\gamma_d^-=1.3\times10^4$

数值模拟结果与实验结果对比如图 2-22 和图 2-23。分析可见，B3OC25 型试件的结果（图 2-22）体现了材料动态强度的提高对于结构性能的直接影响。随着材料在动力荷载作用下强度提高，构件的强度和

延性都有所提高，构件的破坏模式没有改变。本书采用的模型与实验结果符合较好。

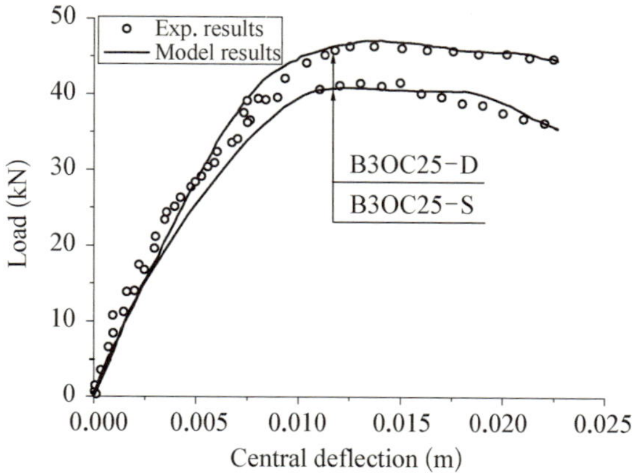

图 2-22　B3OC25 型试件荷载位移曲线

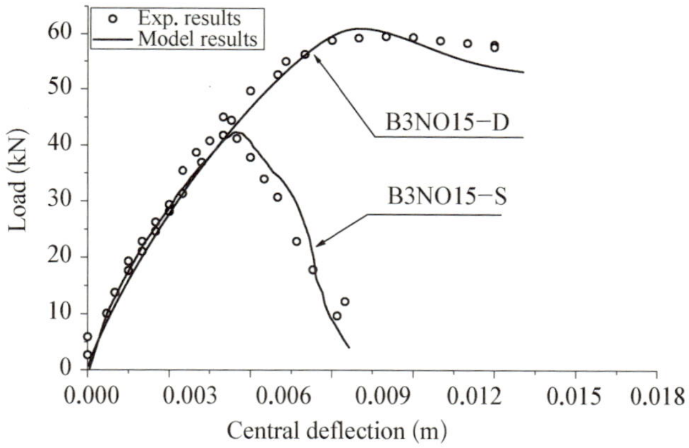

图 2-23　B3NO15 型试件荷载位移曲线

B3NO15 型试件的结果(图 2-23)体现了率效应对构件破坏形态的本质性影响。由于高应变率作用下材料强度提高的幅度不一致，导致试件在拟静力与动力作用下表现出完全不同的破坏模式。试件 B3NO15-S 为剪切破坏，而 B3NO15-D 为弯曲破坏。本书采用的模型很好地反映了这一特点，模型预测结果与实验结果具有定量的一致性。

动态强度提高引起破坏模式转换可根据图 2-24 进行分析。图2-24 给出了固定截面和配筋条件下梁的极限破坏荷载与混凝土强度的关系曲线，其中 P^s_{max} 表示受剪破坏极限荷载与混凝土抗压强度 f_c 的关系曲线，而 P^f_{max} 表示受弯破坏极限荷载与混凝土抗压强度 f_c 的关系曲线，它们把破坏区分为三个区域(中间部分形成所谓"剪切破坏谷")，动力荷载引起的强度提高将有可能引起梁的破坏模式的转变。本书例子位于图 2-24 右侧的转换点，动力作用下由受剪破坏转换为受弯破坏；如果配筋充足而接近图 2-24 左侧的转换点，那么就有可能在动力作用下受弯破坏转换为受剪破坏。这从一个侧面说明，仅仅将动力强度提高作为混凝土构件或者结构的储备强度，在特定情况下(譬如说高配筋率情况)可能是偏于不安全的。

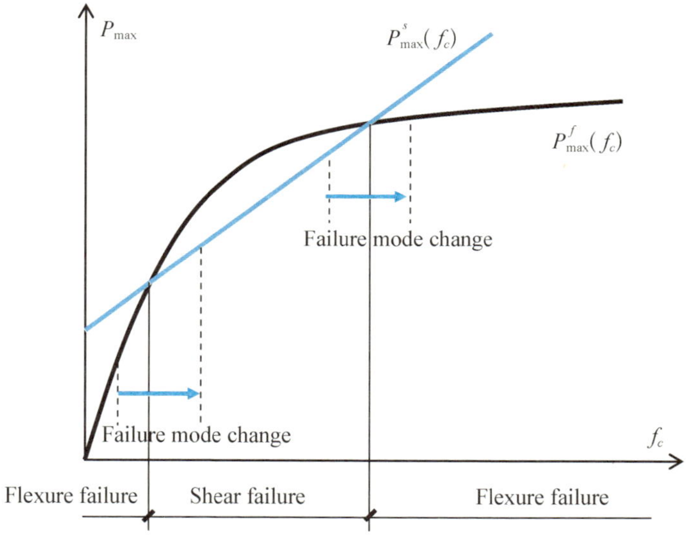

图 2-24 强度提高引起的破坏模式转换

2.8 本章小结

本章以不可逆热力学为基本出发点，阐述了连续介质损伤理论的基本框架和思路。以吴-李模型为蓝本，讨论了适用于混凝土材料的双标量弹塑性损伤本构关系模型。并引入一维经验损伤演化模型，对钢筋混凝土构件进行了静力与动力非线性数值模拟。本章的创新点主要体现在三个方面：其一，通过引入能量等效应变，建立了一维损伤演化与多维损伤演化的关系，并从几何的角度探讨了能量等效应变与损伤演化之间的联系。其二，为了考虑混凝土材料率敏感性，分别在损伤子空间和塑性子空间引入了率相关非线性演化，分别描述应变率对材料强度和变形性能的影响。其三，基于本章建立的理论体系，以解析的方式求解得到了混凝土强度提高因子的理论解。本章一方面为后续章节的研究提供了多维损伤描述的基本理论框架，另一方面为损伤理论在实际工程中的应用提供了标准的接口。

第3章

混凝土细观随机断裂模型及扩展

前已述及，在连续介质损伤力学理论中，损伤演化函数的表达式大多源于对实验数据的拟合。这一方面破坏了理论的严密性和完整性，另一方面也局限了理论的适用范围。对于损伤演化规律的探求，构成了损伤力学的基本理论问题和挑战。针对这一问题，一个可能的方式是基于多尺度理论，从损伤产生的细观机制出发，通过物理分析定量地给出宏观损伤演化过程。由李杰等研究者逐步发展起来的细观随机断裂模型[1,2,48-51]就是这一方向上的一个成功探索。本章，将在这一模型的基础上进一步研究，并试图作出新的扩展。

3.1 细观随机断裂模型概述

为明晰计，以单轴受拉为背景展开论述。此时，可将一维受力试件简化成串并联弹簧系统[48]（图 3－1）。所有弹簧并联在一系列刚性板之间。此时材料的细观性能用细观弹簧的性能表示，而材料的宏观性能用串并联弹簧系统表示。

为了描述混凝土细观断裂过程，可以假设细观弹簧具有如图 3－2

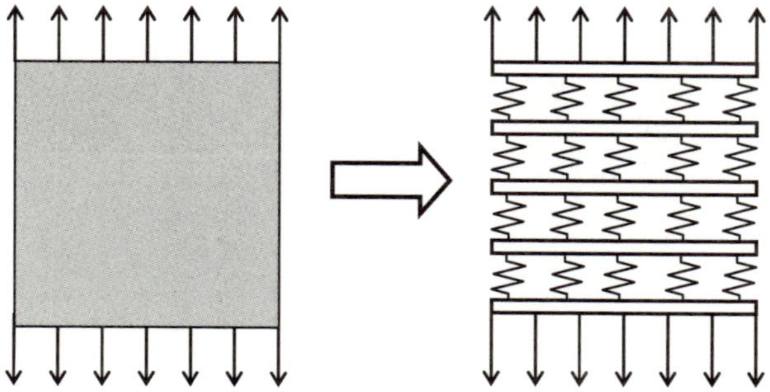

图 3-1　细观弹簧模型

所示理想弹性-断裂性能。与 Kandarpa 模型[47]不同，细观随机断裂模型中基本变量是断裂应变。显然，从混凝土损伤的物理背景考察，每一根细观弹簧的断裂应变是不同的，为随机变量。在外力作用下，整个微弹簧系统就会经历由细观弹簧的断裂而引发的应力重分布过程。这一过程，既可以发生在不同的串联单元之间，也可以发生在同一并联弹簧组内部。为简明计，可以用如图 3-3 所示的顺次断裂过程说明因断裂导致的应力重分布进而导致系统平均应力的跌落的过程。由于每个弹簧在未断裂之前均保持线弹性性质，在下一次弹簧断裂之前，整个系统的平均应力保持线性增长，仅由于前面弹簧的断裂导致了系统平均弹性模量的减小。对于离散并联单元组，应力的线性增长与跌落的交替作用将形成如图 3-3 所示的锯齿曲线。

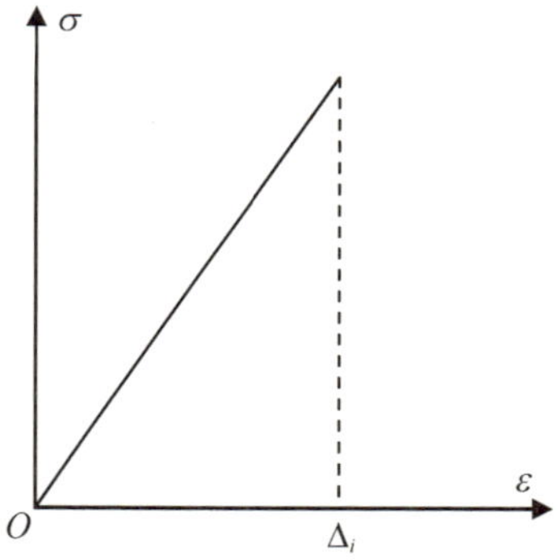

图 3-2　理想弹性-断裂应力-应变关系

考虑基于面积的损伤定义，有

$$d = \frac{A_d}{A} \tag{3-1}$$

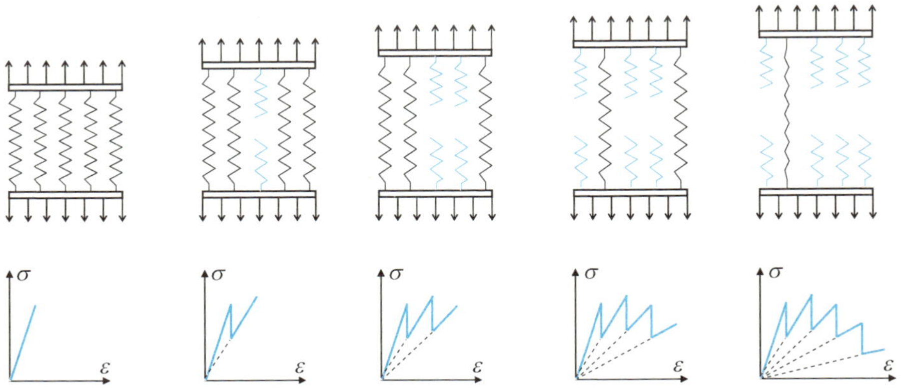

图 3-3 离散并联单元模型的平均应力-应变曲线

此处 A_d 为断裂部分的面积，而 A 为总面积。

对于串并联弹簧系统，如果假定每一根弹簧具有相同的面积，根据上述损伤定义，可得其损伤变量为

$$d=\frac{1}{N}\sum_{i=0}^{N-1}H(\varepsilon-\Delta_i) \tag{3-2}$$

此处 N 为弹簧的总数，Δ_i 为第 i 根弹簧的断裂应变，而 $H(\cdot)$ 为 Heaviside 函数。

随着细观弹簧数目的增加，即 $N\to\infty$，考虑随机积分的定义，可得

$$d=\lim_{N\to\infty}\left\{\frac{1}{N}\sum_{i=0}^{N-1}H(\varepsilon-\Delta_i)\right\}=\int_0^1 H[\varepsilon-\Delta(x)]\mathrm{d}x \tag{3-3}$$

其中，$\Delta(x)$ 为一维断裂应变随机场；x 表示细观单元的空间坐标。

显然，当 $N\to\infty$ 时，每一根细观弹簧造成的系统应力跌落将趋于一个小量，由此，系统的平均应力-应变曲线就由锯齿曲线变成光滑曲线，如图 3-4。式(3-3)就是基于串并联模型得到的宏观损伤演化方程。这一方程包含随机场 $\Delta(x)$ 和 Heaviside 函数，因此还需要进一步考察。

首先考虑对随机断裂随机场的描述。假定材料的细观断裂随机场

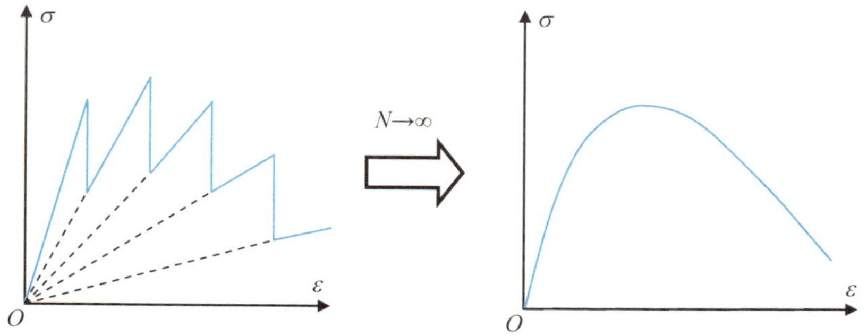

图 3-4　连续并联单元模型的平均应力-应变曲线

为平稳随机场，则其一阶密度函数与空间坐标无关，可以表示为

$$f(\Delta,\ x) = f(\Delta) \tag{3-4}$$

而二阶相关密度函数只与两点之间的相对距离有关，表示为

$$f(\Delta_1,\ \Delta_2;\ x_1,\ x_2) = f(\Delta_1,\ \Delta_2;\ |x_1 - x_2|) \tag{3-5}$$

考虑由平稳随机场 $\Delta(x)$ 生成的随机场

$$\theta(x) = H[\varepsilon - \Delta(x)] \tag{3-6}$$

显然 $\theta(x)$ 为(0, 1)随机场，其分布函数为

$$\begin{aligned} P\{\theta(x) = 1\} &= P\{H[\varepsilon - \Delta(x)] = 1\} = P\{[\varepsilon - \Delta(x)] \geqslant 0\} \\ &= \int_0^{\varepsilon} f(\Delta)\mathrm{d}\Delta \triangleq F(\varepsilon) \end{aligned} \tag{3-7}$$

$$P\{\theta(x) = 0\} = 1 - P\{\theta(x) = 1\} = 1 - F(\varepsilon) \tag{3-8}$$

此处 $P\{\cdot\}$ 表示事件发生的概率；$F(\cdot)$ 定义为随机变量的分布函数，为随机变量密度函数的积分。

随机场 $\theta(x)$ 的集合平均

$$\mu_\theta(x) = E[\theta(x)] = 1 \times F(\varepsilon) + 0 \times [1 - F(\varepsilon)] = F(\varepsilon) \tag{3-9}$$

其中 $E(\cdot)$ 为期望算符,表示随机变量的集合平均。

利用式(3-9),可得随机损伤演化式(3-3)的均值函数,即

$$\mu_d(\varepsilon)=E\left\{\int_0^1 H[\varepsilon-\Delta(x)]\mathrm{d}x\right\}$$
$$=\int_0^1 E\{H[\varepsilon-\Delta(x)]\}\mathrm{d}x=F(\varepsilon) \tag{3-10}$$

为求解随机损伤的二阶特征量。考虑二维生成随机场

$$\vartheta(x_1,\ x_2)=\theta(x_1)\theta(x_2) \tag{3-11}$$

显然 $\vartheta(x_1,\ x_2)$ 亦为(0, 1)随机场,其分布函数

$$\begin{aligned}P\{\vartheta(x_1,\ x_2)=1\}&=P\{\theta(x_1)\theta(x_2)=1\}\\&=P\{\theta(x_1)=1\cap\theta(x_2)=1\}\\&=P\{\Delta(x_1)\leqslant\varepsilon\cap\Delta(x_2)\leqslant\varepsilon\}\\&=\int_0^{\varepsilon}\int_0^{\varepsilon}f(\Delta_1,\ \Delta_2;\ |x_1-x_2|)\mathrm{d}\Delta_1\mathrm{d}\Delta_2\\&=F(\Delta_1,\ \Delta_2;\ |x_1-x_2|)\end{aligned} \tag{3-12}$$

$$\begin{aligned}P\{\vartheta(x_1,\ x_2)=0\}&=1-P\{\vartheta(x_1,\ x_2)=1\}\\&=1-F(\Delta_1,\ \Delta_2;\ |x_1-x_2|)\end{aligned} \tag{3-13}$$

其中 $F(\Delta_1,\ \Delta_2;\ |x_1-x_2|)$ 定义为随机场 $\Delta(x)$ 的二维相关分布函数。

损伤变量的方差

$$\begin{aligned}V_d^2&=E(d^2)-[E(d)]^2\\&=E\left[\int_0^1\theta(x)\mathrm{d}x\right]^2-[\mu_d(\varepsilon)]^2\end{aligned} \tag{3-14}$$

根据随机场均方积分的性质[135],有

$$E\left[\int_0^1 \theta(x)\mathrm{d}x\right]^2 = \int_0^{\varepsilon}\int_0^{\varepsilon} F(\Delta_1, \Delta_2; |x_1 - x_2|)\mathrm{d}\Delta_1\mathrm{d}\Delta_2$$
$$= 2\int_0^1 (1-\gamma)F(\Delta_1, \Delta_2; \gamma)\mathrm{d}\gamma \tag{3-15}$$

将均方积分式(3-15)代入式(3-14),可解得损伤的方差表达式为

$$V_d^2(\varepsilon) = 2\int_0^1 (1-\gamma)F(\Delta_1, \Delta_2; \gamma)\mathrm{d}\gamma - [F(\varepsilon)]^2 \tag{3-16}$$

如果 $\Delta(x)$ 为独立同分布序列,那么有

$$F(\Delta_1, \Delta_2; \gamma) = [F(\varepsilon)]^2 \tag{3-17}$$

代入式(3-16),可得损伤的方差演化

$$V_d^2(\varepsilon) = 2\int_0^1 (1-\gamma)[F(\varepsilon)]^2\mathrm{d}\gamma - [F(\varepsilon)]^2 = 0 \tag{3-18}$$

上式说明,若完全忽略随机场的相关性,随机损伤将退化为确定性损伤。

下面考虑细观随机场的具体表达式。在混凝土强度的统计中,一般将混凝土的强度参数的分布取为对数正态分布;而 Bazant and Becq-Giraudon[136]的研究中,也将混凝土的断裂强度取为对数正态分布。因此在细观弹簧服从理想弹性-断裂应力-应变关系条件下,取断裂-应变场为对数正态随机场是合理的。为此,取

$$Z(x) = \ln\Delta(x) \tag{3-19}$$

为平稳正态随机场,其均值和方差为 (λ, ζ^2)。令 $(\mu_\Delta, \sigma_\Delta^2)$ 表示 $\Delta(x)$ 的均值和方差,则两组均值与方差的换算关系为

$$\begin{cases} \lambda = E[\ln\Delta(x)] = \ln\left(\dfrac{\mu_\Delta}{\sqrt{1+\sigma_\Delta^2/\mu_\Delta^2}}\right) \\ \zeta^2 = Var[\ln\Delta(x)] = \ln(1+\sigma_\Delta^2/\mu_\Delta^2) \end{cases} \tag{3-20}$$

定义对数正态分布与标准正态分布的变换关系如下

$$\alpha = \frac{\ln \varepsilon - \lambda}{\zeta} \tag{3-21}$$

则对数正态随机场的一维与二维分布函数可以用标准正态分布的一维与二维分布函数表示如下

$$\begin{cases} F(\varepsilon) = \Phi(\alpha) \\ F(\varepsilon, \varepsilon; \gamma) = \Phi(\alpha, \alpha \mid \rho_z) \end{cases} \tag{3-22}$$

其中，$\rho_z(\gamma)$ 为相关函数，一般可取为指数函数形式，即

$$\rho_z(\gamma) = e^{-\xi\gamma} \tag{3-23}$$

这里 ξ 为材料的相关长度。

式(3-22)中，$\Phi(\alpha)$ 和 $\Phi(\alpha, \alpha \mid \rho_z)$ 分别为标准正态分布的一维、二维分布函数。在数值计算中，前者一般采用有理函数逼近，后者则一般采用下述公式转化成一维数值积分[137]，即

$$\Phi(\alpha, \alpha \mid \rho_z) = \Phi(\alpha) - \frac{1}{\pi}\int_0^{\beta} \frac{1}{1+t^2} e^{-\frac{\alpha^2}{2}(1+t^2)} \mathrm{d}t \tag{3-24}$$

积分上限

$$\beta = \sqrt{\frac{1-\rho_z}{1+\rho_z}} \tag{3-25}$$

上述细观力学模型引入了 3 个参数 (λ, ζ, ξ) 表示随机损伤的演化过程。由于混凝土在单轴受拉和受压作用下强度和变形的差别明显，所以需要求用两组不同的参数，即 $(\lambda^+, \zeta^+, \xi^+)$ 和 $(\lambda^-, \zeta^-, \xi^-)$，分别反映受拉与受压的随机损伤的演化。

3.2　多维弹塑性随机损伤本构模型

前述讨论的细观随机断裂模型仅适用于一维随机损伤演化的求解，而实际中混凝土则大多处于多维受力状态。根据本书第 2 章的讨论，可基于能量等效应变将一维损伤演化推广到多维情形。事实上，将双标量弹塑性损伤模型与随机损伤演化规律相结合，不难建立多维弹塑性随机损伤本构模型。

首先考虑多维损伤本构关系表达式

$$\boldsymbol{\sigma} = (\mathbf{I} - \mathbf{D}) : \mathbf{C}_0 : (\boldsymbol{\varepsilon} - \boldsymbol{\varepsilon}^p) \tag{3-26}$$

其中，$\boldsymbol{\sigma}$ 和 $\boldsymbol{\varepsilon}$ 为应力和应变；$\mathbf{C}_0$ 为初始弹性刚度张量；$\mathbf{I}$ 为四阶单位张量；$\mathbf{D}$ 和 $\boldsymbol{\varepsilon}^p$ 分别为四阶损伤张量和二阶塑性应变张量，其演化规律均与有效应力

$$\bar{\boldsymbol{\sigma}} = \mathbf{C}_0 : (\boldsymbol{\varepsilon} - \boldsymbol{\varepsilon}^p) \tag{3-27}$$

有关，需要在损伤子空间和塑性子空间中分别求出。

对于双标量损伤模型，损伤张量可分解为

$$\mathbf{D} = d^+\mathbf{P}^+ + d^-\mathbf{P}^- \tag{3-28}$$

其中，d^+ 和 d^- 分别为受拉与受压损伤变量，$\mathbf{P}^+$ 和 $\mathbf{P}^-$ 为损伤变量的投影张量，可由有效应力的特征向量求得。

在多维静力加载条件下，其损伤演化可由一维受力条件下的损伤演化函数结合能量等效应变求得，考虑一维随机损伤演化式(3-3)，可得多维随机损伤演化

$$d^+ = \int_0^1 H[\varepsilon_{eq}^+ - \Delta^+(x)]\mathrm{d}x \tag{3-29}$$

$$d^{-}=\int_{0}^{1}H[\varepsilon_{eq}^{-}-\Delta^{-}(x)]\mathrm{d}x \tag{3-30}$$

其中,受拉细观断裂随机场 $\Delta^{+}(x)$ 与受压细观断裂随机场 $\Delta^{-}(x)$ 对应的参数分别为 $(\lambda^{+},\zeta^{+},\xi^{+})$ 和 $(\lambda^{-},\zeta^{-},\xi^{-})$。

对于动力加载条件下的率相关损伤演化,可由率无关损伤演化直接推广得到,有

$$\begin{cases} d^{\pm}=g^{\pm}(q_{r}^{\pm}) \\ \dot{q}_{r}^{\pm}=\eta_{d}^{\pm}\left\langle \dfrac{\varepsilon^{e\pm}}{q_{r}^{\pm}}-1\right\rangle^{n_{d}^{\pm}} \end{cases} \tag{3-31}$$

上述损伤演化表达式中,能量等效应变是损伤能释放率的单调函数,有

$$\varepsilon_{eq}^{+}=\sqrt{\frac{2Y^{+}}{E_{0}}} \tag{3-32}$$

$$\varepsilon_{eq}^{-}=\frac{1}{(\alpha-1)E_{0}}\sqrt{\frac{Y^{+}}{b_{0}}} \tag{3-33}$$

而损伤能释放率 Y^{+} 和 Y^{-} 可由有效应力计算得出,有

$$Y^{+}=\frac{1}{2E_{0}}\left[\frac{2(1+\nu_{0})}{3}3\bar{J}_{2}^{+}+\frac{1-2\nu_{0}}{3}(\bar{I}_{1}^{+})^{2}-\nu_{0}\bar{I}_{1}^{+}\bar{I}_{1}^{-}\right] \tag{3-34}$$

$$Y^{-}=b_{0}(\alpha\bar{I}_{1}^{-}+\sqrt{3\bar{J}_{2}^{-}})^{2} \tag{3-35}$$

考虑多维随机损伤演化,四阶损伤张量的均值和方差为

$$\mu_{\mathbf{D}}=\mu_{d^{+}}\mathbf{P}^{+}+\mu_{d^{-}}\mathbf{P}^{-} \tag{3-36}$$

$$V_{\mathbf{D}}^{2}=V_{d^{+}}^{2}\mathbf{P}^{+}+V_{d^{-}}^{2}\mathbf{P}^{-} \tag{3-37}$$

其中,损伤标量的均值 $\mu_{d^{+}}$ 与 $\mu_{d^{-}}$ 和方差 $V_{d^{+}}^{2}$ 与 $V_{d^{-}}^{2}$ 可分别由式(3-

10)和式(3-16)求出。

对应力表达式(3-26)求均值和方差，有

$$\mu_{\boldsymbol{\sigma}} = (\mathbf{I} - \mu_{\mathbf{D}}) : \mathbf{C}_0 : (\boldsymbol{\varepsilon} - \boldsymbol{\varepsilon}^p) \tag{3-38}$$

$$V_{\boldsymbol{\sigma}}^2 = V_{\mathbf{D}}^2 : \mathbf{C}_0 : (\boldsymbol{\varepsilon} - \boldsymbol{\varepsilon}^p) \tag{3-39}$$

塑性应变 $\boldsymbol{\varepsilon}^p$ 的求解基于有效应力空间(粘)塑性力学，求解过程中不考虑损伤的演化。由于这里只考虑损伤演化的随机性，因此有效应力空间中的状态量 $\bar{\boldsymbol{\sigma}}$ 和 $\boldsymbol{\varepsilon}$ 均为确定性变量，塑性应变的求解与确定性本构关系是一致的，可以直接采用第 2 章中讨论的塑性子空间理论，不再赘述。

3.3　随机损伤本构模型的若干数值结果

3.3.1　静力模型验证

为了验证弹塑性随机损伤本构关系的正确性，本书进行了比较系统的试验研究，具有翔实的实验数据，能够同时在均值和方差两个层次验证本书模型。

首先简要介绍用于模型验证的静力试验结果。2006 年，本书采用 INSTRON8506 四立柱液压伺服试验机对混凝土一维、二维本构关系进行了系统的试验研究。在应变控制加载的条件下测得了混凝土板式试件单轴受拉、单轴受压以及二轴压-压和拉-压的双轴应力-应变全曲线，试验的详细细节信息如下：

(1) 试件制备

试件材料为高性能混凝土，设计强度等级为 C50。混凝土制备采用了双掺工艺，胶凝材料中除水泥外还掺有一定量的粉煤灰和矿渣粉，骨

料采用粒径 5—15 mm 碎石。每立方米高性能混凝土的配合比(重量比)为:水∶水泥∶矿粉∶粉煤灰∶砂∶石∶减水剂=175∶204∶204∶102∶175∶640∶1 100∶15.5(kg)。制备过程中先将试件浇筑成 520 mm×520 mm×50 mm 的方板,采用木模成型,人工浇注,机械振捣,24 h 拆模,标准养护 28 d。然后采用红外线自动桥式切割机将养护好的方板切割成 150 mm×150 mm×50 mm 的小试件进行试验。切割所得小试件表面光滑平整,易于同加载钢板接合,并且试件几何尺寸也具有很高的精度。

(2) 试验设备

加载设备采用清华大学高坝大型实验室 INSTRON8506 四立柱液压伺服试验机。双向加载系统为分离式,竖向为四立柱试验机,水平为封闭加力框架,两个方向可以互不干扰地实现力的输出。在水平和竖直方向上分别安装高精度应变测量装置(这里采用引伸仪)并将测得的应变实时传回试验机,即构成以应变为控制参数的闭环控制(closed loop)加载系统,实现各自方向上的应变输出。此时根据设计应变比和加载速率计算出各个时刻的控制应变,再以加载控制文件的形式输入试验机,即可以实现应变比例加载。图 3-5 给出了双轴加载试验的试件布置。

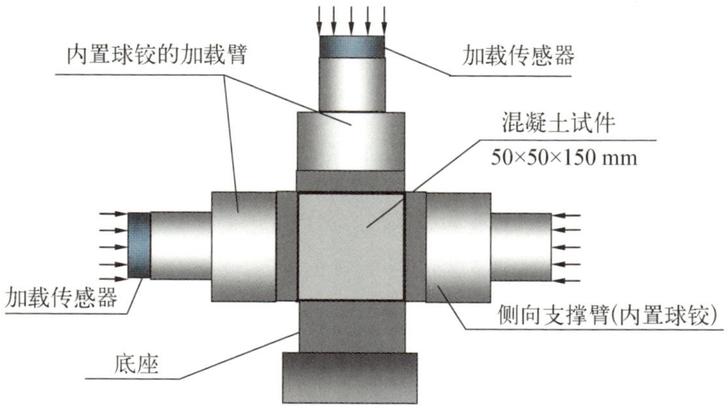

图 3-5　双轴加载示意图

(3) 加载制度

在应力控制加载制度下加载到达峰值点后就会进入非稳定阶段，试件将瞬间发生破坏，此时不能测得应力-应变曲线的下降段，而在应变控制加载制度下试件在加载全过程都处于稳定状态，可以测得应力-应变全曲线，所以本次试验采用应变控制加载制度。在双轴加载过程中，保持名义应变比不变，并且根据应变比的不同将所有试件分为 8 组。压-压区 4 组，应变比分别为 1、0.3、0.1 和 0；拉-压区 4 组，应变比分别为 −0.167、−0.25、−0.5 和 $-\infty$；由于试验条件的限制，没有进行双向受拉区的试验。

下面进行理论与实验结果的对比。对比的过程遵循这样的原则：对于单轴加载全曲线，采用试验实测结果拟合得到单轴损伤演化的参数（$\lambda^{\pm}$，$\zeta^{\pm}$，$\xi^{\pm}$）；然后采用单轴试验结果识别得到的参数，代入前述本构关系，对二维试验结果进行预测，进而与实测二维全曲线进行对比，以验证模型的正确性和有效性。

(1) 单轴受拉应力-应变关系

首先考虑单轴受拉情况。根据试验结果，按照随机建模规则，识别得到单轴受拉模型参数为 $E_0 = 37\,559$ MPa，$\lambda^{+} = 4.92$，$\zeta^{+} = 0.30$，$\xi^{+} = 40$，$\xi_p^{+} = 0.70$。试验结果与模型结果的对比如图 3-6。

(2) 单轴受压应力-应变关系

对于单轴受压，根据试验结果，按照随机建模规则，识别得到单轴受压模型参数为 $E_0 = 37\,559$ MPa，$\lambda^{-} = 7.77$，$\zeta^{-} = 0.37$，$\xi^{-} = 50$，$\xi_p^{-} = 0.20$。试验结果与模型结果的对比如图 3-7。

值得指出的是，虽然采用了同一批试验数据，但是由于本书工作与本课题组之前的工作[52]在塑性变形建模中采用了不同的处理方式，故本书的模型参数识别工作是独立进行的。

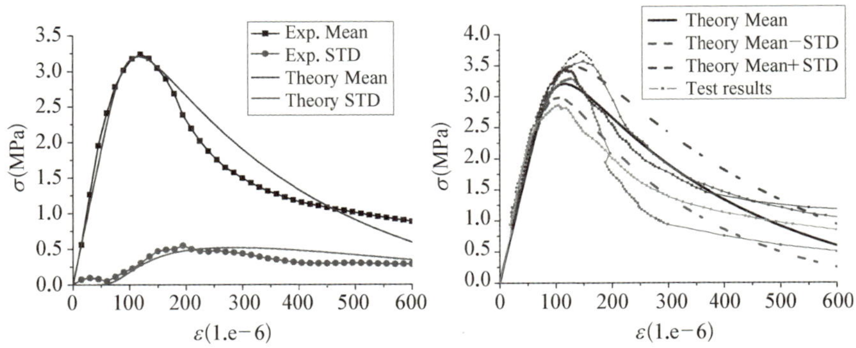

(a) 应力均值与标准差　　(b) 应力均值±标准差

图 3-6　单轴受拉结果

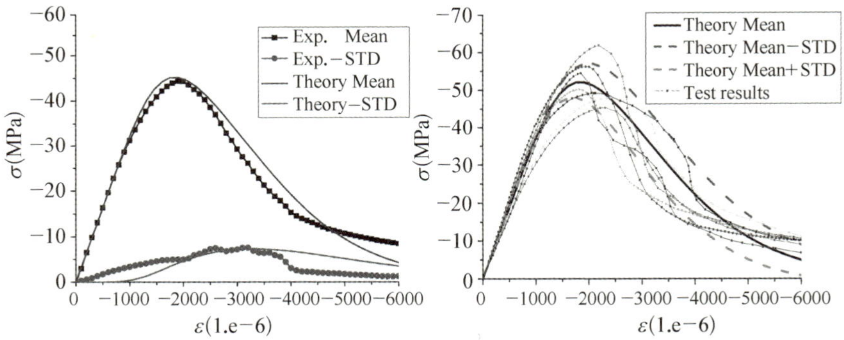

(a) 应力均值与标准差　　(b) 应力均值±标准差

图 3-7　单轴受压结果

（3）双轴受力全曲线

采用单轴全曲线试验拟合得到的参数，对二维加载（$\sigma_3=0$）结果进行了数值模拟，双轴等压加载条件下的数值与试验结果对比如图 3-8。可见，试验结果在均值和方差意义上均与试验结果有一定的一致性，这从一个侧面说明了模型的有效性。

（4）双轴强度包络线

双轴强度包络线的结果及与试验结果的对比如图 3-9。除了本课题组的试验结果，图中还包括了若干经典试验结果[98,138,139]。从图中可以看出，大部分试验结果都落在了均值±标准差的区域中。可见：本

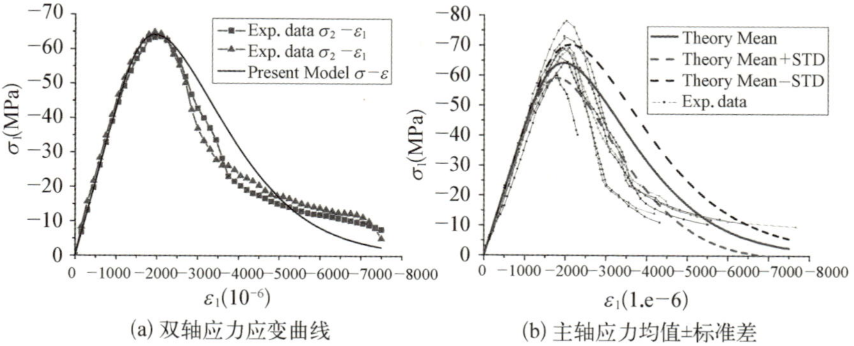

(a) 双轴应力应变曲线　　(b) 主轴应力均值±标准差

图 3-8　双轴受压结果 $\varepsilon_2/\varepsilon_1$ =−1/−1

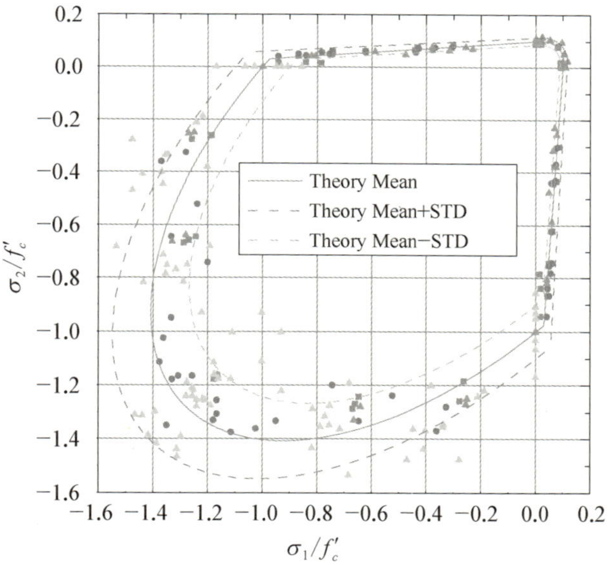

图 3-9　双轴强度包络图

书采用的模型不仅能够预测双轴应力作用下混凝土强度的提高和降低，还能给出强度波动的范围。

3.3.2　动力模型验证

（1）单轴全曲线

动力作用下混凝土全曲线试验结果目前还非常少，不足以进行系统的随机损伤演化分析，所以这里仅考虑单轴动力全曲线的均值演化。用以模型验证的试验结果来源于 Suaris and Shah[140,141]的工作。

动力作用下单轴受拉应力-应变曲线见图 3-10。数值模拟所采用材料参数为 $E_0 = 35\ 400$ MPa，$\lambda^+ = 5.684$，$\zeta^+ = 0.541$，$\eta_d^+ = 0.12$，$n_d^+ = 4.4$。单轴受拉条件下未考虑塑性应变的发展。从图 3-10 可以看出，本书建议模型能够较好地模拟动力作用下混凝土的非线性发展，同时对峰值强度提高也能够较好地描述，由于单轴受拉条件下未考虑塑性变形，对于动力作用下峰值应变的提高估计过高。

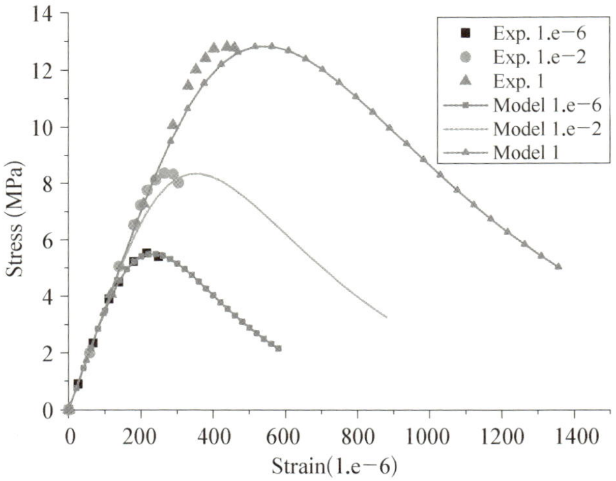

图 3-10　动力单轴受拉全曲线

单轴受压条件下同时考虑了动力损伤演化与粘塑性应变演化。动力加载条件下单轴受压应力-应变全曲线的数值结果与试验结果[126]的对比见图 3-11。数值模拟所采用材料参数为：$E_0 = 31\ 700$ MPa，$\lambda^- = 7.42$，$\zeta^- = 0.318$，$\eta_p^- = 100$，$n_p^- = 6$，$\eta_d^- = 30$，$n_d^- = 4$。由图 3-11 可以看出，此时模型结果与试验结果符合较好。

综合单轴受拉与单轴受压的结果，可知：只有同时考虑损伤的率敏感性与塑性演化的率敏感性，才能在应力-应变层面上与试验结果有较

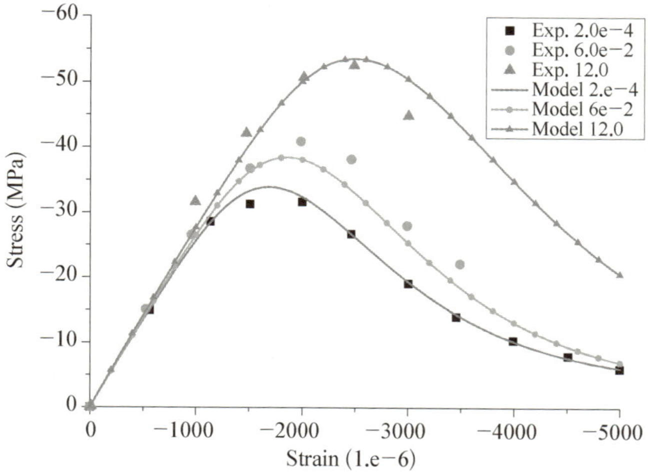

图 3-11　动力单轴受压全曲线

好的吻合。前者主要影响应力的演化与峰值强度，而后者主要影响应变的演化与峰值应变。

（2）单轴强度提高

强度提高因子(DIF)是一个非常便于实验测量的物理量，迄今为止已经积累起了丰富的结果，所以本书在讨论的时候同时考虑了均值和方差的影响，同时给出了两倍方差的分布范围。

单轴受拉动力强度提高因子结果如图 3-12，数值模拟参数取为：$E_0 = 35\,400$ MPa，$\lambda^+ = 5.684$，$\zeta^+ = 0.541$，$\xi^+ = 40$，$\eta_d^+ = 0.05$，$n_d^+ = 2.5$。单轴受压动力强度提高因子结果如图 3-13，数值模拟参数取为：$E_0 = 31\,700$ MPa，$\lambda^- = 7.42$，$\zeta^- = 0.318$，$\xi^- = 50$，$\eta_p^- = 5$，$n_p^- = 6$，$\eta_d^- = 30$，$n_d^- = 4$。

数值模拟结果表明，本书模型不仅能在均值上很好地模拟混凝土在动力作用下的强度提高，同时也能很好地模拟强度提高的随机波动，这为结构的动力作用下的可靠度分析提供了基础。

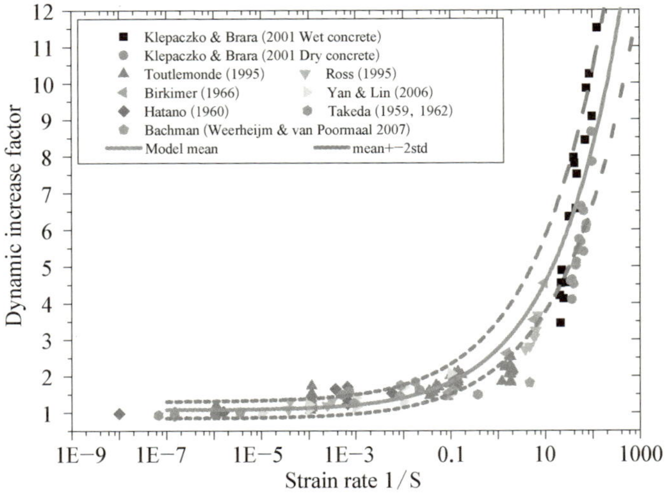

图 3-12 单轴受拉动力强度提高因子 DIF

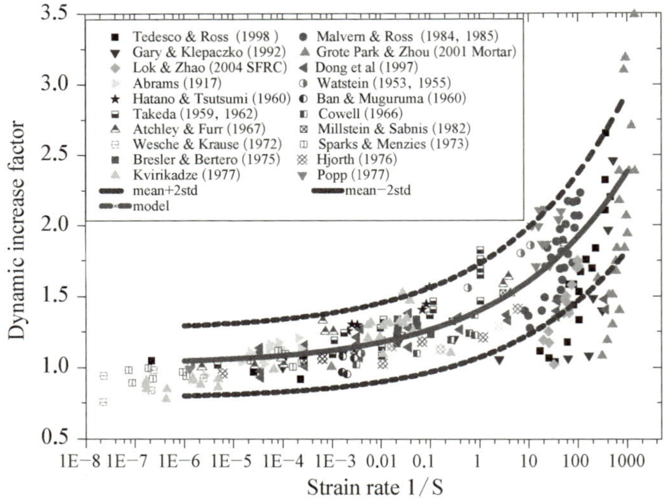

图 3-13 单轴受压动力强度提高因子 DIF

(3) 双轴包络图

利用前述单轴应力-应变曲线拟合得到材料参数，即可进行多维动力本构关系的数值模拟。但是，迄今为止并未有可靠的针对多维应力状态下混凝土的动力本构关系试验结果。因此，这里仅给出混凝土动力强度包络图(图 3－14)的数值结果作为研究参考。从图3－14中可以看出,双轴强度包络图中由抗拉强度控制的区段,其在动力作用下的强度提高高于抗压强度控制的区段。

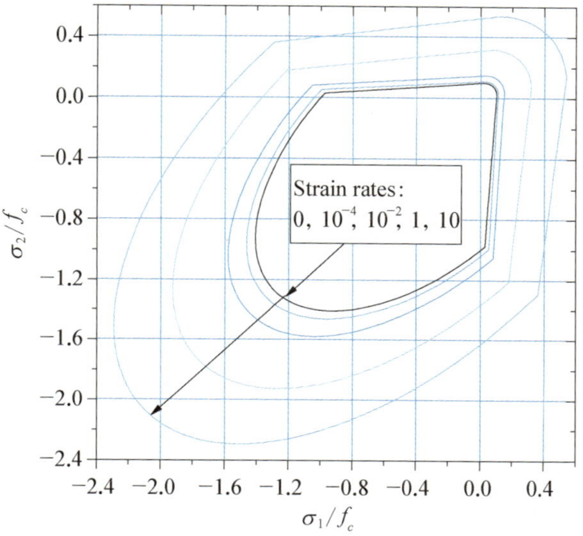

图 3－14　动力双轴强度包络图

3.4　随机损伤模型的拓展

实际上,混凝土并不是一种理想脆性材料,受力过程中还保留了一定的延性特征,如卸载之后会有残余应变、重复加载过程中会出现次级滞回圈等等。这使得人们一般将混凝土定义为伪脆性(quasi-brittle)材料。而对于伪脆性材料的建模应当考虑滞回性能的影响。前面讨论的细观随机断裂模型,主要针对于脆性材料的建模。而对于材料的滞回性能,研究者也提出了一些细观模型对其进行描述。如 Masing[142] 最早研究了延性材料的滞回性能,并提出了一系列唯象的准则对其进行描述。后来，Iwan[143]提出了分布单元模型(distributed element model)来描述构件的滞回性能。模型中采用并联单元的结构形式，每个单元均采用理想弹塑性本构关系，并且不同单元的屈服强度是随机的，服从某种分布。后续的研究指出[144]，Iwan 模型能够从理论上推导出 Masing 准则，二者在理论上具有等价性。最近，Ashrafi 等[145]希望通过引入细观屈服-断裂模型的方式，利用 Iwan 模型同时考虑材料的滞回和软化。然而，由于这一模型将延性作为控制因素而将损伤视为辅助因素，也不能很好地描述混凝土的重复加载性能。

本节拟对本章第 2 节所述的细观随机断裂模型进行拓展，同时考虑损伤和滞回的影响，建立混凝土在重复荷载作用下的分析模型。

3.4.1　滞回特征的建模

为了便于分析，这里采用并联系统模拟单轴受力试件。对于细观单元而言，其性能可以划分为两个阶段：断裂前，单元保持弹性，其加载与卸载曲线均为直线；发生断裂时，单元的应力有瞬间跌落，但是并不跌落至 0；断裂后，具有残余应力，同时由于内部裂缝表面摩擦的影响，加载与卸载曲线分离，具有滞回圈的性质。考虑到这种性能，我们建议了图 3－15 所示的细观单元。其中主弹性元件表征单元的弹性性能；断裂元件定义了单元的断裂应力 σ_c；摩擦元件定义了单元的残余应力 σ_s；次级弹性元件用于描述开裂后单元的弹性刚度。整个单元的性质由断裂单元控制，分为两个阶段，断裂前为弹性，断裂后为理想弹塑性。

先考虑单调加载情况下上述细观单元的行为。利用 Heaviside 函数，可以将两阶段的应力-应变关系统一表述为一个等式，有

$$\sigma = H(\Delta - \varepsilon)E_0\varepsilon + H(\varepsilon - \Delta)\sigma_s \tag{3-40}$$

其中 $\Delta = \sigma_c/E_0$ 为断裂应变。

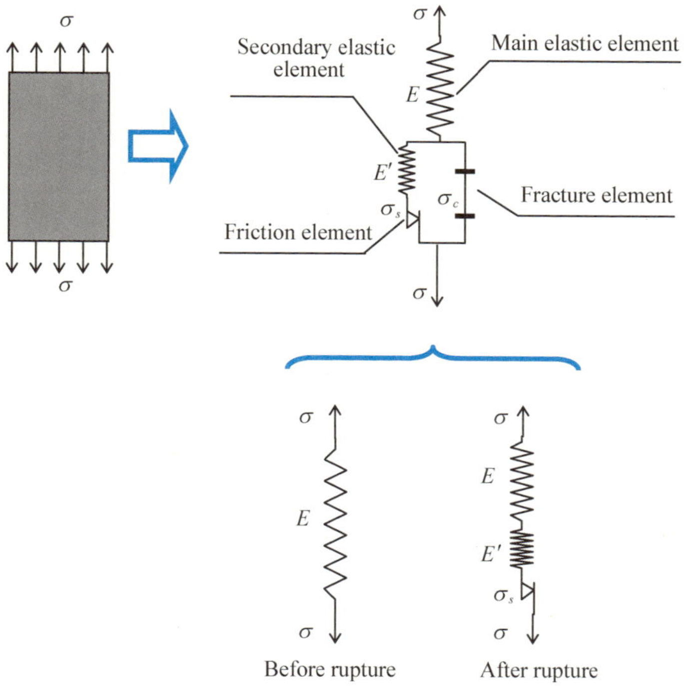

图 3-15　细观单元的构成

根据以往的实验研究[146,147]，断裂应力与残余应力之间，有如下线性关系

$$\sigma_s = \eta_s \sigma_c = \eta_s E_0 \Delta \tag{3-41}$$

其中，η_s 为剪力保持因子。综合上面两式可得

$$\sigma = [1 - H(\varepsilon - \Delta)] E_0 \varepsilon + H(\varepsilon - \Delta) \eta_s E_0 \Delta \tag{3-42}$$

单调加载条件下细观单元的应力-应变曲线如图 3-16。

细观单元的卸载和再加载行为稍显复杂，如图 3-17 所示。

断裂前，卸载和再加载均沿着初始直线进行；断裂后，卸载与再加载表现出明显的滞回性能。滞回环水平段的应力的绝对值为残余应力 σ_s，而卸载与再加载的刚度等于主弹性元件与次级弹性元件的串联刚度，为

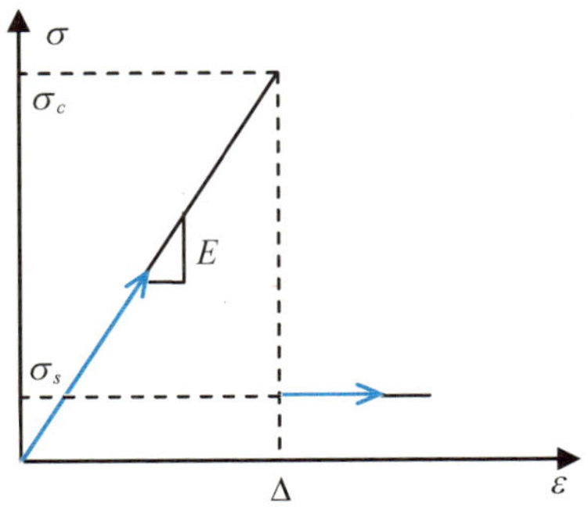

图 3-16　细观单元单调加载应力-应变曲线

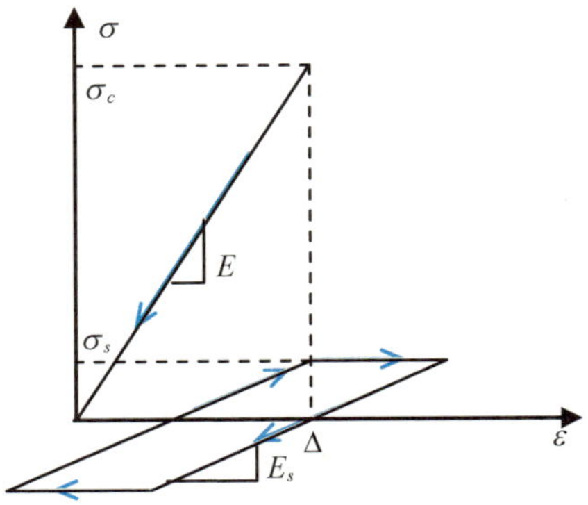

图 3-17　细观单元卸载与再加载应力-应变曲线

$$E_s=\frac{E'}{E'+E_0}E_0\hat{=}\eta_e E_0 \tag{3-43}$$

其中，η_e 定义为刚度折减系数。

定义 $(\varepsilon_{\max},\ \sigma_{\max})$ 为单调加载曲线上的初始卸载点，那么整个细观单元的卸载曲线可以用下述分段函数表示

$$\sigma_{\max}-\sigma=\begin{cases}E_0(\varepsilon_{\max}-\varepsilon) & \text{if}\quad \Delta-\varepsilon_{\max}>0\\ \eta_e E_0(\varepsilon_{\max}-\varepsilon) & \text{if}\quad \Delta-\varepsilon_{\max}\leqslant 0 \text{ and } \varepsilon_{\max}-\varepsilon<\dfrac{2\eta_s}{\eta_e}\Delta\\ 2\eta_s E_0\Delta & \text{if}\quad \Delta-\varepsilon_{\max}\leqslant 0 \text{ and } \varepsilon_{\max}-\varepsilon\geqslant\dfrac{2\eta_s}{\eta_e}\Delta\end{cases} \tag{3-44}$$

采用 Heaviside 函数，可以将上述分段函数整理在一个统一的表达式内，有

$$\sigma_{\max}-\sigma=\phi_1(\varepsilon_{\max}-\varepsilon)+\phi_2(\varepsilon_{\max}-\varepsilon)+\phi_3(\varepsilon_{\max}-\varepsilon) \tag{3-45}$$

其中

$$\phi_1 = H(\Delta - \varepsilon_{\max})E_0(\varepsilon_{\max} - \varepsilon) \tag{3-46}$$

$$\phi_2 = H(\varepsilon_{\max} - \Delta)H\left[\frac{2\eta_s}{\eta_e}\Delta - (\varepsilon_{\max} - \varepsilon)\right]\eta_e E_0(\varepsilon_{\max} - \varepsilon) \tag{3-47}$$

$$\phi_3 = H(\varepsilon_{\max} - \Delta)H\left[(\varepsilon_{\max} - \varepsilon) - \frac{2\eta_s}{\eta_e}\Delta\right]2\eta_s E_0 \Delta \tag{3-48}$$

由图 3-17 可以发现，不论是断裂前还是断裂后，卸载曲线与再加载曲线都是中心旋转对称的，同时再加载至初始卸载点之前，细观单元不会发生断裂。因此，再加载曲线可以由卸载曲线经过旋转对称变换直接得到。

定义再加载点为 $(\varepsilon_{\min}, \sigma_{\min})$，则再加载过程的应力-应变曲线为

$$\sigma - \sigma_{\min} = \phi_1(\varepsilon - \varepsilon_{\min}) + \phi_2(\varepsilon - \varepsilon_{\min}) + \phi_3(\varepsilon - \varepsilon_{\min}) \tag{3-49}$$

当再加载超过初始卸载点 $(\varepsilon_{\max}, \sigma_{\max})$ 时，再加载曲线回到单调加载曲线上。

下面讨论细观并联元件系统的求解。首先引入断裂-应变随机场 $\Delta(x)$，同前述细观断裂模型一样，假定其一维密度函数和分布函数为

$$\begin{cases} f(\Delta;\ x) = f(\Delta) \\ F(\varepsilon) = \int_{-\infty}^{\varepsilon} f(\Delta)\mathrm{d}\Delta \end{cases} \tag{3-50}$$

同时再定义期望函数

$$G(\varepsilon) = \int_{-\infty}^{\varepsilon} \Delta f(\Delta)\mathrm{d}\Delta \tag{3-51}$$

令

$$\sigma_i = \sigma(x_i) \quad i = 1,\ 2,\ \cdots,\ M \tag{3-52}$$

表示第 i 个细观单元的应力，x_i 为第 i 个单元的空间坐标，M 为细观单元总数。考虑每个细观单元的截面积相同，那么整个并联系统的平均应力为

$$\bar{\sigma}=\frac{1}{M}\sum_{i=1}^{M}\sigma(x_i) \tag{3-53}$$

上式两端取极限 $M\rightarrow\infty$，有

$$\bar{\sigma}=\lim_{M\rightarrow\infty}\left[\frac{1}{M}\sum_{i=1}^{M}\sigma(x_i)\right]=\int_0^1\sigma(x)\mathrm{d}x \tag{3-54}$$

式(3-54)定义了细观应力与宏观应力的联系，即宏观应力是细观应力的直接平均。

考察并联单元系统，系统中的单元可分为两种，断裂的单元和未断裂的单元(图 3-18)，因此，可以将宏观应力分解为两项，一项是未断裂单元的贡献，另一项是断裂单元的贡献，即有

$$\bar{\sigma}=\bar{\sigma}^d+\bar{\sigma}^s \tag{3-55}$$

其中，$\bar{\sigma}^d$ 为未断裂部分的总应力；$\bar{\sigma}^s$ 为断裂部分的残余应力。

考虑式(3-40)，有

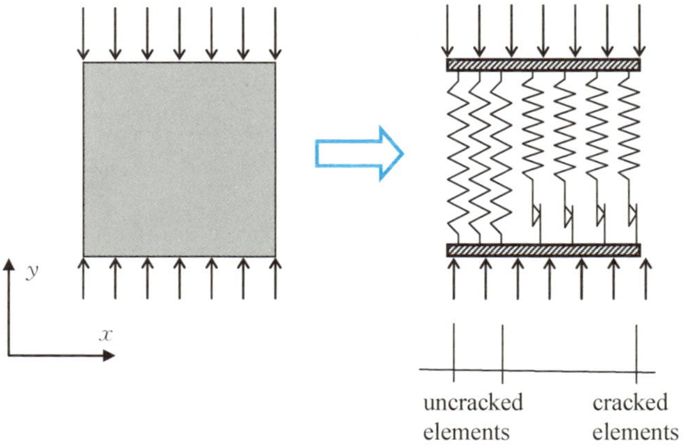

图 3-18　并联系统的进一步分解

$$\bar{\sigma}^d = \frac{1}{M}\sum_{i=1}^{M} H[\Delta(x_i) - \varepsilon]\sigma(x_i) \tag{3-56}$$

由于未断裂单元满足弹性性质，所以其应力可以用弹性应力-应变关系 $\sigma(x_i) = E_0\varepsilon$ 代替，于是上式可化为

$$\bar{\sigma}^d = \frac{1}{M}\sum_{i=1}^{M} H[\Delta(x_i) - \varepsilon]E_0\varepsilon = \left\{1 - \frac{1}{M}\sum_{i=1}^{M} H[\varepsilon - \Delta(x_i)]\right\}E_0\varepsilon \tag{3-57}$$

考虑极限 $M \to \infty$，有

$$\bar{\sigma}^d = \left\{1 - \int_0^1 H[\varepsilon - \Delta(x)]\mathrm{d}x\right\}E_0\varepsilon \tag{3-58}$$

考虑随机损伤的定义式(3-3)，可知上式中大括号内第二项即为随机损伤变量，于是上式化为

$$\bar{\sigma}^d = [1 - d(\varepsilon)]E_0\varepsilon = [1 - d(\varepsilon)]\mathrm{d}x\bar{\sigma}^e \tag{3-59}$$

式中，$\bar{\sigma}^e$ 为弹性有效应力。另一方面，对于并联系统断裂部分的残余应力，有

$$\bar{\sigma}^s = \frac{1}{M}\sum_{i=1}^{M} H[\varepsilon - \Delta(x_i)]\sigma(x_i) \tag{3-60}$$

考虑极限 $M \to \infty$，有

$$\bar{\sigma}^s = \int_0^1 H[\varepsilon - \Delta(x)]\sigma(x)\mathrm{d}x \tag{3-61}$$

下面分两种情况讨论应力 $\bar{\sigma}^d$ 与 $\bar{\sigma}^s$ 的表达式。

(1) 单调加载段

对于单调加载的情况，断裂部分单元的应力直接等于残余应力，考虑式(3-61)，有断裂部分的应力

$$\bar{\sigma}^{s}=\int_{0}^{1}H[\varepsilon-\Delta(x)]\eta_{s}E_{0}\Delta(x)\mathrm{d}x \tag{3-62}$$

将式(3-62)与式(3-59)代入宏观应力式(3-55),可得

$$\bar{\sigma}=[1-d(\varepsilon)]E_{0}\varepsilon+\eta_{s}E_{0}\int_{0}^{1}H[\varepsilon-\Delta(x)]\Delta(x)\mathrm{d}x \tag{3-63}$$

等式两边求数学期望,有

$$\begin{aligned}\mu_{\bar{\sigma}}(\varepsilon)&=\mu_{\bar{\sigma}^{d}}(\varepsilon)+\mu_{\bar{\sigma}^{s}}(\varepsilon)\\&=E\{[1-d(\varepsilon)]E_{0}\varepsilon\}+E\left\{\eta_{s}E_{0}\int_{0}^{1}H[\varepsilon-\Delta(x)]\Delta(x)\mathrm{d}x\right\}\end{aligned} \tag{3-64}$$

式(3-64)右边第一项

$$\mu_{\bar{\sigma}^{d}}(\varepsilon)=\{1-E[d(\varepsilon)]\}E_{0}\varepsilon=[1-F(\varepsilon)]E_{0}\varepsilon \tag{3-65}$$

式(3-64)右边第二项

$$\begin{aligned}\mu_{\bar{\sigma}^{s}}(\varepsilon)&=\eta_{s}E_{0}\int_{0}^{1}E\{H[\varepsilon-\Delta(x)]\Delta(x)\}\mathrm{d}x\\&=\eta_{s}E_{0}\int_{0}^{1}\int_{-\infty}^{+\infty}H(\varepsilon-\Delta)\Delta f(\Delta)\mathrm{d}\Delta\mathrm{d}x=\eta_{s}E_{0}G(\varepsilon)\end{aligned} \tag{3-66}$$

整理上述三式,可得单调加载下的应力应变演化的均值表达式为

$$\mu_{\bar{\sigma}}(\varepsilon)=[1-F(\varepsilon)]E_{0}\varepsilon+\eta_{s}E_{0}G(\varepsilon) \tag{3-67}$$

由于本模型中建议的细观单元的性质比较复杂,所以尚难得到其方差表达式。在后面的求解中,将以求解均值应力为目的,并且认为应力的均值响应代表材料的宏观应力状态。

(2) 卸载段和再加载段

将单元的卸载曲线式(3-45)代入宏观应力积分式(3-54),可得卸

载段应力的表达式如下：

$$\bar{\sigma}_{\max}-\bar{\sigma}=\int_0^1\phi_1(\varepsilon_{\max}-\varepsilon)\mathrm{d}x+\int_0^1\phi_2(\varepsilon_{\max}-\varepsilon)\mathrm{d}x+\int_0^1\phi_3(\varepsilon_{\max}-\varepsilon)\mathrm{d}x \tag{3-68}$$

式(3-68)右端第一项

$$\begin{aligned}\int_0^1\phi_1(\varepsilon_{\max}-\varepsilon)\mathrm{d}x&=\int_0^1 H(\Delta-\varepsilon_{\max})E_0(\varepsilon_{\max}-\varepsilon)\mathrm{d}x\\&=[1-d(\varepsilon_{\max})]E_0\varepsilon_{\max}-[1-d(\varepsilon_{\max})]E_0\varepsilon\\&=\bar{\sigma}_{\max}^{d}-\bar{\sigma}^{d}\end{aligned} \tag{3-69}$$

由上式可得卸载过程中未断裂部分的卸载应力

$$\bar{\sigma}^{d}=[1-d(\varepsilon_{\max})]E_0\varepsilon \tag{3-70}$$

可知卸载过程中损伤 $d=d(\varepsilon_{\max})$ 保持不变。式(3-68)右端第一项的数学期望定义为 Φ_1，有

$$\begin{aligned}\Phi_1(\varepsilon_{\max})&=\mu\{[1-d(\varepsilon_{\max})]E_0(\varepsilon_{\max}-\varepsilon)\}\\&=[1-F(\varepsilon_{\max})]E_0(\varepsilon_{\max}-\varepsilon)\end{aligned} \tag{3-71}$$

将式(3-69)代入式(3-68)，可得

$$\bar{\sigma}_{\max}^{s}-\bar{\sigma}^{s}=\int_0^1\phi_2(\varepsilon_{\max}-\varepsilon)\mathrm{d}x+\int_0^1\phi_3(\varepsilon_{\max}-\varepsilon)\mathrm{d}x \tag{3-72}$$

上式即为卸载段断裂部分单元承担的应力，两端作用期望算符，可得

$$\begin{aligned}\mu(\bar{\sigma}_{\max}^{s}-\bar{\sigma}^{s})&=E\left[\int_0^1\phi_2(\varepsilon_{\max}-\varepsilon)\mathrm{d}x\right]+E\left[\int_0^1\phi_3(\varepsilon_{\max}-\varepsilon)\mathrm{d}x\right]\\&=\int_0^1 E[\phi_2(\varepsilon_{\max}-\varepsilon)]\mathrm{d}x+\int_0^1 E[\phi_3(\varepsilon_{\max}-\varepsilon)]\mathrm{d}x\end{aligned} \tag{3-73}$$

两个积分号内的部分

$$
\begin{aligned}
&E[\phi_2(\varepsilon_{\max}-\varepsilon)]\\
&=E\left\{H(\varepsilon_{\max}-\Delta)H\left[\frac{2\eta_s}{\eta_e}\Delta-(\varepsilon_{\max}-\varepsilon)\right]\eta_e E_0(\varepsilon_{\max}-\varepsilon)\right\}\\
&=\eta_e E_0(\varepsilon_{\max}-\varepsilon)\int_{-\infty}^{+\infty}H(\varepsilon_{\max}-\Delta)H\left[\frac{2\eta_s}{\eta_e}\Delta-(\varepsilon_{\max}-\varepsilon)\right]f(\Delta)\mathrm{d}\Delta\\
&=\eta_e E_0(\varepsilon_{\max}-\varepsilon)\int_{\frac{\eta_e}{2\eta_s}(\varepsilon_{\max}-\varepsilon)}^{\varepsilon_{\max}}f(\Delta)\mathrm{d}\Delta\\
&=\eta_e E_0(\varepsilon_{\max}-\varepsilon)\left\{F(\varepsilon_{\max})-F\left[\frac{\eta_e}{2\eta_s}(\varepsilon_{\max}-\varepsilon)\right]\right\}\\
&=\eta_e E_0(\varepsilon_{\max}-\varepsilon)\left\{E[d(\varepsilon_{\max})]-F\left[\frac{\eta_e}{2\eta_s}(\varepsilon_{\max}-\varepsilon)\right]\right\}
\end{aligned}
\tag{3-74}
$$

$$
\begin{aligned}
E[\phi_3(\varepsilon_{\max}-\varepsilon)]&=E\left\{H(\varepsilon_{\max}-\Delta)H\left[(\varepsilon_{\max}-\varepsilon)-\frac{2\eta_s}{\eta_e}\Delta\right]2\eta_s E_0\Delta\right\}\\
&=2\eta_s E_0\int_{-\infty}^{+\infty}(\varepsilon_{\max}-\Delta)H\left[(\varepsilon_{\max}-\varepsilon)-\frac{2\eta_s}{\eta_e}\Delta\right]\Delta f(\Delta)\mathrm{d}\Delta\\
&=2\eta_s E_0\int_{-\infty}^{\frac{\eta_e}{2\eta_s}(\varepsilon_{\max}-\varepsilon)}\Delta f(\Delta)\mathrm{d}\Delta=2\eta_s E_0 G\left[\frac{\eta_e}{2\eta_s}(\varepsilon_{\max}-\varepsilon)\right]
\end{aligned}
\tag{3-75}
$$

定义

$$
\begin{aligned}
\Phi_2(\varepsilon_{\max}-\varepsilon)&=E\left[\int_0^1\phi_2(\varepsilon_{\max}-\varepsilon)\mathrm{d}x\right]\\
&=\eta_e E_0(\varepsilon_{\max}-\varepsilon)\left\{F(\varepsilon_{\max})-F\left[\frac{\eta_e}{2\eta_s}(\varepsilon_{\max}-\varepsilon)\right]\right\}
\end{aligned}
\tag{3-76}
$$

$$\Phi_3(\varepsilon_{\max}-\varepsilon)=E\left[\int_0^1\phi_3(\varepsilon_{\max}-\varepsilon)\mathrm{d}x\right]=2\eta_sE_0G\left[\frac{\eta_e}{2\eta_s}(\varepsilon_{\max}-\varepsilon)\right] \tag{3-77}$$

卸载段应力-应变关系式(3-68)最终化为

$$\begin{aligned}E(\bar{\sigma}_{\max}-\bar{\sigma})&=E(\bar{\sigma}^d_{\max}-\bar{\sigma}^d)+E(\bar{\sigma}^s_{\max}-\bar{\sigma}^s)\\&=\Phi_1(\varepsilon_{\max}-\varepsilon)+\Phi_2(\varepsilon_{\max}-\varepsilon)+\Phi_3(\varepsilon_{\max}-\varepsilon)\end{aligned} \tag{3-78}$$

其中函数 Φ_1，Φ_2 和 Φ_3 的表达式分别见式(3-71)、式(3-76)和式(3-77)。定义抽象函数

$$\mathcal{H}(\cdot)=\Phi_1(\cdot)+\Phi_2(\cdot)+\Phi_3(\cdot) \tag{3-79}$$

那么卸载段平均应力-应变关系可以表示为

$$E(\bar{\sigma}_{\max}-\bar{\sigma})=\mathcal{H}(\varepsilon_{\max}-\varepsilon) \tag{3-80}$$

对于再加载段方程(3-49)重复上述推导过程，可得再加载段系统平均应力-应变关系

$$E(\bar{\sigma}-\bar{\sigma}_{\min})=\mathcal{H}(\varepsilon-\varepsilon_{\min}) \tag{3-81}$$

根据上述推导，可得系统的加载、卸载和再加载曲线如图 3-19 所示。当再加载越过初始卸载点 $(\varepsilon_{\max},\bar{\sigma}_{\max})$ 时，应力-应变曲线就会折回到初始卸载曲线上，这从一个侧面体现了模型的“记忆性”，即模型会“记住”卸载点的位置，并且在对应点返回单调加载曲线。实际上，“记忆性”是本书推导的这一类模型与其他类型的滞回模型(如 Bouc-Wen 模型[148,149])之间最大的区别。本书后面的讨论中

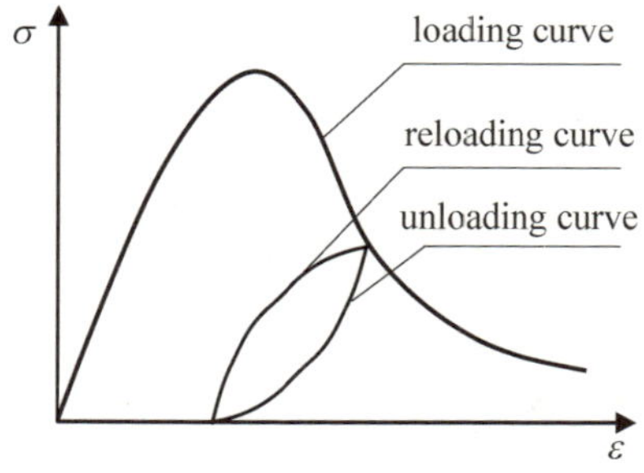

图 3-19　加载、卸载和再加载曲线

将结合模型的滞回规则更细致地讨论“记忆性”的特点和影响。

(3) 滞回规则

在风、地震等非等幅重复荷载的作用下,结构往往表现出非常复杂的非线性行为。将非等幅重复荷载作用到上述损伤滞回模型上,也会得到一系列非常复杂的响应。Iwan[143]曾建议采用直接数值模拟得到并联滞回模型在非等幅荷载作用下的性能。这一思路虽然简单,但是需要追踪和记录每一个细观单元的加载历史和应力状态,同时为了得到连续性较好的模拟结果,所模拟的细观单元的数量又不宜过少,所以直接数值模拟的计算效率并不高。通过对系统的进一步分析,研究者[144]发现可以在加载、卸载和再加载曲线的基础上,引入一系列准则,来完整描述并联系统在非等幅荷载作用下的性能。对于 Iwan 模型,其对应的准则就是 Masing 准则。参照 Ashrafi 等人的工作[145],本书建议如下两条准则:

(I) 滞回环内。系统的损伤-滞回性能可以用下述表达式表示

$$\begin{cases} \sigma = [1 - F(\varepsilon)]E_0\varepsilon + \eta_s E_0 G(\varepsilon) & \text{加载曲线} \\ \sigma^* - \sigma = \mathcal{H}(\varepsilon^* - \varepsilon) & \text{卸载曲线} \\ \sigma - \sigma^* = \mathcal{H}(\varepsilon - \varepsilon^*) & \text{再加载曲线} \end{cases} \tag{3-82}$$

其中,$(\varepsilon^*, \sigma^*)$ 为加载反转点。

(II) 滞回环间。如果内环在卸载或者再加载过程中与外环曲线相交,那么后续的曲线将转入外环。

上述第一条滞回准则规定了前面求出的加载、卸载和再加载曲线是复杂重复荷载作用下系统滞回性能描述的基本元素。而第二条准则则精准地规定了系统的记忆性,即卸载至内圈时,需要记住外圈的卸载和反向加载点,一旦卸载或者反向加载至外圈,那么内圈的记忆就抹除。基于此,系统的记忆性可以由一个从大到小的序列描述,这一类记忆性

称为序列记忆性或者离散记忆性[150]。离散记忆性与一般的塑性力学或者损伤力学中内变量描述的记忆性有着很大的区别：内变量在描述记忆性过程中，其个数和形式是不变的；而描述离散记忆性的序列，其长度是不断变化的，并且从理论上讲可以趋近于无穷。

根据上面两条滞回准则，所得复杂重复加载条件下的系统性能如图 3-20 所示。

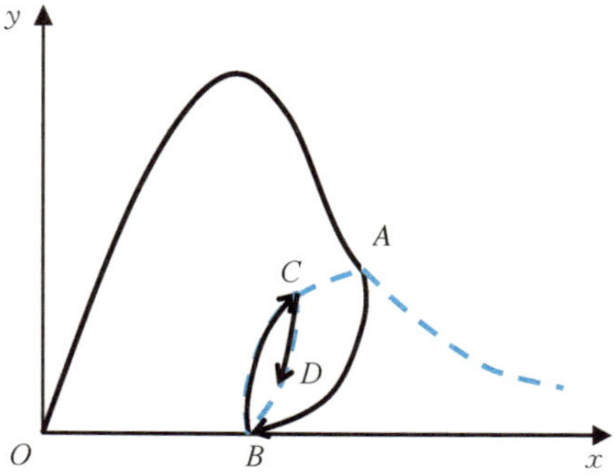

图 3-20　复杂重复加载条件下的损伤滞回性能

3.4.2　数值模拟结果

数值模拟中，细观单元断裂应变的分布仍然采用前述抽象细观弹性-断裂模型中采用的对数正态分布，其密度函数和参数的表达式如式(3-22)、式(3-21)和式(3-20)。另一方面，由于对数正态分布的分布函数没有解析表达式，其计算需耗费一定的计算量，这里同时尝试采用 Weibull 分布作为对数正态分布的一种近似逼近。Weibull 分布的密度函数为

$$f(\Delta) = \frac{b}{a}\left(\frac{\Delta}{a}\right)^{b-1} e^{-\left(\frac{\Delta}{a}\right)^{b}} \tag{3-83}$$

积分可得分布函数

$$F(\Delta) = 1 - e^{-\left(\frac{\Delta}{a}\right)^{b}} \tag{3-84}$$

分布的均值和方差表达式为

$$\mu_{\Delta} = a\Gamma\left(1 + \frac{1}{b}\right) \tag{3-85}$$

$$V_{\Delta}^{2}=a^{2}\left[\Gamma\left(1+\frac{2}{b}\right)-\Gamma^{2}\left(1+\frac{1}{b}\right)\right] \tag{3-86}$$

其中，$\Gamma(\cdot)$为 Gamma 函数。

这里采用直接随机模拟方法，即直接模拟具有大量单元的并联系统，验证理论推导的正确性。将前述推导的理论结果（即式 3-82）与直接随机模拟的结果进行对比，随机模拟中取 10 万个细观单元组成并联系统。数值模拟参数取：$E_0=37\,559$ MPa，$\eta_s=0.15$，$\eta_e=0.3$，$\lambda=5.0$，$\zeta=0.45$，$a=190$，$b=2.0$。由图 3-21 中的结果可以看出，直接随机模拟的结果与本书的解析结果非常吻合，验证了本书理论推导的正确性。同时采用本书的理论结果，其计算效率较之直接随机模拟有明显的提高。

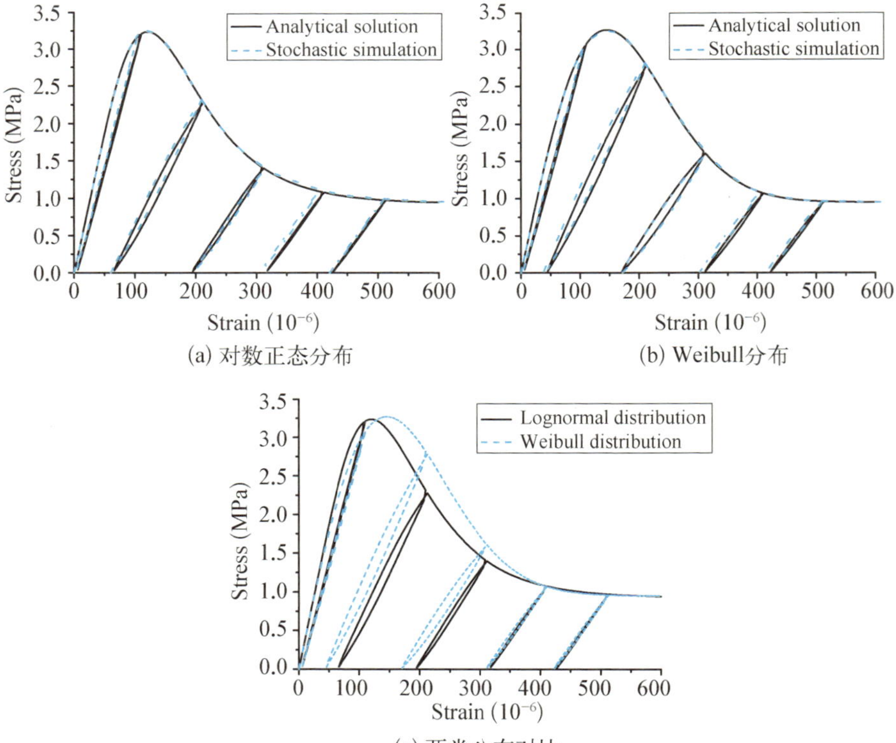

(a) 对数正态分布　(b) Weibull分布　(c) 两类分布对比

图 3-21　直接随机模拟与理论结果对比

应用 Taylor[97]提到的混凝土单轴受拉重复加载试验。分别采用对数正态分布与 Weibull 分布模拟试验结果，所得理论结果与试验结果的对比如图 3 - 22。实测试件的弹性模量为：$E_0 = 34\ 810$ MPa，模拟中，采用的对数正态分布计算参数为 $\lambda = 5.0$，$\zeta = 0.35$，$\eta_s = 0.09$，$\eta_e = 0.25$；Weibull 分布的计算参数为 $a = 180$，$b = 2.4$，$\eta_s = 0.09$，$\eta_e = 0.20$。

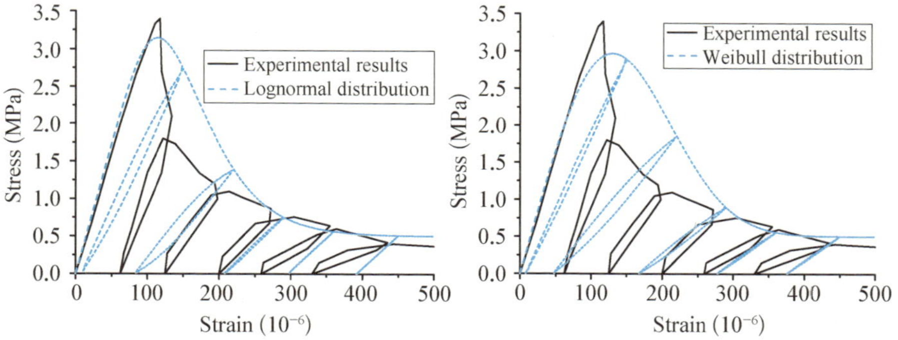

(a) 对数正态分布　　(b) Weibull分布

图 3 - 22　单轴受拉重复加载结果

Karsan and Jirsa[96]进行了混凝土单轴受压重复加载试验。这里分别采用数正态分布与 Weibull 分布模拟实验结果。实测混凝土弹性模量 $E_0 = 32\ 000$ MPa，对数正态分布的计算参数为 $\lambda = 7.38$，$\zeta = 0.71$，$\eta_s = 0.12$，$\eta_e = 0.25$；Weibull 分布的计算参数为 $a = 2\ 100$，$b = 1.35$，$\eta_s = 0.13$，$\eta_e = 0.25$。模型结果与试验结果的对比如图 3 - 23。

由对比结果可以看出，本书模型能够同时描述混凝土在重复荷载作用下的损伤和滞回性能，并且计算简单，易于实现。另一方面，不论是单轴受拉结果还是单轴受压结果，对数正态分布得到的结果均更接近试验结果。

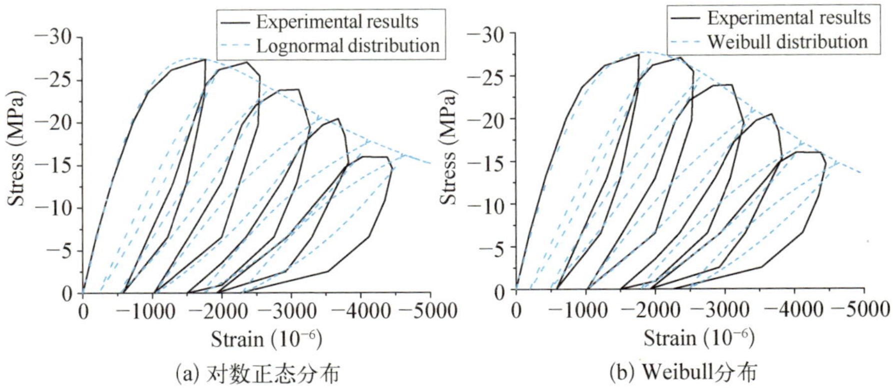

图 3-23 单轴受压重复加载结果

3.5 本章小结

本章基于细观随机断裂模型，探讨了随机损伤演化方程的建立和求解，并将一维随机损伤演化与多维弹塑性损伤模型相结合，发展了多维弹塑性随机损伤本构关系。除了理论体系的整理和完善，本章还在下述两个方面上有所创新：其一，在弹塑性随机损伤模型的基础上引入了动力扩展，考虑了动力荷载作用下混凝土强度提高因子的随机性；其二，在细观随机断裂模型的基础上引入滞回性质，建立了混凝土在重复加载条件下的滞回模型，得到了混凝土次滞回圈的合理描述。

第4章 数值多尺度损伤模型

上一章中介绍的细观随机断裂模型，在本质上是一类串行多尺度模型。它抓住了混凝土损伤演化的要旨，简单而形象地体现了应力重分布过程以及在这一过程中随机性与非线性的耦合。但是，随机断裂-滑移模型对于应力重分布规律的反映是抽象的，因而也是笼统的，难以直接说明混凝土裂纹扩展过程中因为裂缝相互作用所导致的复杂现象。本章试图在物理上具象地反映随机损伤导致的应力重分布过程，从而为损伤演化规律的确立奠定扎实的物理基础。

对于混凝土、岩石等脆性材料组成的结构，其损伤和破坏的过程至少包含两个尺度。在细观尺度上，材料内部包含的大量微裂缝决定了材料受力过程中的非线性行为。细观尺度的模型需要精细考虑微裂缝及其扩展对材料性能的影响。在宏观尺度上，我们更关心结构整体的宏观响应，因此材料可视为连续体，采用宏观损伤变量描述材料的软化与弱化。本章拟基于多尺度理论，从能量的角度出发，建立细观裂缝扩展与宏观损伤演化之间的定量关系。同时，结合细观与宏观的数值分析技术，建立数值多尺度损伤模型的框架。

4.1 基于摄动方法的均匀化理论

基于摄动方法，可以建立起均匀化理论的具有严格数学基础的理论体系，并推导得到各类状态量和特征量的均匀化公式[58]。本节拟简要介绍基于摄动方法的均匀化理论体系，基于严格的数学基础，推导出均匀化应力、均匀化应变以及均匀化刚度张量等表达式，为后续多尺度能量表达式以及损伤演化的建立提供理论支持。

首先考虑两尺度力学模型，如图 4－1 所示：非均匀固体组成的结构，所占据空间定义为 Ω，边界定义为 Γ，在细观尺度上，结构包含微裂缝。面力 $\boldsymbol{t}$ 作用于边界 Γ_t 上，预定位移 $\bar{\boldsymbol{u}}$ 作用于边界 Γ_u 上，并且有 $\Gamma = \Gamma_t \cup \Gamma_u$。为了推导的方便，暂不考虑体力的影响。对于宏观结构的材料点，有细观单元体(unit cell)与之相对应，单元体所在空间定义为 Ω_y，内部微裂缝形成的表面定义为 Γ_c，其上也作用面力 $\boldsymbol{p}$。

上述结构的静力平衡可定义如下微分方程边值问题

$$\nabla \cdot \boldsymbol{\sigma}^{\epsilon} = 0 \quad \text{in} \quad \Omega \tag{4-1}$$

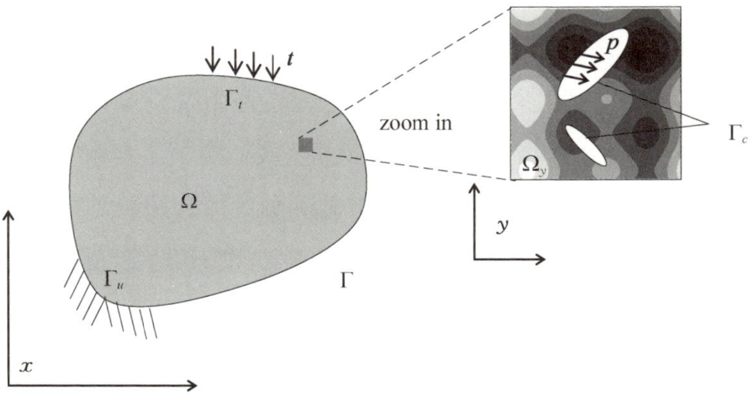

图 4－1　固体两尺度结构

对应边界条件

$$\boldsymbol{\sigma}^{\epsilon} \cdot \boldsymbol{n} = \boldsymbol{t} \quad \text{on} \quad \Gamma_t \tag{4-2}$$

$$\boldsymbol{u}^{\epsilon} = \bar{\boldsymbol{u}} \quad \text{on} \quad \Gamma_u \tag{4-3}$$

其中，$\boldsymbol{\sigma}$ 为应力，$\boldsymbol{u}$ 为位移，$\boldsymbol{n}$ 表示边界的外法向量，$\boldsymbol{t}$ 表示面力，∇为拉普拉斯算符，上标 ϵ 表示定义在宏观坐标系的函数包含细观结构。

对于内部微裂缝构成的内边界，需要进一步考虑外力边界条件

$$\boldsymbol{\sigma}^{\epsilon} \cdot \boldsymbol{n} = \boldsymbol{p} \quad \text{on} \quad \Gamma_c \tag{4-4}$$

应力-应变关系为

$$\boldsymbol{\sigma}^{\epsilon} = \mathbf{C}^{\epsilon} : \boldsymbol{\varepsilon}^{\epsilon} \tag{4-5}$$

上述方程中的场函数 $\boldsymbol{u}^{\epsilon}$、$\boldsymbol{\varepsilon}^{\epsilon}$与 $\boldsymbol{\sigma}^{\epsilon}$ 完整地考虑了细观结构的信息。针对上述方程的数值求解必须对细观结构进行精细的建模，如此巨大的计算量是一般数值模拟不能够承受的。同时空间尺度的差异也极容易导致微分方程数值求解的奇异和发散。为了减小数值模拟的计算量，同时为了避免数值奇异，需要从细观、宏观两个尺度上分别求解方程。

将整体结构所在坐标系定义为宏观坐标系，用 $\boldsymbol{x}$ 表示，而单元体所在坐标系定义为细观坐标系，用 $\boldsymbol{y}$ 表示。宏观坐标系与细观坐标系的换算可借助尺度参数 ϵ 表示如下

$$\boldsymbol{y} = \frac{\boldsymbol{x}}{\epsilon} \tag{4-6}$$

一般而言，尺度参数 ϵ 为一个小参数，定义了细观单元体尺度与宏观结构尺度的比值。

不失一般性，对于一个定义在宏观尺度但同时具有细观结构的函数，通常用 $\Phi^{\epsilon}(\boldsymbol{x})$ 表示。如果只采用一个坐标 $\boldsymbol{x}$ 同时表示其宏观结构和细观结构，那么其坐标的精度将由细观结构的尺度控制，这对于宏观响

应的求解是不利的。此时若函数具有某些特性，譬如细观周期性，就可以采用宏观和细观两个坐标分别表示函数的宏观结构和细观结构，这就是两尺度函数的扩阶表示方法，有

$$\Phi^{\epsilon}(\boldsymbol{x}) = \Phi(\boldsymbol{x}, \boldsymbol{y}) \tag{4-7}$$

当然，由于宏观坐标与微观坐标之间具有式(4－6)定义的关系，欲求其空间导数则需利用链式求导规则，有

$$\nabla_x \Phi^{\epsilon}(\boldsymbol{x}) = \nabla_x \Phi(\boldsymbol{x}, \boldsymbol{y}) + \frac{1}{\epsilon} \nabla_y \Phi(\boldsymbol{x}, \boldsymbol{y}) \tag{4-8}$$

考虑图 4－1 所示的两尺度结构，其位移场 $\boldsymbol{u}^{\epsilon}(\boldsymbol{x})$ 也相应地具有两个尺度，可以用上述扩阶方法表示为

$$\boldsymbol{u}^{\epsilon}(\boldsymbol{x}) = \boldsymbol{u}(\boldsymbol{x}, \boldsymbol{y}) \tag{4-9}$$

为了求解微分方程(4－1)，可进一步对位移场做如下摄动展开，并考虑尺度参数 ϵ 为一个小参数，有

$$\boldsymbol{u}^{\epsilon}(\boldsymbol{x}) = \boldsymbol{u}(\boldsymbol{x}, \boldsymbol{y}) = \sum_{k=0}^{\infty} \epsilon^k \boldsymbol{u}^{[k]}(\boldsymbol{x}, \boldsymbol{y}) \tag{4-10}$$

其中，$\boldsymbol{u}^{[k]}(\boldsymbol{x}, \boldsymbol{y})$ 为位移场的第 k 阶摄动项。

考虑小变形条件下的应变定义，有

$$\boldsymbol{\varepsilon}^{\epsilon}(\boldsymbol{x}) = \nabla_x^s \boldsymbol{u}^{\epsilon}(\boldsymbol{x}) \tag{4-11}$$

其中对称梯度算符

$$\nabla^s = \frac{1}{2}(\nabla + \nabla^T) \tag{4-12}$$

将位移场展开式(4－10)代入应变的定义式(4－11)并整理，可得应变展开式

$$\boldsymbol{\varepsilon}^{\epsilon}=\sum_{k=-1}^{\infty}\epsilon^{k}\boldsymbol{\varepsilon}^{[k]} \tag{4-13}$$

其中应变各阶摄动项

$$\boldsymbol{\varepsilon}^{[-1]}=\nabla_{y}^{s}\boldsymbol{u}^{[0]} \tag{4-14}$$

$$\boldsymbol{\varepsilon}^{[k]}=\nabla_{x}^{s}\boldsymbol{u}^{[k]}+\nabla_{y}^{s}\boldsymbol{u}^{[k+1]} \quad k\geqslant 0 \tag{4-15}$$

将应变摄动展开式(4－13)代入应力-应变关系式(4－5)，可得应力摄动展开

$$\boldsymbol{\sigma}^{\epsilon}=\sum_{k=-1}^{\infty}\epsilon^{k}\boldsymbol{\sigma}^{[k]} \tag{4-16}$$

其中应力各阶摄动项

$$\boldsymbol{\sigma}^{[k]}=\mathbf{C}^{\epsilon}:\boldsymbol{\varepsilon}^{[k]} \tag{4-17}$$

将应力摄动展开式(4－16)代入平衡方程式(4－1)，可得

$$\frac{1}{\epsilon^{2}}\nabla_{y}\cdot\boldsymbol{\sigma}^{[-1]}+\sum_{k=-1}^{\infty}\epsilon^{k}(\nabla_{x}\cdot\boldsymbol{\sigma}^{[k]}+\nabla_{y}\cdot\boldsymbol{\sigma}^{[k+1]})=0 \tag{4-18}$$

由于参数 ϵ 的任意性，上式成立的充要条件是 ϵ 的各阶系数均为 0，于是有下述各阶平衡方程

$$\begin{cases}\nabla_{y}\cdot\boldsymbol{\sigma}^{[-1]}=0\\ \nabla_{x}\cdot\boldsymbol{\sigma}^{[k]}+\nabla_{y}\cdot\boldsymbol{\sigma}^{[k+1]}=0 \quad k\geqslant -1\end{cases} \tag{4-19}$$

其中第一个方程表示均匀化结构的平衡，而后面各阶方程表示由非均匀微结构引起的各阶应力项的自平衡。下文中将讨论各阶平衡方程的求解。

先考虑式(4－19)中的第一个方程，并结合应力-应变关系式(4－17)与应变-位移关系式(4－14)，有

$$\nabla_y \cdot \boldsymbol{\sigma}^{[-1]} = \nabla_y \cdot (\mathbf{C}^\epsilon : \nabla_y^s \boldsymbol{u}^{[0]}) = 0 \tag{4-20}$$

根据微分方程定解理论以及 Bakhvalov and Panasenko[58] 的讨论，上述方程的解与细观坐标 $\boldsymbol{y}$ 无关，只与宏观坐标 $\boldsymbol{x}$ 有关，表示为

$$\boldsymbol{u}^{[0]}(\boldsymbol{x},\ \boldsymbol{y}) = \boldsymbol{v}^{[0]}(\boldsymbol{x}) \tag{4-21}$$

可知位移场 $\boldsymbol{u}^\epsilon$ 的零阶摄动解 $\boldsymbol{u}^{[0]}$ 为结构的宏观位移场。

再考虑式(4-19)第二个方程中 $k=-1$ 的情况，同时结合应力-应变关系式(4-17)，应变-位移关系(4-14)以及零阶摄动解式(4-21)，有

$$\begin{aligned} & \nabla_x \cdot \boldsymbol{\sigma}^{[-1]} + \nabla_y \cdot \boldsymbol{\sigma}^{[0]} \\ = & \nabla_x \cdot (\mathbf{C}^\epsilon : \nabla_y^s \boldsymbol{u}^{[0]}) + \nabla_y \cdot (\mathbf{C}^\epsilon : \nabla_x^s \boldsymbol{u}^{[0]} + \mathbf{C}^\epsilon : \nabla_y^s \boldsymbol{u}^{[1]}) \\ = & \nabla_y \cdot (\mathbf{C}^\epsilon : \nabla_x^s \boldsymbol{u}^{[0]} + \mathbf{C}^\epsilon : \nabla_y^s \boldsymbol{u}^{[1]}) = 0 \end{aligned} \tag{4-22}$$

上式为 $\boldsymbol{u}^{[1]}$ 的线性方程，其解可以表示成分离变量形式[58,78]，有

$$\boldsymbol{u}^{[1]}(\boldsymbol{x},\ \boldsymbol{y}) = \boldsymbol{v}^{[1]}(\boldsymbol{x}) + \boldsymbol{\chi}(\boldsymbol{y}) : \nabla_x^s \boldsymbol{u}^{[0]} \tag{4-23}$$

其中，$\boldsymbol{\chi}$ 为 3 阶特征张量。

由上式可以看出：它定义了宏观应变与细观位移场之间的换算关系；而一阶位移项 $\boldsymbol{v}^{[1]}(\boldsymbol{x})$ 则表征了细观位移场解的平移对称性。将位移场的一阶形式解式(4-23)代入方程式(4-22)，整理可得关于特征张量 $\boldsymbol{\chi}(\boldsymbol{y})$ 的微分方程

$$\nabla_y \cdot [\mathbf{C}^\epsilon + \mathbf{C}^\epsilon : \nabla_y^s \boldsymbol{\chi}(\boldsymbol{y})] = 0 \tag{4-24}$$

再考虑作用在细观裂缝表面的内边界条件式(4-4)，可得边界条件

$$[\mathbf{C}^\epsilon + \mathbf{C}^\epsilon : \nabla_y^s \boldsymbol{\chi}(\boldsymbol{y})] \cdot \boldsymbol{n} = \boldsymbol{p} \quad \text{on} \quad \boldsymbol{\Gamma}_c \tag{4-25}$$

综合式(4-24)与式(4-25)可以采用数值或解析方法解得特征张量 $\boldsymbol{\chi}(\boldsymbol{y})$，进而得到位移场的一阶摄动解 $\boldsymbol{u}^{[1]}$。

考虑应力、应变摄动展开的高阶截断，有

$$\boldsymbol{\varepsilon}^{\epsilon}=\sum_{k=-1}^{\infty}\epsilon^{k}\boldsymbol{\varepsilon}^{[k]}\approx\frac{1}{\epsilon}\boldsymbol{\varepsilon}^{[-1]}+\boldsymbol{\varepsilon}^{[0]} \tag{4-26}$$

$$\boldsymbol{\sigma}^{\epsilon}=\sum_{k=-1}^{\infty}\epsilon^{k}\boldsymbol{\sigma}^{[k]}\approx\frac{1}{\epsilon}\boldsymbol{\sigma}^{[-1]}+\boldsymbol{\sigma}^{[0]} \tag{4-27}$$

考虑应力-应变关系式(4－17),应变-位移关系式(4－14)以及零阶形式解式(4－21)和一阶形式解式(4－23),可解得上式中的各阶应变与应力

$$\boldsymbol{\varepsilon}^{[-1]}=\nabla_{y}^{s}\boldsymbol{u}^{[0]}=\nabla_{y}^{s}\boldsymbol{v}^{[0]}=0 \tag{4-28}$$

$$\boldsymbol{\sigma}^{[-1]}=\mathbf{C}^{\epsilon}:\boldsymbol{\varepsilon}^{[-1]}=0 \tag{4-29}$$

$$\boldsymbol{\varepsilon}^{[0]}=\nabla_{x}^{s}\boldsymbol{u}^{[0]}+\nabla_{y}^{s}\boldsymbol{u}^{[1]}=[\mathbf{I}+\nabla_{y}^{s}\boldsymbol{\chi}(\boldsymbol{y})]:\nabla_{x}^{s}\boldsymbol{v}^{[0]} \tag{4-30}$$

$$\boldsymbol{\sigma}^{[0]}=\mathbf{C}^{\epsilon}:\boldsymbol{\varepsilon}^{[0]}=[\mathbf{C}^{\epsilon}+\mathbf{C}^{\epsilon}:\nabla_{y}^{s}\boldsymbol{\chi}(\boldsymbol{y})]:\nabla_{x}^{s}\boldsymbol{v}^{[0]} \tag{4-31}$$

将上述式子回代至应变展开截断式(4－26)和应力展开截断式(4－27),可得应变场与应力场的近似摄动解

$$\begin{aligned}\boldsymbol{\varepsilon}^{\epsilon}&\approx\frac{1}{\epsilon}\boldsymbol{\varepsilon}^{[-1]}+\boldsymbol{\varepsilon}^{[0]}=\nabla_{x}^{s}\boldsymbol{u}^{[0]}+\nabla_{y}^{s}\boldsymbol{u}^{[1]}\\&=[\mathbf{I}+\nabla_{y}^{s}\boldsymbol{\chi}(\boldsymbol{y})]:\nabla_{x}^{s}\boldsymbol{v}^{[0]}(\boldsymbol{x})\end{aligned} \tag{4-32}$$

$$\begin{aligned}\boldsymbol{\sigma}^{\epsilon}&\approx\frac{1}{\epsilon}\boldsymbol{\sigma}^{[-1]}+\boldsymbol{\sigma}^{[0]}=\mathbf{C}^{\epsilon}:(\nabla_{x}^{s}\boldsymbol{u}^{[0]}+\nabla_{y}^{s}\boldsymbol{u}^{[1]})\\&=[\mathbf{C}^{\epsilon}+\mathbf{C}^{\epsilon}:\nabla_{y}^{s}\boldsymbol{\chi}(\boldsymbol{y})]:\nabla_{x}^{s}\boldsymbol{v}^{[0]}(\boldsymbol{x})\end{aligned} \tag{4-33}$$

根据细观力学的结论,宏观均匀化应力等于细观应力的平均,因此,有

$$\begin{aligned}\boldsymbol{\sigma}&=\lfloor\boldsymbol{\sigma}^{\epsilon}\rceil\approx\lfloor\{\mathbf{C}^{\epsilon}+\mathbf{C}^{\epsilon}:\nabla_{y}^{s}\boldsymbol{\chi}(\boldsymbol{y})\}:\nabla_{x}^{s}\boldsymbol{v}^{[0]}(\boldsymbol{x})\rceil\\&=\{\lfloor\mathbf{C}^{\epsilon}\rceil+\lfloor\mathbf{C}^{\epsilon}:\nabla_{y}^{s}\boldsymbol{\chi}(\boldsymbol{y})\rceil\}:\nabla_{x}^{s}\boldsymbol{v}^{[0]}(\boldsymbol{x})\end{aligned} \tag{4-34}$$

上式中$\lfloor\cdot\rceil$为体积平均算符,定义为

$$\lfloor \cdot \rceil = \frac{1}{V_y}\int_{\Omega_y} \cdot \, \mathrm{d}\Omega \tag{4-35}$$

其中，V_y 为细观单元体的体积。

由上式(4－34)可以看出，右边大括号内的部分定义了宏观均匀化应变与均匀化应力的关系，由此可定义为均匀化弹性刚度张量，即

$$\overline{\mathbf{C}} = \lfloor \mathbf{C}^{\epsilon} \rceil + \lfloor \mathbf{C}^{\epsilon} : \nabla_y^s \boldsymbol{\chi}(\boldsymbol{y}) \rceil \tag{4-36}$$

式(4－36)右边第一项为细观弹性刚度的直接平均，第二项为微结构特征张量对宏观刚度张量的影响。可知宏观均匀化刚度并不等于细观刚度的直接平均，还需考虑微结构特别是微缺陷引起的内力重分布的影响。

在连续介质损伤力学中，一般将损伤变量定义为由内部微裂缝和微缺陷引起的刚度的折减，即

$$\overline{\mathbf{C}} = (\mathbf{I} - \mathbf{D}) : \lfloor \mathbf{C}^{\epsilon} \rceil \tag{4-37}$$

那么综合式(4－37)与式(4－36)，可解得损伤张量的表达式

$$\mathbf{D} = \lfloor \mathbf{C}^{\epsilon} : \nabla_y^s \boldsymbol{\chi}(\boldsymbol{y}) \rceil : \lfloor \mathbf{C}^{\epsilon} \rceil^{-1} \tag{4-38}$$

至此我们得到了微缺陷作用下材料的宏观均匀化损伤张量，并从理论上建立了材料多尺度分析的基本框架。但是，三阶张量 $\boldsymbol{\chi}(\boldsymbol{y})$ 的求解和积分都非常复杂，需要耗费大量的计算量。为了建立更为实用的多尺度本构关系模型，下一节试图以连续损伤理论作为支撑，建立多尺度损伤表示理论。

还应该指出的是，上文中在推导基本解的过程中，需用到周期性条件，即要求单胞在宏观上具有周期对称性。第 1 章已经述及，后来的研究中将这种周期对称性做了相当程度的弱化。在实际应用过程中，上述周期性条件要求单胞单元要足够大，包含足够的细观结构信息，能够代

表细观结构的行为，即所谓“细观足够大”。而后文中也尝试利用散度定理和直接积分转换的形式避免周期性条件的引入。

4.2　多尺度能量传递

根据第 2 章中建立的连续介质损伤力学理论框架，损伤可以由 Helmholtz 自由能势定义，损伤的演化与 HFE 的演化是等价的。我们知道，能量是一种标量，数学处理简单，并且具备可加性，容易从细观尺度的能量积分得到宏观尺度的能量。所以本节试图从能量的观点出发建立细观尺度与宏观尺度状态量之间的联系。首先引入多尺度能量传递定理：对于均匀化材料，宏观尺度的能量密度等于细观尺度微结构能量的平均。

Hill[151]最早提出了上述定理，但是 Hill 的推导中只考虑了连续的应力、应变场，并没有考虑微裂缝和缺陷引起的不连续应力、应变场的影响。本节在考虑细观裂缝和缺陷的基础上，重新推导了上述定理，其本质上是对 Hill 定理的推广，同时本节的最后还引入了若干技巧考虑细观尺度上材料局部非线性的影响。

4.2.1　基于摄动均匀化理论的推导

首先基于上一节建立的多尺度摄动均匀化理论推导多尺度能量传递定理。细观尺度上，先只考虑弹性固体中包含若干裂缝的情形。此时细观尺度的 Helmholtz 自由能势就是材料的弹性能密度，有

$$\psi^{\epsilon}=\frac{1}{2}\boldsymbol{\sigma}^{\epsilon}:\boldsymbol{\varepsilon}^{\epsilon} \tag{4-39}$$

将细观应变场式(4 - 32)与应力场式(4 - 33)代入细观 HFE 表达式

(4-39),可得

$$\psi^{\epsilon}=\frac{1}{2}(\nabla_x^s\boldsymbol{u}^{[0]}+\nabla_y^s\boldsymbol{u}^{[1]}):\mathbf{C}^{\epsilon}:(\nabla_x^s\boldsymbol{u}^{[0]}+\nabla_y^s\boldsymbol{u}^{[1]})$$
$$=\frac{1}{2}\nabla_x^s\boldsymbol{u}^{[0]}:\mathbf{C}^{\epsilon}:\nabla_x^s\boldsymbol{u}^{[0]}+\frac{1}{2}\nabla_y^s\boldsymbol{u}^{[1]}:\mathbf{C}^{\epsilon}:\nabla_y^s\boldsymbol{u}^{[1]}+\nabla_x^s\boldsymbol{u}^{[0]}:\mathbf{C}^{\epsilon}:\nabla_y^s\boldsymbol{u}^{[1]} \tag{4-40}$$

考虑上式在单元体内的积分,可得

$$\int_{\Omega_y}\psi^{\epsilon}\mathrm{d}\Omega=\int_{\Omega_y}\frac{1}{2}\nabla_x^s\boldsymbol{u}^{[0]}:\mathbf{C}^{\epsilon}:\nabla_x^s\boldsymbol{u}^{[0]}\mathrm{d}\Omega+\int_{\Omega_y}\frac{1}{2}\nabla_x^s\boldsymbol{u}^{[1]}:\mathbf{C}^{\epsilon}:\nabla_x^s\boldsymbol{u}^{[1]}\mathrm{d}\Omega+\int_{\Omega_y}\nabla_x^s\boldsymbol{u}^{[0]}:\mathbf{C}^{\epsilon}:\nabla_x^s\boldsymbol{u}^{[1]}\mathrm{d}\Omega \tag{4-41}$$

下面分别求解式(4-41)右面的三个能量积分项。

(1) 第一项能量积分

第一项能量积分只与宏观应变$\nabla_x^s\boldsymbol{u}^{[0]}$有关,可以直接积分得到,有

$$\int_{\Omega_y}\frac{1}{2}\nabla_x^s\boldsymbol{u}^{[0]}:\mathbf{C}^{\epsilon}:\nabla_x^s\boldsymbol{u}^{[0]}\mathrm{d}\Omega=\frac{V_y}{2}\nabla_x^s\boldsymbol{u}^{[0]}:\lfloor\mathbf{C}^{\epsilon}\rceil:\nabla_x^s\boldsymbol{u}^{[0]} \tag{4-42}$$

(2) 第二项能量积分

考虑平衡方程式(4-19)中的第二式,并取$k=-1$,有

$$\nabla_x\cdot\boldsymbol{\sigma}^{[-1]}+\nabla_y\cdot\boldsymbol{\sigma}^{[0]}=0\quad\text{in}\quad\Omega_y \tag{4-43}$$

将-1阶应力摄动项式(4-29)代入上式,得

$$\nabla_y\cdot\boldsymbol{\sigma}^{[0]}=0 \tag{4-44}$$

等式两边同乘以 $\boldsymbol{u}^{[1]}$ 并在细观单元体内积分，得

$$\int_{\Omega_y} \boldsymbol{u}^{[1]} \cdot \nabla_y \cdot \boldsymbol{\sigma}^{[0]} \mathrm{d}\Omega = 0 \tag{4-45}$$

对上式进行分部积分，可得

$$\begin{aligned} &\int_{\Omega_y} \boldsymbol{u}^{[1]} \cdot \nabla_y \cdot \boldsymbol{\sigma}^{[0]} \mathrm{d}\Omega \\ &= -\oint_{\Gamma_c} \boldsymbol{u}^{[1]} \cdot \boldsymbol{\sigma}^{[0]} \cdot \boldsymbol{n} \,\mathrm{d}\Gamma - \int_{\Omega_y} \boldsymbol{\sigma}^{[0]} \cdot \nabla_y \cdot \boldsymbol{u}^{[1]} \mathrm{d}\Omega \\ &= 0 \end{aligned} \tag{4-46}$$

考虑内边界条件式(4－4)以及 $\boldsymbol{\sigma}^{[0]}$ 的对称性，上式化为

$$\int_{\Omega_y} \boldsymbol{\sigma}^{[0]} : \nabla_y \boldsymbol{u}^{[1]} \mathrm{d}\Omega = -\oint_{\Gamma_c} \boldsymbol{u}^{[1]} \cdot \boldsymbol{p} \,\mathrm{d}\Gamma \tag{4-47}$$

将 $\boldsymbol{\sigma}^{[0]}$ 表达式(4－31)代入上式，整理后可得

$$\begin{aligned} &\int_{\Omega_y} \nabla_x^s \boldsymbol{u}^{[1]} : \mathbf{C}^\epsilon : \nabla_x^s \boldsymbol{u}^{[1]} \mathrm{d}\Omega + \int_{\Omega_y} \nabla_x^s \boldsymbol{u}^{[0]} : \mathbf{C}^\epsilon : \nabla_x^s \boldsymbol{u}^{[1]} \mathrm{d}\Omega \\ &= -\oint_{\Gamma_c} \boldsymbol{u}^{[1]} \cdot \boldsymbol{p} \,\mathrm{d}\Gamma \end{aligned} \tag{4-48}$$

上式实际上给出了第二项与第三项能量积分项的组合。

(3) 第三项能量积分

考虑位移场的一阶摄动解式(4－23)，第三项能量积分可以化为

$$\int_{\Omega_y} \nabla_x^s \boldsymbol{u}^{[0]} : \mathbf{C}^\epsilon : \nabla_x^s \boldsymbol{u}^{[1]} \mathrm{d}\Omega = \nabla_x^s \boldsymbol{u}^{[0]} : \int_{\Omega_y} \mathbf{C}^\epsilon : \nabla_y^s \boldsymbol{\chi}(\boldsymbol{y}) \mathrm{d}\Omega : \nabla_x^s \boldsymbol{u}^{[0]} \tag{4-49}$$

另外，考虑均匀化应力表达式(4－57)，有

$$\boldsymbol{\sigma} = \lfloor \mathbf{C}^\epsilon \rceil : \nabla_x^s \boldsymbol{u}^{[0]} + \lfloor \mathbf{C}^\epsilon : \nabla_y^s \boldsymbol{\chi}(\boldsymbol{y}) \rceil : \nabla_x^s \boldsymbol{u}^{[0]} \tag{4-50}$$

综合上面两式，可得

$$\int_{\Omega_y} \nabla_x^s \boldsymbol{u}^{[0]} : \mathbf{C}^{\epsilon} : \nabla_x^s \boldsymbol{u}^{[1]} \mathrm{d}\Omega = V_y \boldsymbol{\sigma} : \nabla_x^s \boldsymbol{u}^{[0]} - V_y \lfloor \mathbf{C}^{\epsilon} \rceil : \nabla_x^s \boldsymbol{u}^{[0]} \tag{4-51}$$

将式(4-42)、式(4-48)和式(4-51)代入能量积分式(4-41)，整理之后得

$$\frac{1}{V_y}\left(\int_{\Omega_y} \psi^{\epsilon} \mathrm{d}\Omega + \frac{1}{2}\oint_{\Gamma_c} \boldsymbol{u}^{[1]} \cdot \boldsymbol{p} \, \mathrm{d}\Gamma\right) = \frac{1}{2}\boldsymbol{\sigma} : \nabla_x^s \boldsymbol{u}^{[0]} = \frac{1}{2}\boldsymbol{\sigma} : \boldsymbol{\varepsilon} \tag{4-52}$$

另一方面，宏观 Helmholtz 自由能势就是宏观应力与应变的乘积，即

$$\psi = \frac{1}{2}\boldsymbol{\sigma} : \boldsymbol{\varepsilon} \tag{4-53}$$

综合上面式(4-52)与式(4-53)，我们得到考虑微裂缝之后多尺度能量传递的最终表达式

$$\psi = \frac{1}{V_y}\left(\int_{\Omega_y} \psi^{\epsilon} \mathrm{d}\Omega + \frac{1}{2}\oint_{\Gamma_c} \boldsymbol{u}^{[1]} \cdot \boldsymbol{p} \, \mathrm{d}\Gamma\right) \tag{4-54}$$

上式右边第一项表示细观应变能的平均，是经典 Hill 定理[151]中给出的部分，第二项是沿着裂缝表面积分，是考虑了细观裂缝之后产生的附加项。利用上式，就可以由包含细观裂纹的细观分析结果得到宏观材料的 Helmholtz 自由能势。

基于摄动均匀化方法的推导过程具有严格的数学基础，但是摄动均匀化方法需要周期性条件作为基本假定，而实际的工程材料，特别是混凝土材料，往往不具有严格的周期性，这就约束了上述结论的应用范围。而事实上，在实际应用中我们发现，周期性条件并不对上述结论产生本

质性的影响。所以在下面的讨论中，本书试图直接基于积分转换得到考虑微裂缝的多尺度能量传递公式。

4.2.2　基于散度定理的推导

在细观力学中，有两个重要的概念：其一是“平均化(averaging)”，其二是“均匀化(homogenization)”。前者是指细观状态量的直接平均，而后者则是指与宏观状态量“等效”的细观状态量的运算。可以看出，平均化状态量非常便于利用细观分析的结果计算得到，而均匀化状态量则适用于宏观结构的分析和计算。平均化状态量与均匀化状态量一般存在着一定的关系，对于某些状态量二者是相等的，而对于另外一些，还需要考虑某些附加因素引起的附加项的影响。实际上，多尺度能量传递公式试图表达的，即是平均化能量和均匀化能量之间的关系。

首先考虑应力、应变的平均化和均匀化。利用平均化算符，平均化应力和应变分别为

$$\lfloor \boldsymbol{\sigma}^{\epsilon} \rceil = \frac{1}{V_y}\int_{\Omega_y} \boldsymbol{\sigma}^{\epsilon}\mathrm{d}\Omega \tag{4-55}$$

$$\lfloor \boldsymbol{\varepsilon}^{\epsilon} \rceil = \frac{1}{V_y}\int_{\Omega_y} \boldsymbol{\varepsilon}^{\epsilon}\mathrm{d}\Omega \tag{4-56}$$

对于均匀化应力，一般指单元体边界上总的外力形成的张力，而均匀化应变是指单元体边界上的总位移在单元体内部的平均，二者均为细观单元体的外部表现，分别定义为

$$\boldsymbol{\sigma} = \frac{1}{V_y}\oint_{\partial\Omega_y} (\boldsymbol{t}^{\epsilon} \otimes \boldsymbol{x})\mathrm{d}\Gamma \tag{4-57}$$

$$\boldsymbol{\varepsilon} = \frac{1}{2V_y}\oint_{\partial\Omega_y} (\boldsymbol{u}^{\epsilon} \otimes \boldsymbol{n} + \boldsymbol{n} \otimes \boldsymbol{u}^{\epsilon})\mathrm{d}\Gamma \tag{4-58}$$

其中，$\boldsymbol{t}^{\epsilon}$ 为细观单元体表面作用的面力，$\otimes$为张量的并乘，$\oint$ 为沿着曲线或者曲面的闭合积分。再引入等式

$$\nabla\cdot(\boldsymbol{\sigma}^{\epsilon}\otimes\boldsymbol{x})=\nabla\cdot\boldsymbol{\sigma}^{\epsilon}\otimes\boldsymbol{x}+\boldsymbol{\sigma}^{\epsilon}\cdot(\nabla\otimes\boldsymbol{x})=\boldsymbol{\sigma}^{\epsilon} \tag{4-59}$$

可以看出，上式是平衡条件(4-1)的直接结果。

对于平均化应力式(4-55)应用应力恒等式(4-59)并同时考虑均匀化应力的定义式(4-57)，可得

$$\begin{aligned}\lfloor\boldsymbol{\sigma}^{\epsilon}\rceil&=\frac{1}{V_y}\int_{\Omega_y}\boldsymbol{\sigma}^{\epsilon}\mathrm{d}\Omega=\frac{1}{V_y}\int_{\Omega_y}\nabla\cdot(\boldsymbol{\sigma}^{\epsilon}\otimes\boldsymbol{x})\mathrm{d}\Omega\\&=\frac{1}{V_y}\oint_{\partial\Omega_y}(\boldsymbol{t}^{\epsilon}\otimes\boldsymbol{x})\mathrm{d}\Gamma-\frac{1}{V_y}\oint_{\Gamma_c}(\boldsymbol{t}^{\epsilon}\otimes\boldsymbol{x})\mathrm{d}\Gamma\\&=\boldsymbol{\sigma}-\frac{1}{V_y}\oint_{\Gamma_c}(\boldsymbol{t}^{\epsilon}\otimes\boldsymbol{x})\mathrm{d}\Gamma\end{aligned} \tag{4-60}$$

考虑到内部微裂缝表面作用的应力，诸如内聚应力、静水压力等，均为自平衡力系，所以上式右端第二项的面积分可以不考虑，即有

$$\boldsymbol{\sigma}=\lfloor\boldsymbol{\sigma}^{\epsilon}\rceil \tag{4-61}$$

上式说明，具有微裂缝的细观结构应力场的均匀化应力等于平均应力。

对于平均应变场式(4-56)，考虑均匀化应变的定义式(4-58)，有

$$\begin{aligned}\lfloor\boldsymbol{\varepsilon}^{\epsilon}\rceil&=\frac{1}{V_y}\int_{\Omega_y}\boldsymbol{\varepsilon}^{\epsilon}\mathrm{d}\Omega=\frac{1}{2V_y}\int_{\Omega_y}(\nabla\otimes\boldsymbol{u}^{\epsilon}+\boldsymbol{u}^{\epsilon}\otimes\nabla)\,\mathrm{d}\Omega\\&=\frac{1}{2V_y}\oint_{\partial\Omega_y}(\boldsymbol{u}^{\epsilon}\otimes\boldsymbol{n}+\boldsymbol{n}\otimes\boldsymbol{u}^{\epsilon})\mathrm{d}\Omega\\&\quad-\frac{1}{2V_y}\oint_{\Gamma_c}(\boldsymbol{u}^{\epsilon}\otimes\boldsymbol{n}+\boldsymbol{n}\otimes\boldsymbol{u}^{\epsilon})\mathrm{d}\Gamma\\&=\boldsymbol{\varepsilon}-\frac{1}{2V_y}\oint_{\Gamma_c}(\boldsymbol{u}^{\epsilon}\otimes\boldsymbol{n}+\boldsymbol{n}\otimes\boldsymbol{u}^{\epsilon})\mathrm{d}\Gamma\end{aligned} \tag{4-62}$$

整理，得

$$\boldsymbol{\varepsilon} = \lfloor \boldsymbol{\varepsilon}^{\epsilon} \rceil + \frac{1}{2V_y}\oint_{\Gamma_c} (\boldsymbol{u}^{\epsilon} \otimes \boldsymbol{n} + \boldsymbol{n} \otimes \boldsymbol{u}^{\epsilon}) \mathrm{d}\Gamma \tag{4-63}$$

上式右边第二项是裂纹两侧位移场不连续跳跃引入的附加应变。在裂缝发展初期，基体中应力-应变较大，因而基体中的平均应变对宏观均匀化应变的贡献较大；而在裂纹发展到比较充分，基体中应力、应变比较小的时候，附加应变可以成为均匀化应变的主要部分。

下面考虑平均自由能$\lfloor \psi^{\epsilon} \rceil$与均匀化自由能$\psi$的关系。对于细观自由能式(4-39)的积分，有

$$\begin{aligned}
\int_{\Omega_y} \psi^{\epsilon} \mathrm{d}\Omega &= \frac{1}{2}\int_{\Omega_y} \boldsymbol{\sigma}^{\epsilon} : \boldsymbol{\varepsilon}^{\epsilon} \mathrm{d}\Omega \\
&= \frac{1}{2}\int_{\Omega_y} \frac{1}{2}\boldsymbol{\sigma}^{\epsilon} : (\nabla \otimes \boldsymbol{u}^{\epsilon} + \boldsymbol{u}^{\epsilon} \otimes \nabla) \mathrm{d}\Omega \\
&= \frac{1}{2}\int_{\Omega_y} \frac{1}{2}[\nabla \cdot (\boldsymbol{u}^{\epsilon} \cdot \boldsymbol{\sigma}^{\epsilon}) + \nabla \cdot (\boldsymbol{\sigma}^{\epsilon} \cdot \boldsymbol{u}^{\epsilon}) \\
&\quad - \boldsymbol{u}^{\epsilon} \cdot \nabla \cdot \boldsymbol{\sigma}^{\epsilon} - \nabla \cdot \boldsymbol{\sigma}^{\epsilon} \cdot \boldsymbol{u}^{\epsilon}] \mathrm{d}\Omega \\
&= \frac{1}{2}\int_{\Omega_y} \nabla \cdot (\boldsymbol{u}^{\epsilon} \cdot \boldsymbol{\sigma}^{\epsilon}) \mathrm{d}\Omega
\end{aligned} \tag{4-64}$$

应用散度定理，上式化为

$$\begin{aligned}
\int_{\Omega_y} \psi^{\epsilon} \mathrm{d}\Omega &= \frac{1}{2}\int_{\Omega_y} \nabla \cdot (\boldsymbol{u}^{\epsilon} \cdot \boldsymbol{\sigma}^{\epsilon}) \mathrm{d}\Omega \\
&= \frac{1}{2}\oint_{\partial\Omega_y} \boldsymbol{u}^{\epsilon} \cdot \boldsymbol{\sigma}^{\epsilon} \cdot \boldsymbol{n} \mathrm{d}\Gamma - \frac{1}{2}\oint_{\Gamma_c} \boldsymbol{u}^{\epsilon} \cdot \boldsymbol{\sigma}^{\epsilon} \cdot \boldsymbol{n} \mathrm{d}\Gamma \\
&= \frac{1}{2}\oint_{\partial\Omega_y} \boldsymbol{u}^{\epsilon} \cdot \boldsymbol{t}^{\epsilon} \mathrm{d}\Gamma - \frac{1}{2}\oint_{\Gamma_c} \boldsymbol{u}^{\epsilon} \cdot \boldsymbol{p} \mathrm{d}\Gamma
\end{aligned} \tag{4-65}$$

在多尺度分析中，对于细观单元体，一般考虑应变控制加载，如果让一个单元体的均匀化应变为$\boldsymbol{\varepsilon}$，常用的方法是在单元体的外边界上施加如下所示的线性分布位移[152]，即

$$\boldsymbol{u}^{\epsilon} = \boldsymbol{\varepsilon} \cdot \boldsymbol{x} \quad \text{on} \quad \partial\Omega_y \tag{4-66}$$

线性位移边界条件代入式(4-65)右端第一项，并结合均匀化应力的定义式(4-57)有

$$\begin{aligned}
\frac{1}{2}\oint_{\partial\Omega_y} \boldsymbol{u}^{\epsilon} \cdot \boldsymbol{t}^{\epsilon} \mathrm{d}\Gamma &= \frac{1}{2}\oint_{\partial\Omega_y} (\boldsymbol{\varepsilon} \cdot \boldsymbol{x}) \cdot \boldsymbol{t}^{\epsilon} \mathrm{d}\Gamma \\
&= \frac{1}{2}\left[\oint_{\partial\Omega_y} (\boldsymbol{t}^{\epsilon} \otimes \boldsymbol{x}) \mathrm{d}\Gamma\right] : \boldsymbol{\varepsilon} \\
&= \frac{V_y}{2} \boldsymbol{\sigma} : \boldsymbol{\varepsilon} = V_y \psi
\end{aligned} \tag{4-67}$$

将上式代入(4-65)并整理，可得

$$\psi = \frac{1}{V_y}\left(\int_{\Omega_y} \psi^{\epsilon} \mathrm{d}\Omega + \frac{1}{2}\oint_{\Gamma_c} \boldsymbol{u}^{\epsilon} \cdot \boldsymbol{p} \mathrm{d}\Gamma\right) \tag{4-68}$$

至此，我们推导得到了平均自由能 $\lfloor \psi^{\epsilon} \rceil$ 与均匀化自由能 ψ 的关系。显然这一关系给出了细观能量与宏观能量的联系，同时也是多尺度能量传递定理的数学表达。

上述推导中只引入了平衡条件和散度定理，并没有引入周期性条件，也没有引入任何形式的应力-应变关系，所以其结论虽然与基于摄动均匀化理论得到的表达式一致，但是适用范围却更加广泛。

4.2.3 几何非线性的引入

实际上，在基于散度定理的推导过程中，并没有引入材料性质，所以上述能量传递定义可以适用于基体中出现材料非线性的情况。另一方面，上面推导过程中，采用了线性的应变与位移关系，所以上述结论不能直接应用于几何非线性问题。当然，实际应用中，材料非线性与几何非线性往往是相互联系的，大的局部变形往往会引起材料非线性，而材料

非线性引起的弱化和软化又往往导致局部变形的集中。所以本小节希望在多尺度能量传递定理中引入几何非线性的影响。

首先,考虑材料基体中出现非线性的情形。对于实际结构而言,非线性一经出现,往往倾向于集中到某一个区域,区域内部进入非线性,区域外部保持线性。本书也考虑此类非线性区域,并且引入隔离体的技巧,将非线性区域与线性基体隔离开来,如图 4-2 所示。图中考虑非线性区域 Ω_{in},将非线性区域隔离出单元体 Ω_y 之后,剩余部分基体为 Ω_m,同时隔离体交界面内力为 $\boldsymbol{p}$。

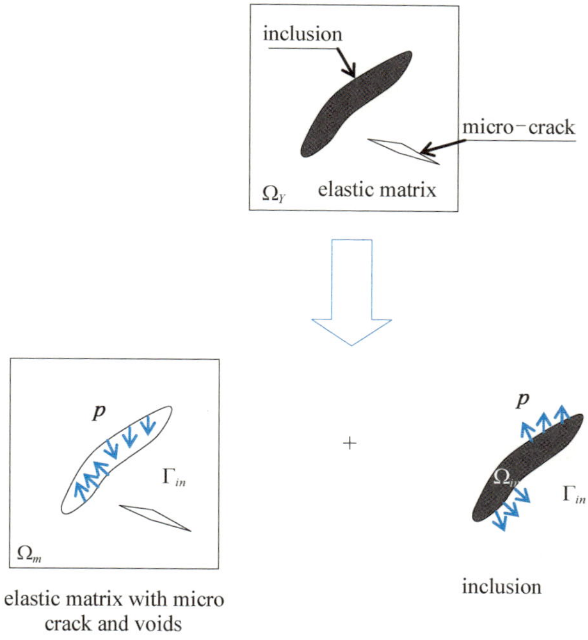

图 4-2　细观基体中的非线性区域和隔离体

对于隔离出非线性区域之后剩余的基体部分,可以看作线性基体内部存在微裂缝微空洞的情形,应用多尺度能量传递定理,有

$$\psi = \frac{1}{V_y}\left(\int_{\Omega_m} \psi^{\epsilon} \mathrm{d}\Omega + \frac{1}{2}\oint_{\Gamma_c} \boldsymbol{u}^{\epsilon} \cdot \boldsymbol{p}\, \mathrm{d}\Gamma + \frac{1}{2}\oint_{\Gamma_{in}} \boldsymbol{u}^{\epsilon} \cdot \boldsymbol{p}\, \mathrm{d}\Gamma\right) \quad (4-69)$$

非线性带内的材料仍然可以采用连续介质力学的方法描述，但应当考虑材料及几何非线性。这样上式右边第三项中的闭合曲面积分可以用非线性带内的体积分表示，下面给出详细推导。

非线性带所占据的空间为 Ω_{in}，边界为 Γ_{in}。考虑大变形引起的几何非线性之后。在初始坐标系 $\boldsymbol{Y}$ 内，非线性带的位型用 Ω_{in}^{Y} 和 Γ_{in}^{Y} 表示；而在当前坐标系 $\boldsymbol{y}$ 内，非线性带的位型用 Ω_{in}^{y} 和 Γ_{in}^{y} 表示。在连续介质力学中，在当前坐标系与初始坐标系之间可定义映射函数

$$\boldsymbol{y} = \boldsymbol{\varphi}(\boldsymbol{Y},\ t) \tag{4-70}$$

材料点的位移定义为

$$\boldsymbol{u}(\boldsymbol{Y},\ t) = \boldsymbol{y} - \boldsymbol{Y} = \boldsymbol{\varphi}(\boldsymbol{Y},\ t) - \boldsymbol{Y} \tag{4-71}$$

在当前坐标系中，平衡方程一般基于柯西应力 $\boldsymbol{\tau}$ 表达为

$$\nabla_y \cdot \boldsymbol{\tau}^{\epsilon} = 0 \tag{4-72}$$

对应的外力边界条件，即非线性带隔离面上的应力作用，为

$$\boldsymbol{\tau}^{\epsilon} \cdot \boldsymbol{n} = \boldsymbol{p} \tag{4-73}$$

上述平衡方程两端乘以 $\boldsymbol{u}^{\epsilon}$ 并在单元体内做体积分，可得

$$\int_{\Omega_{in}^{y}} \boldsymbol{u}^{\epsilon} \cdot \nabla_y \cdot \boldsymbol{\tau}^{\epsilon} \mathrm{d}\Omega = 0 \tag{4-74}$$

上式做分部积分，可解得式(4-69)中右边第三项面积分，有

$$\oint_{\Gamma_{in}} \boldsymbol{u}^{\epsilon} \cdot \boldsymbol{p}\, \mathrm{d}\Gamma = \int_{\Omega_{in}^{y}} \boldsymbol{\tau}^{\epsilon} : (\nabla_y \otimes \boldsymbol{u}^{\epsilon}) \mathrm{d}\Omega \tag{4-75}$$

考虑到连续介质力学中对偶应力-应变的定义，还可以将上述积分表示成另外几个常用的形式，有

$$\oint_{\Gamma_{in}} \boldsymbol{u}^{\epsilon} \cdot \boldsymbol{p} \mathrm{d}\Gamma = \int_{\Omega_{in}^{y}} \boldsymbol{\tau}^{\epsilon} : (\nabla_y \otimes \boldsymbol{u}^{\epsilon}) \mathrm{d}\Omega$$
$$= \int_{\Omega_{in}^{Y}} \boldsymbol{S}^{\epsilon} : \boldsymbol{E}^{\epsilon} \mathrm{d}\Omega$$
$$= \int_{\Omega_{in}^{Y}} \boldsymbol{F} \cdot \boldsymbol{S}^{\epsilon} : (\nabla_Y \otimes \boldsymbol{u}^{\epsilon}) \mathrm{d}\Omega \tag{4-76}$$

其中，$\boldsymbol{F} \cdot \boldsymbol{S}^{\epsilon}$ 和 $\boldsymbol{S}^{\epsilon}$ 分别为第一类和第二类 Piola-Kirchhoff 应力；$\boldsymbol{E}$ 为 Green 应变。至此我们推导得到了利用非线性带内应力-应变积分求解边界积分的方法。将上式代入式(4-69)后可以看出，整个多尺度能量积分还是分解为了两个部分：一部分是连续基体的体积分，其中包含线性部分和非线性部分；另一部分则是间断面的影响。引入拓展的细观 Helmholtz 自由能势如下：

$$\Psi^{\epsilon} = \frac{1}{2} \boldsymbol{\Sigma}^{\epsilon} : \boldsymbol{\Xi}^{\epsilon} \tag{4-77}$$

其中 $\boldsymbol{\Sigma}^{\epsilon}$ 与 $\boldsymbol{\Xi}^{\epsilon}$ 为能量对偶应力和应变，可以根据具体情况取不同的表达式，只要满足连续介质力学中的能量对偶和等效即可，在线性小变形条件下，各类对偶应力-应变的定义都收敛到线性应力与应变表达式。

经过整理，可得推广的多尺度能量传递定理

$$\psi = \frac{1}{V_y} \left(\int_{\Omega_y} \Psi^{\epsilon} d\Omega + \frac{1}{2} \oint_{\Gamma_c} \boldsymbol{u}^{\epsilon} \cdot \boldsymbol{p} \mathrm{d}\Gamma \right) \tag{4-78}$$

上述表达式可以同时考虑材料和几何非线性的影响。

4.3　多尺度损伤表示理论

利用 Helmholtz 自由能势表示损伤变量，可以依据多尺度方法基于

Helmholtz 自由能势利用数值分析损伤变量的取值，进而得到其在整个加载过程中的演化规律。下面分别就各类损伤模型，讨论由 Helmholtz 自由能势表示损伤演化的方法，由于这里的 Helmholtz 自由能势是由细观结构分析结果通过多尺度能量传递定理积分得到的，所以由此得到的损伤演化表述反映了细观结构中因微裂缝产生和发展而导致的应力重分布的信息。本节讨论的方法可以统一称之为多尺度损伤表示理论。

另一方面，由于混凝土中塑性应变形成的机理更加复杂，目前还很难直接从细观模拟的基础上得到可信的结果，所以下面的讨论中均不先考虑塑性变形，所得结果可以作为弹性损伤模型结果直接使用，也可以代入损伤子空间中，与塑性子空间的经验模型共同组成弹塑性损伤理论体系。

4.3.1 单标量损伤模型

单标量损伤模型损伤用一个损伤标量来描述材料的破坏，此时，Helmholtz 自由能势的定义为

$$\psi = (1-d)\psi_0 \tag{4-79}$$

其中 ψ_0 是材料的初始 Helmholtz 自由能势，也就是未损伤材料的弹性应变能。

对于不同类型的损伤模型，其 Helmholtz 自由能势 ψ 的求法是一致的，即将宏观应变 $\boldsymbol{\varepsilon}$ 作用到微裂缝扩展之后的当前细观单元体上，再利用多尺度能量传递定理计算即可得到；而初始 Helmholtz 自由能势 ψ_0 的求法则与特定的损伤模型有关。对于单标量损伤模型是将宏观应变 $\boldsymbol{\varepsilon}$ 作用到微裂缝扩展之前的初始细观单元体上，再利用多尺度能量传递定理计算即可得到。

基于细观单元体的数值模拟以及多尺度能量传递定理得到 ψ 与 ψ_0

之后，即可简单地解得损伤变量

$$d = 1 - \frac{\psi}{\psi_0} \tag{4-80}$$

4.3.2　双标量损伤模型

前已述及，对于混凝土等脆性材料，其损伤和破坏往往存在两类控制机制，即受拉破坏和受剪破坏。两类破坏在强度和延性方面存在巨大的差异，所以在损伤建模中应予以分别考虑。本书采用双标量损伤模型。

常用的双标量损伤模型大多基于下述 Helmholtz 自由能势分解[28,30,39,53]

$$\psi = (1 - d^+)\psi_0^+ + (1 - d^-)\psi_0^- \tag{4-81}$$

其中 Helmholtz 自由能势 ψ 的求法与单标量模型一致。

而对于初始 Helmholtz 自由能势 $\psi_0^\pm$，则要将宏观应变 $\boldsymbol{\varepsilon}$ 作用到微裂缝扩展之前的初始细观单元体上，求得均匀化有效应力 $\bar{\boldsymbol{\sigma}}$。均匀化有效应力的求解过程中可利用均匀化应力与平均化应力的对等关系式(4-61)简化计算。在求得了均匀化有效应力之后，考虑第 2 章引入的有效应力特征分解，有

$$\bar{\sigma} = \bar{\sigma}^+ + \bar{\sigma}^- \tag{4-82}$$

因此初始 Helmholtz 自由能势可表示为

$$\psi_0^\pm = \frac{1}{2}\bar{\sigma}^\pm : \boldsymbol{\varepsilon} \tag{4-83}$$

在得到了 ψ 与 $\psi_0^\pm$ 的数值结果后，就可以求解损伤变量及其演化。事实上，对式(4-81)分别对 ψ_0^+ 和 ψ_0^- 求偏导数，可得

$$d^{\pm}=1-\frac{\partial\psi}{\partial\psi_0^{\pm}} \tag{4-84}$$

用差分近似表示上述偏导数，即可得到损伤演化的数值解如下

$$d^{\pm}\approx 1-\frac{\Delta\psi}{\Delta\psi_0^{\pm}} \tag{4-85}$$

原则上讲，上述基于差分求解损伤演化的方法，可以基于一个损伤数值试验，求得两个损伤变量的演化。但是实际上，受拉和受压损伤所对应的受力状态有很大的不同，这就可能出现在一个损伤试验中，一个损伤变量的演化很明显，另外一个很不明显的情况，此时基于上述方法求出的对应不明显演化损伤变量的损伤演化就会精度较低，不适用于实际结构的模拟。所以本书建议对于不同的损伤变量的演化，应当构造不同的损伤数值试验对其进行模拟。为了达到最高的数值求解的精度，可以将一个数值试验中的损伤演化控制为一个，而冻结其他的损伤演化，此时上述差分表达式还可以进一步简化，对于双标量损伤模型，可以有如下表达式。

(1) 受拉损伤试验 $\bar{\sigma}=\bar{\sigma}^{+}$

此时受压有效应力 $\bar{\sigma}^{-}=0$，进而有 $\psi_0^{-}=0$ 与 $d^{-}=0$，材料只发生受拉损伤。由式(4-81)可得

$$d^{+}=1-\frac{\psi}{\psi_0^{+}} \tag{4-86}$$

在受拉应力状态下 $\bar{\sigma}=\bar{\sigma}^{+}$，脆性材料发生受拉损伤，产生垂直于最大主拉应力方向的主裂缝，材料的强度和变形能力均较小。

(2) 受压损伤试验 $\bar{\sigma}=\bar{\sigma}^{-}$

可知此时受拉有效应力 $\bar{\sigma}^{+}=0$，进而得到 $\psi_0^{+}=0$ 与 $d^{+}=0$。由式(4-81)可得

$$d^{-}=1-\frac{\psi}{\psi_0^{-}} \tag{4-87}$$

在受压应力状态下 $\bar{\sigma}=\bar{\sigma}^{-}$，材料发生受压损伤，产生与主压应力方向有一定夹角的斜裂缝，材料的强度和变形能力相对较大。

本书后面的数值计算与讨论均是基于双标量多尺度损伤模型展开的。这里给出基于双标量多尺度损伤模型进行结构分析和模拟的基本过程：

(1) 建立单元体模型，考虑细观尺度的微裂缝扩展和演化，对其进行数值分析和模拟。考虑到混凝土在拉、压应力下受力行为的差异，可以建立受拉与受压两类单元体模型。

(2) 基于单元体数值分析的结果，根据多尺度能量传递定理，积分得到单元体能量的演化，再分别计算受拉与受压损伤的演化。

(3) 最后利用得到的损伤演化，结合双标量损伤本构关系模型，对宏观结构进行非线性数值模拟。

可以看出，只需在传统的基于连续损伤理论的结构分析过程之前增加两个步骤，基于细观结构微裂缝的演化得到宏观损伤演化，就可以基于多尺度损伤理论进行结构数值模拟，并考虑结构中微裂缝的演化和发展对结构整体非线性行为的影响。

4.3.3　张量损伤模型

完全张量形式的损伤模型，由于其表达和计算方面的复杂性，目前还很少直接应用于实际结构。但是这类模型在理论上具有完整性，所以本小节从理论上探讨基于多尺度能量传递定理建立完全张量形式的损伤演化的过程，其目的首先是为实际应用提供一种可能的途径，更重要的是为了体现本书方法在理论上的完备性。

对于张量损伤的能量定义，一般表示为

$$\psi = \frac{1}{2}\boldsymbol{\sigma} : \boldsymbol{\varepsilon} = \frac{1}{2}[(\mathbf{I} - \mathbf{D}) : \bar{\boldsymbol{\sigma}}] : \boldsymbol{\varepsilon} = \frac{1}{2}\boldsymbol{\varepsilon} : (\mathbf{I} - \mathbf{D}) : \bar{\boldsymbol{\sigma}} \tag{4-88}$$

上式对 $\mathbf{D}$ 求偏导数，同时定义损伤能释放率 $\mathbf{Y}$，有

$$\mathbf{Y} = -\frac{\partial \psi}{\partial \mathbf{D}} = \frac{1}{2}\bar{\boldsymbol{\sigma}} \otimes \boldsymbol{\varepsilon} \tag{4-89}$$

通过观察式(4－88)可知，Helmholtz 自由能势 ψ 是损伤张量 $\mathbf{D}$ 的线性函数，于是其偏导数存在对偶关系，有

$$\mathbf{D} = \mathbf{I} - \frac{\partial \psi}{\partial \mathbf{Y}} \tag{4-90}$$

再考虑有限差分近似，那么损伤演化的数值解为

$$\mathbf{D} \approx \mathbf{I} - \frac{\Delta \psi}{\Delta \mathbf{Y}} \tag{4-91}$$

根据第 2 章中的讨论，可以基于有效应力的系列分解，将张量损伤变量简化为一系列标量损伤变量。此时基于 Helmholtz 自由能势的损伤定义为

$$\psi = \sum_{I=1}^{N} (1 - d^I) \psi_0^I \tag{4-92}$$

其中初始 Helmholtz 自由能势

$$\psi_0^I = \frac{1}{2}\bar{\boldsymbol{\sigma}}^I : \boldsymbol{\varepsilon} \tag{4-93}$$

而有效应力的各个分量满足分解式

$$\bar{\boldsymbol{\sigma}} = \sum_{I=1}^{N} \bar{\boldsymbol{\sigma}}^I \tag{4-94}$$

将宏观应变作用于初始未损伤单元体上，利用平均应力求得均匀化应

力，可得到均匀化有效应力 $\bar{\boldsymbol{\sigma}}$。有效应力的分解的形式和项数可根据不同的损伤模型以及结构的性质确定。利用偏导关系，可得各个损伤变量为

$$d^I = 1 - \frac{\partial \psi}{\partial \psi_0^I} \approx 1 - \frac{\Delta \psi}{\Delta \psi_0^I} \tag{4-95}$$

根据前一小节的讨论，也可以构造对应的损伤试验，一对一地求解损伤变量的演化，对于第 I 类损伤试验，有

$$\begin{cases} \bar{\boldsymbol{\sigma}} = \bar{\boldsymbol{\sigma}}^I \\ \psi_0^J = 0,\ d^J = 0,\ J \neq I \\ d^I = 1 - \dfrac{\psi^I}{\psi^0} \end{cases} \tag{4-96}$$

至此我们从对细观单元体结构的分析出发，基于多尺度能量传递定理和基于能量的连续损伤理论体系，建立了从细观结构分析得到宏观损伤演化的能量方法。由此得到的损伤演化可以直接代入基于能量的连续损伤体系进行宏观结构的分析，并且从宏观响应和细观裂缝演化两个层面把握结构的性态，为结构的分析和设计提供了更加精细而实用的途径。

4.4　细观数值方法

前述分析，解决了多尺度损伤本构关系的建立问题。在具体的应用中，还需要考虑微裂缝动态扩展的模拟。前面的讨论中已经述及，本书试图探讨微裂缝扩展与损伤演化之间的关系，那么在细观数值模拟中，就需要采用直接的方式考虑微裂缝，而不应该再采用损伤变量等间接的

方式。从数学的观点看，微裂缝就是在连续的应力、应变场中引入了不连续面。而目前通用的结构数值方法，诸如有限单元法和无网格方法等，大都建立在连续介质力学框架内，要求物理场满足一定的连续性条件。但是实际物理场并不都是连续的，譬如在外力作用下，脆性固体内部会产生裂缝，而延性固体内部由于材料非线性的影响，会形成剪切带。对这些不连续性的数值处理，一直是现代数值分析方法发展的难点和热点。

固体结构分析中常用的不连续数值方法可分为强不连续数值方法和弱不连续数值方法。强不连续方法可以跟踪固体内部不连续带产生和发展的过程，具有严格的数学基础，同时精度也比较高。常见的数值方法一般在物理场的试探解里利用单位分解(partition of unity)条件添加一些不连续的加强函数(enrichment)作为基函数，与连续基函数一起表示实际物理场，加强函数与有限单元法的结合就是扩展有限元法(X-FEM)。弱不连续方法的基本思路是，采用连续函数来逼近不连续区的位移场，同时采用平均应变来逼近不连续区的应变场。这样处理就避免了不连续区内位移的求导以及应变的积分，大大提高了不连续区求解的稳定性，同时计算量也有所减少。弱不连续数值方法一般采用界面单元(interface element)实现。实际应用中，上述两类方法都被广泛地采用，这里对两类方法进行简要的介绍。

4.4.1 加强函数(enrichment)方法

实际的固体力学分析问题，数学上一般归结为偏微分方程的求解问题。经过了几十年的发展，对于固体力学分析中常见的偏微分方程，现代计算力学已经建立起了一套较为完整和固定的体系对其进行数值模拟。其基本的过程主要包含以下三步：第一是连续场的离散表示，通过插值函数的构造，将连续场表示为离散节点的数值；第二是代数方程的构造，将离散节点表示的连续场代入基本方程，经过一定的变换，将微分系统转化为代数系统；第三是代数系统的求解，求解由微分系统经过插值和变换得到的代数系统。对于后面两步，其过程和方法相对固定，不同的结构模拟方法的区别主要体现在第一步，即插值函数的构造。

对于结构的位移场，一般可以在构造一定的插值函数的基础上，将其统一表示为如下离散形式

$$\boldsymbol{u}^h(\boldsymbol{x}) = \sum_{I=1}^{NP} \phi_I(\boldsymbol{x})\boldsymbol{d}_I \tag{4-97}$$

其中，$\boldsymbol{u}^h(\boldsymbol{x})$ 为近似位移场，$\phi_I(\boldsymbol{x})$ 为第 I 节点插值函数，$\boldsymbol{d}_I$ 为第 I 节点位移系数，NP 为节点总数。

对于有限单元法，一般先基于单元定义节点之间的相互关系，再在单元内构造插值函数。单元之外的节点对于当前插值点没有影响，所以位移场插值式(4-97)可以采用单元的方式重新组织，转化为

$$\boldsymbol{u}^h(\boldsymbol{x}) = \sum_{I=1}^{NEN} N_I^e(\boldsymbol{\xi})\boldsymbol{u}_I \tag{4-98}$$

其中，$N_I^e(\boldsymbol{\xi})$ 为插值点所在单元内的第 I 节点插值函数，$\boldsymbol{\xi}$ 为广义坐标。

由于有限元法的插值函数满足克罗内克 δ 性质，所以节点的位移系数直接等于节点位移 $\boldsymbol{u}_I$，NEN 为单元节点数。

当然，也可以不利用网格，而是直接基于节点构造插值函数，由此建立起来的方法称为无网格方法[153-156]。这里以再生核粒子方法(reproducing kernel partial method)[155,157]为例，简要介绍一下无网格方法中插值函数的构造。首先引入多维多项式标识如下

$$\boldsymbol{\alpha} = (\alpha_1,\ \alpha_2,\ \cdots,\ \alpha_d) \tag{4-99}$$

$$|\ \boldsymbol{\alpha}\ | = \sum\nolimits_{i=1}^{d} \alpha_i \tag{4-100}$$

$$\boldsymbol{x}^{\boldsymbol{\alpha}}=\Pi_{i=1}^{d}x_i^{\alpha_i} \tag{4-101}$$

RKPM 的插值函数可表示为

$$\phi_I(\boldsymbol{x})=\varphi_a(\boldsymbol{x}-\boldsymbol{x}_I)\left[\sum_{|\boldsymbol{\alpha}|\leqslant n}(\boldsymbol{x}-\boldsymbol{x}_I)^{\boldsymbol{\alpha}}b_\alpha(\boldsymbol{x})\right] \tag{4-102}$$

式(4－102)中核函数 $\varphi_a(\cdot)$ 的覆盖半径(support size)为 a，$\{(\boldsymbol{x}-\boldsymbol{x}_I)^{\boldsymbol{\alpha}}\}_{|\boldsymbol{\alpha}|\leqslant n}$ 为分项基函数，而 $\{b_\alpha(\boldsymbol{x})\}_{|\boldsymbol{\alpha}|\leqslant n}$ 分项基函数的系数函数，可以由再生条件(reproducing condition)

$$\sum_{I=1}^{NP}\phi_I(\boldsymbol{x})\boldsymbol{x}_I^{\boldsymbol{\alpha}}=\boldsymbol{x}^{\boldsymbol{\alpha}},\ |\boldsymbol{\alpha}|\leqslant n \tag{4-103}$$

解得，表示为

$$\phi_I(\boldsymbol{x})=\mathbf{H}^T(\mathbf{0})\mathbf{M}^{-1}(\boldsymbol{x})\mathbf{H}^T(\boldsymbol{x}-\boldsymbol{x}_I)\varphi_a(\boldsymbol{x}-\boldsymbol{x}_I) \tag{4-104}$$

此处 $\mathbf{H}(\boldsymbol{x})=\{\boldsymbol{x}^{\boldsymbol{\alpha}}\}_{|\boldsymbol{\alpha}|\leqslant n}$ 为所有的基函数组成的向量；而矩函数矩阵为

$$\mathbf{M}(\boldsymbol{x})=\sum_{I=1}^{NP}\mathbf{H}(\boldsymbol{x}-\boldsymbol{x}_I)\mathbf{H}^T(\boldsymbol{x}-\boldsymbol{x}_I)\varphi_a(\boldsymbol{x}-\boldsymbol{x}_I) \tag{4-105}$$

至此，可以求出再生核函数集合 $\phi_I(\boldsymbol{x})$ 作为微分方程求解的插值函数。另一方面，由于此时构造的再生核函数不再满足克罗内克 δ 性质，所以节点的位移系数并不一定等于节点位移。

虽然不同的方法构造的插值函数有很大的不同，但是各类插值函数却都满足某些共同的性质。Babuska[158]经过研究发现，各类方法构造的插值函数 $\phi_I(\boldsymbol{x})$ 往往满足单位分解条件(partition of unity)，即

$$\sum_{I=1}^{NP}\phi_I(\boldsymbol{x})=1 \tag{4-106}$$

上式的物理意义是插值函数能够精确地表示常位移场。

Babuska[158]的研究发现，只需再附加极为宽松的条件，譬如方程的解能够用插值函数表示，那么上述单位分解条件(4－106)就可以保证结

构分析的收敛。单位分解条件说明了两个方面的问题：其一是可以通过引入某些加强函数（enrichment）来描述通过常规方法构造的插值函数不能够很好描述的问题，如裂纹扩展问题；其二是为了保证结构分析的收敛，引入的加强函数（enrichment）不能破坏原来插值函数的单位分解性质。

对于位移场插值表达式(4－97)，在单位分解的基础上引入加强函数 $g_I(\boldsymbol{x})$ 之后，可表示为[159]

$$\boldsymbol{u}^h(\boldsymbol{x}) = \sum_{I=1}^{NP} \phi_I(\boldsymbol{x})[\boldsymbol{a}_I + \boldsymbol{d}_I g_I(\boldsymbol{x})] \tag{4-107}$$

对于更加广泛的一类情况，如果引入 NER 个加强函数，那么位移场插值表达式为[159]

$$\boldsymbol{u}^h(\boldsymbol{x}) = \sum_{I=1}^{NP} \phi_I(\boldsymbol{x})\left[\boldsymbol{a}_I + \sum_{J=1}^{NER} \boldsymbol{d}_I^J g_I^J(\boldsymbol{x})\right] \tag{4-108}$$

在有限单元法中采用单位分解方法引入加强函数，来求解某些包含间断面和奇异点的问题，就得到了扩展有限元法（extended finite element method）[160-162]的基本思路。对于裂缝扩展问题，对于求解区域划分有限元网格之后，其中的单元可以分为三类：第一类单元中不包含任何裂缝，这类单元的位移场是连续的，其插值函数可以采用有限元插值函数，不需要引入加强函数；第二类单元被裂缝贯穿，其位移场包含不连续，需要引入常规不连续函数作为加强函数；第三类单元，裂缝端部刚好进入单元内部，其位移场包含不连续，同时其应力-应变场还包含奇异点，需要引入非连续奇异函数作为加强函数。对于后两类单元，Moes and Belytschko[162]分别引入不同的加强函数。其中，对裂缝贯穿的单元，引入第二类 Heaviside 函数描述其不连续性质，即

$$H_2(x) = \begin{cases} -1 & \text{if} \quad x > 0 \\ +1 & \text{if} \quad x < 0 \end{cases} \tag{4-109}$$

对于第三类单元，即包含裂缝端部场的单元，须同时考虑不连续性和奇异性。对于线弹性断裂问题，一般采用线弹性断裂力学裂缝端部场的近场解来加强包含裂缝端部的有限单元的解，考虑裂缝端部近场解所包含的基函数，可采用如下一组加强函数[160,161]

$$[F_L(r,\ \theta)] = \left[\sqrt{r}\sin\left(\frac{\theta}{2}\right),\ \sqrt{r}\cos\left(\frac{\theta}{2}\right),\right.$$
$$\left.\sqrt{r}\sin\left(\frac{\theta}{2}\right)\sin\theta,\ \sqrt{r}\cos\left(\frac{\theta}{2}\right)\sin\theta\right] \quad (4-110)$$

其中 $(r,\ \theta)$ 为建立在裂纹端部的局部极坐标系，可以方便地转换到整体坐标系 $\boldsymbol{x}$ 中。对于内聚性裂纹问题，裂纹端部场不再奇异，Moes and Belytschko[162] 建议根据内聚性裂纹模型的形式选取如下一种作为裂纹端部单元的加强函数。

$$[F_L(r,\ \theta)] = r\sin\left(\frac{\theta}{2}\right) \text{ or } r^{\frac{3}{2}}\sin\left(\frac{\theta}{2}\right) \text{ or } r^2\sin\left(\frac{\theta}{2}\right) \quad (4-111)$$

最终可得裂缝问题的扩展有限元法(X－FEM)的插值表达式为

$$\boldsymbol{u}^h(\boldsymbol{x}) = \sum_{I=1}^{NP}\phi_I(\boldsymbol{x})\boldsymbol{a}_I + \sum_{J\in NP_2}\boldsymbol{b}_J\phi_J H_2[f(\boldsymbol{x})]$$
$$+ \sum_{K\in NP_3}\phi_K\left[\sum_{L=1}^{NER}\boldsymbol{c}_K^L F_L(\boldsymbol{x})\right] \quad (4-112)$$

其中 NP_2 与 NP_3 分别为第二类单元和第三类单元所对应的节点集合，而

$$f(\boldsymbol{x}) = 0 \quad (4-113)$$

表示裂缝路径。式(4－112)称为 X－FEM 插值近似。

对于固体力学分析问题，根据略去体力的平衡方程以及边界条件，

推导可得其等价弱形式。即寻找位移场解

$$\{\boldsymbol{u} \in \mathcal{U} : \boldsymbol{u} = \bar{\boldsymbol{u}} \quad \text{on} \quad \Gamma_u\} \tag{4-114}$$

使得泛函

$$\int_{\Omega} \boldsymbol{\sigma}(\boldsymbol{u}) : \boldsymbol{\varepsilon}(\boldsymbol{v}) \mathrm{d}\Omega = \int_{\Gamma_t} \boldsymbol{t} \cdot \boldsymbol{v} \mathrm{d}\Gamma \quad \forall \quad \boldsymbol{v} \in \mathcal{U} \tag{4-115}$$

恒成立。其中 $\mathcal{U}$ 为运动容许位移场，其数学结构与实际位移场的结构有关，若实际位移场连续，可取连续场，若实际位移场间断或者奇异，容许场也应该随做相应的改变。考虑小变形应变-位移关系与线性应力-应变关系，泛函式(4 - 115)化为

$$\int_{\Omega} \nabla^s(\boldsymbol{u}) : \mathbf{C} : \nabla^s(\boldsymbol{v}) \mathrm{d}\Omega = \int_{\Gamma_t} \boldsymbol{t} \cdot \boldsymbol{v} \mathrm{d}\Gamma \quad \forall \quad \boldsymbol{v} \in \mathcal{U} \tag{4-116}$$

考虑到 X - FEM 插值表达式(4 - 112)之后，上式化为

$$\int_{\Omega} \nabla^s(\boldsymbol{u}^h) : \mathbf{C} : \nabla^s(\boldsymbol{v}) \mathrm{d}\Omega = \int_{\Gamma_t} \boldsymbol{t} \cdot \boldsymbol{v} \mathrm{d}\Gamma \quad \forall \quad \boldsymbol{v} \in \mathcal{U}^h \tag{4-117}$$

其中近似解空间 $\mathcal{U}^h$ 不但包含各个节点常规位移自由度 $\{\boldsymbol{a}_I\}$，还包含加强函数所引入的广义自由度 $\{\boldsymbol{b}_J, \boldsymbol{c}_K^l\}$。后续的刚度矩阵组合求解等过程与常规有限元方法类似，只需注意加强函数引入的广义自由度即可。

上述加强函数方法的思路和过程不仅适用于对有限单元进行扩展，也可以直接应用于无网格方法等其他计算方法的拓展。

加强函数方法具有严格的数学基础(即单位分解条件)，同时与有限元法以及无网格方法等通用数值方法能够很好地结合，所以一经提出就为多数研究者所接受，广泛应用于实际结构的分析中。另一方面，加强函数方法也存在一些应用层面的问题，譬如在引入了不连续加强函数后，整个系统的数值积分精度迅速降低，要想得到准确的结果，需要在加强函数附近引入特殊的积分项策略，这不仅会影响数值分析的效率，同时也会影响数值系统的收敛性和稳定性。

4.4.2 界面单元方法

考虑包含界面的固体 Ω(图 4－3)，界面 S 代表位移场的不连续面，物理上可以是裂缝或者剪切带等厚度可以忽略的强非线性区。可采用界面 S 将整体区域 Ω 隔离成两部分，即 Ω^+ 和 Ω^-，分别建立固体问题的泛函，有

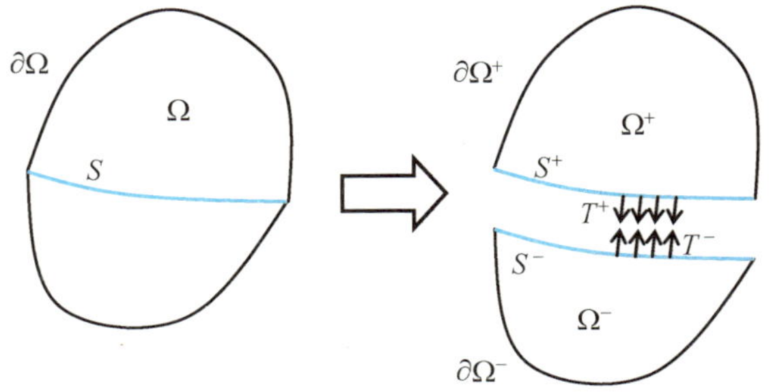

图 4－3　包含界面的固体

$$\int_{\Omega^+}\boldsymbol{\sigma}(\boldsymbol{u}):\boldsymbol{\varepsilon}(\boldsymbol{v})\mathrm{d}\Omega=\int_{\partial\Omega^+}\boldsymbol{t}\cdot\boldsymbol{v}\mathrm{d}\Gamma+\int_{S^+}\boldsymbol{T}^+\cdot\boldsymbol{v}^+\mathrm{d}\Gamma \quad (4-118)$$

$$\int_{\Omega^-}\boldsymbol{\sigma}(\boldsymbol{u}):\boldsymbol{\varepsilon}(\boldsymbol{v})\mathrm{d}\Omega=\int_{\partial\Omega^-}\boldsymbol{t}\cdot\boldsymbol{v}\mathrm{d}\Gamma+\int_{S^-}\boldsymbol{T}^-\cdot\boldsymbol{v}^-\mathrm{d}\Gamma \quad (4-119)$$

上面两式相加，有

$$\int_{\Omega}\boldsymbol{\sigma}(\boldsymbol{u}):\boldsymbol{\varepsilon}(\boldsymbol{v})\mathrm{d}\Omega=\int_{\partial\Omega}\boldsymbol{t}\cdot\boldsymbol{v}\mathrm{d}\Gamma+\int_{S^+}\boldsymbol{T}^+\cdot\boldsymbol{v}^+\mathrm{d}\Gamma+\int_{S^-}\boldsymbol{T}^-\cdot\boldsymbol{v}^-\mathrm{d}\Gamma \quad (4-120)$$

考虑到界面层的平衡条件，有 $\boldsymbol{T}=\boldsymbol{T}^+=-\boldsymbol{T}^-$，那么上式化为

$$\int_{\Omega}\boldsymbol{\sigma}(\boldsymbol{u}):\boldsymbol{\varepsilon}(\boldsymbol{v})\mathrm{d}\Omega+\int_{S}\boldsymbol{T}\cdot\boldsymbol{w}(\boldsymbol{v})\mathrm{d}\Gamma=\int_{\partial\Omega}\boldsymbol{t}\cdot\boldsymbol{v}\mathrm{d}\Gamma \quad (4-121)$$

其中 $\boldsymbol{w}(\boldsymbol{v})=\boldsymbol{v}^--\boldsymbol{v}^+$。

在能够求解上述系统之前，需要先确定界面层应力 $\boldsymbol{T}$ 的表达式。如果将界面层看作固体内部的裂缝，那么上述界面层的内应力可以由内聚裂缝模型（cohesive crack model）确定。

内聚裂缝模型的基本思路如图 4-4 所示，根据弹性断裂力学的解，其裂纹端部的应力趋于无穷，这在物理上是不可能的，所以裂缝的端部介于裂纹张开区域和线弹性固体区域之间，必然存在一个非线性区段，区段内的材料因为局部的损伤和断裂进入非线性（图 4-4a），进而使得应力降低到物理上的合理数值。为了简化，分析中将物理裂纹延伸到弹性区域边缘，称为数学裂纹（图 4-4b），然后将非线性区域内材料的内聚应力（cohesive stress）以外力的形式作用到裂缝端部区，就得到了内聚裂缝模型（cohesive crack model）。

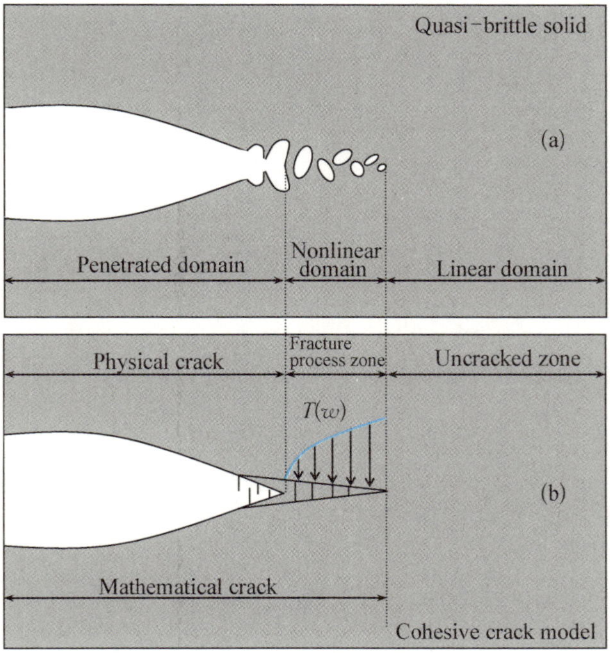

图 4-4　内聚裂缝模型

(a) 脆性固体的裂缝尖端；(b) 内聚裂缝模型

内聚裂缝模型中，内聚应力一般考虑为裂缝张开位移的函数

$$\boldsymbol{T} = \boldsymbol{T}[\boldsymbol{w}(\boldsymbol{u})] \tag{4-122}$$

其中裂缝张开位移 $\boldsymbol{w}(\boldsymbol{u}) = \boldsymbol{u}^{-} - \boldsymbol{u}^{+}$。

最早研究内聚裂缝模型是 Dugdale[163]。在最初的工作中，Dugdale 试图利用材料的非线性本构关系确定内聚应力的分布形式。对于金属材料，满足理想弹塑性假定，那么内聚应力沿着断裂作用区（fracture process zone）的分布形式为常数。Dugdale 据此解出了等效裂纹长度与等效应力强度因子的表达式，此工作在以后的几十年间被广泛地引用。之后，Barenblatt[164]从数学角度系统阐述了内聚裂缝模型的理论和应用，并把内聚应力沿着断裂作用区的分布形式当作内禀的材料性质以唯象的形式加以考虑。后来，Hillerborg[165]将断裂能的概念引入到内聚裂缝模型中，并针对混凝土等脆性材料提出了几类有用的内聚应力的分布函数。对于混凝土等材料，其内聚应力的分布一般取线性分布形式，有

$$f = f_u - kw \tag{4-123}$$

此处 $f = \boldsymbol{T} \cdot \boldsymbol{n}$ 和 $w = \boldsymbol{w} \cdot \boldsymbol{n}$ 分别为法向内聚应力和裂缝张开位移；f_u 为材料的抗拉强度。

材料的内聚性断裂能定义为 f - w 曲线下面包围的面积，对于线性模型，有 $G_c = \dfrac{f_u^2}{2k}$。

在式（4 - 121）中考虑内聚裂缝模型，有

$$\int_{\Omega} \boldsymbol{\sigma}(\boldsymbol{u}) : \boldsymbol{\varepsilon}(\boldsymbol{v}) \mathrm{d}\Omega + \int_{S} \boldsymbol{T}[\boldsymbol{w}(\boldsymbol{u})] \cdot \boldsymbol{w}(\boldsymbol{v}) \mathrm{d}\Gamma = \int_{\partial\Omega} \boldsymbol{t} \cdot \boldsymbol{v} \mathrm{d}\Gamma \tag{4-124}$$

上式左边两项具有类似的能量对偶形式，并具有统一的位移场 $\boldsymbol{u}$ 和试函

数场 $\boldsymbol{v}$，同时其积分区域可以划分到不重合的几个部分，那么可以考虑统一划分网格计算，对于固体部分的网格，采用第一项积分计算，对于界面部分的网格，采用第二项积分计算，两类网格可以直接组装到一起构成整体刚度矩阵，这就得到了内聚单元方法（cohesive element method），如图 4－5 所示。基于内聚单元方法，Xu and Needleman[166] 对固体中裂纹的快速动态扩展进行了数值模拟，为了考虑任意方向的裂缝扩展和分叉，Xu and Needleman 在有限元网格之中所有相邻的有限元之间均设置了内聚单元。后来，Camacho and Ortiz[167] 用类似的方法模拟了固体在冲击作用下的裂缝开展和破碎。上面两个工作使得人们意识到内聚单元的实用价值。由于内聚单元直接基于位移构造，所以单元计算中不需要利用位移场的梯度求解应变，这就大大提高了数值模拟的稳定性，更使得这类方法适用于多裂缝、裂纹分叉、固体破碎等强非线性问题，同时这类方法能够与传统的有限元方法很好地结合，其效率也非常高。当然，在使用内聚单元求解裂缝扩展问题的过程中，需要格外注意某些相关的稳定性问题[168]。

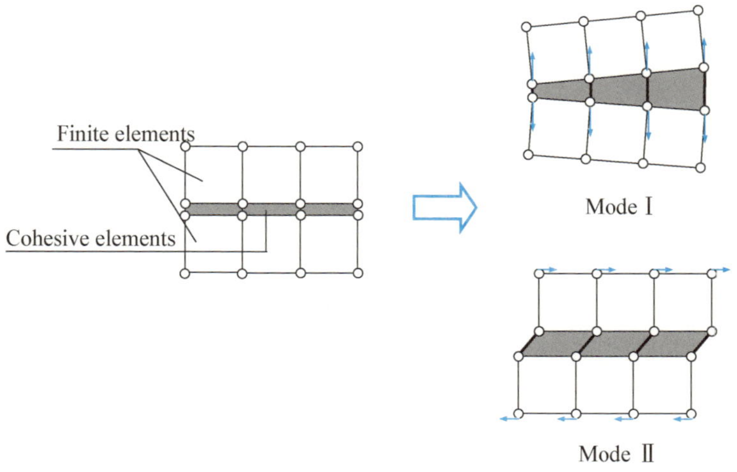

图 4－5　内聚单元方法

4.5 基于多尺度损伤模型的数值结果与尺寸效应

基于本章前面几节的讨论，我们就可以基于多尺度的视角，对结构进行多尺度损伤破坏的分析。本节希望借助一个数值分析算例来实现基于多尺度损伤模型的结构分析过程，验证本书模型的正确性和有效性，同时还将讨论数值尺寸效应的成因和影响。

考虑如图 4-6 所示素混凝土简支缺口梁试件，中部作用集中荷载。加载之后，开口角部先产生受拉裂缝并逐渐向梁顶部扩展，最后的梁截面整体断裂而破坏。整个受力过程由受拉断裂和破坏控制。该问题常用作混凝土损伤和破坏分析的基准问题(benchmark problem)，在试验方面[169]和数值分析方面[170]都有经典的研究结果供参照，所以本书以此模型作为数值算例。根据试验结果，本书在计算中，混凝土弹性模量取为 $E_0 = 30$ GPa，泊松比取 $\nu_0 = 0.2$，单轴抗拉强度取 $f_t = 3.33$ MPa，张开型断裂的断裂能取 $G_c = 124$ N/M。

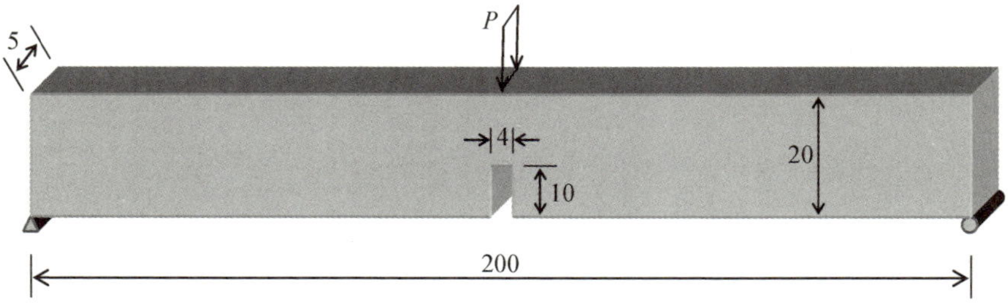

图 4-6 素混凝土开口梁试验(单位：厘米)

4.5.1 单元分析与尺寸效应

考虑如图 4-7 所示细观单元分析模型。固体处于二维受力状态，其中包含一条裂缝自中心开始扩展。数值模拟中采用内聚裂纹模型模拟裂纹的扩展，并且取线性分布内聚应力分布模型式(4-123)，同时不考虑裂纹以外固体的非线性。

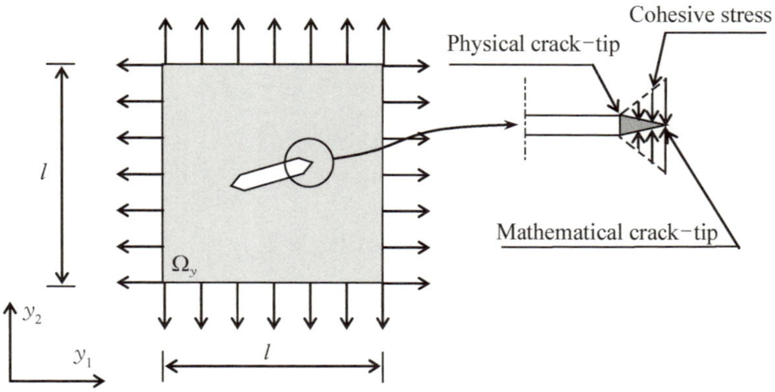

图 4-7　单元体分析模型

基于前面章节讨论的细观数值算法，首先模拟单元行为，可得不同加载阶段的应力-应变场。图 4-8 给出了不同阶段的竖向应力场的分布。从中可以明显地看出微裂缝的产生和扩展及其对固体内应力场的影响。基于计算得到的不同阶段的应力-应变场，利用多尺度能量传递定理，可以得到 Helmholtz 自由能势的演化，进而利用多尺度损伤表示

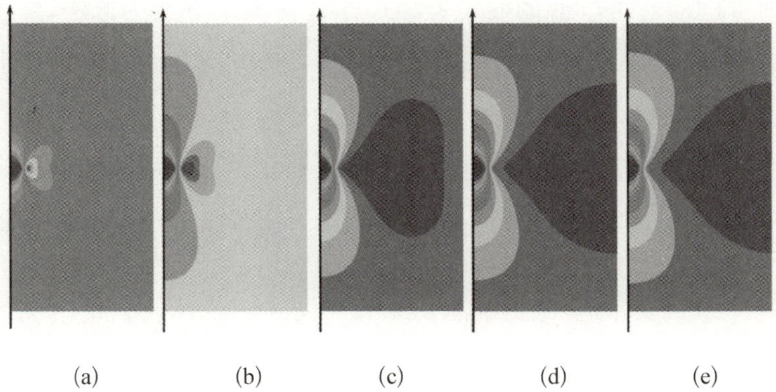

图 4-8　单元体不同加载阶段竖向应力云图

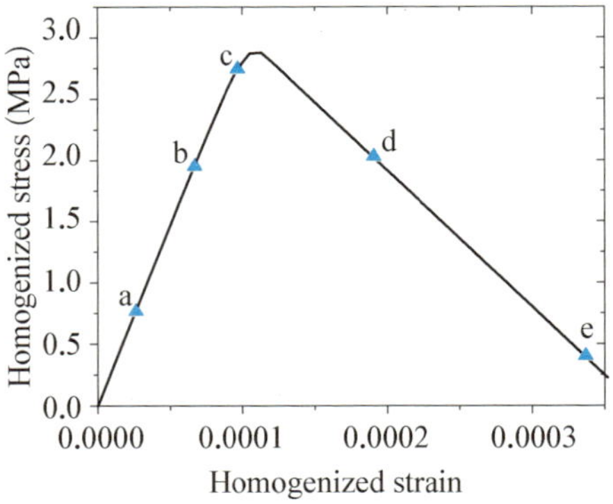

(a) 均匀化应力-应变

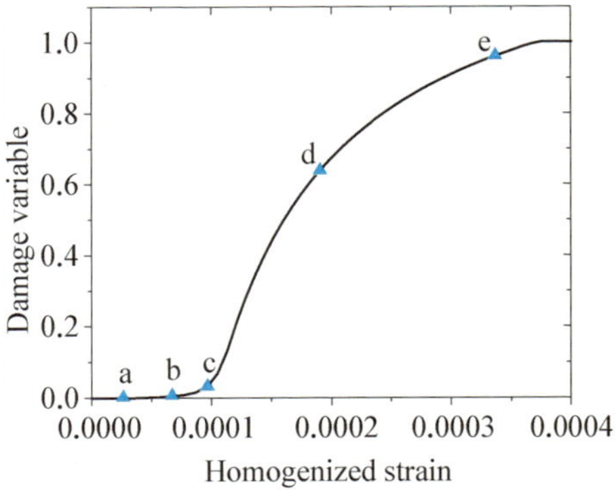

(b) 均匀化损伤演化

图 4-9　均匀化状态量

（图中 a、b、c、d 和 e 点与图 4-8 中 5 个应力状态一一对应）

理论得到损伤的演化，计算所得均匀化状态量的演化结果如图 4-9。

上述计算过程中，也可以灵活地考虑某些技巧。如果细观数值分析是基于加强函数方法进行的，那么能量积分表达式需要基于式(4-68)，分别考虑弹性基体内的体积分和沿着裂缝表面的面积分。如果细观数值分析采用界面单元方法，此时裂纹已经“弱化”到界面单元内，那么既可以根据式(4-68)分别计算体积分和面积分，也可以直接将界面单元内的积分直接考虑为体积分，同基体的体积分一同进行，此时需要借助非线性材料的多尺度能量传递公式(4-78)计算自由能的演化，同时不必单独考虑沿着裂纹面的面积分项。作者尝试了不同的方法，发现上述方法得到的能量及损伤演化都非常接近，但是直接利用非线性积分公式能够减少能量积分的计算量。

下面研究多尺度损伤演化的尺寸效应(size effect)。首先引入无量纲尺度参数 λ，定义为细观特征尺度 l_{mic} 与宏观特征尺度 l_{mac} 之比，有

$$\lambda = \frac{l_{\mathrm{mic}}}{l_{\mathrm{mac}}} \tag{4-125}$$

本书中细观特征尺度取单元的长度 l，宏观特征尺度取梁的截面高度 h，

于是无量纲参数的表达式化为

$$\lambda = \frac{l}{h} \tag{4-126}$$

变化单元的尺寸，进行多组数值试验，得到的均匀化状态量的演化曲线如图 4－10 所示。由图中结果可以看出，单元体的尺度对于均匀化状态量的演化有着很大的影响。这类尺寸效应产生的实质原因在于其中微裂缝所引入的内在材料尺度。实际上，对于不同尺度的单元体，其裂缝的性质是一致的，描述内聚裂缝的参数 f_t 和 G_c 并不会随着单元体尺度的变化而变化。然而，由于单元体所储存的应变能随着尺度的平方增长，但是其中裂缝扩展所耗散的能量却随着单元体的尺度线性增长，因此，随着单元体的增大，裂纹扩展耗散的能量中单元体内部应变能释放所占据的比例越来越大，而外力做功则越来越小。前面已经述及材料的均匀化性能是其外部表现，与外力做功直接相关。于是随着单元体的增大，均匀化应力-应变曲线逐渐缩小，最后甚至出现了反向跳回(snap-back)，即弹性能释放率高于裂缝开展的能量耗散率，外力必须做负功才能使整个系统能量平衡。图 4－10a 中就很好地体现了这种趋势。同时图 4－10b 中损伤演化也表现出了强烈的尺寸效应，随着单元体尺寸的

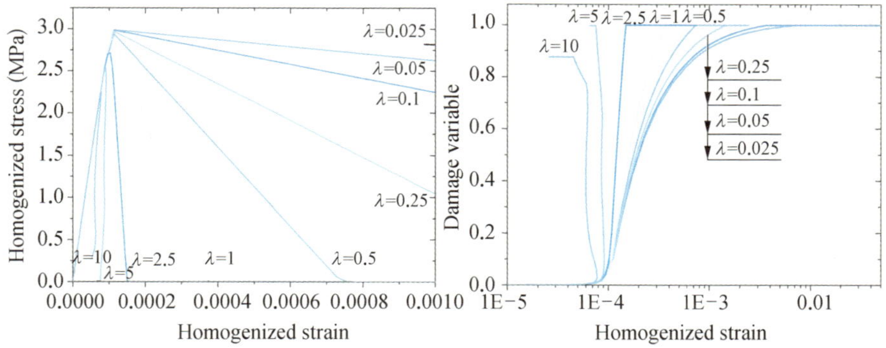

(a) 均匀化应力-应变　　(b) 均匀化损伤演化

图 4－10　均匀化状态量

增加，损伤演化趋前并且趋快。

均匀化状态量的尺度依赖性具有很强的规律性，如图 4 - 11 所示。对于峰值强度的尺度效应，可以用经典的尺寸效应公式加以考虑。Bazant[91]引入了如下半经验公式考虑峰值强度与试件尺寸之间的依赖性，有

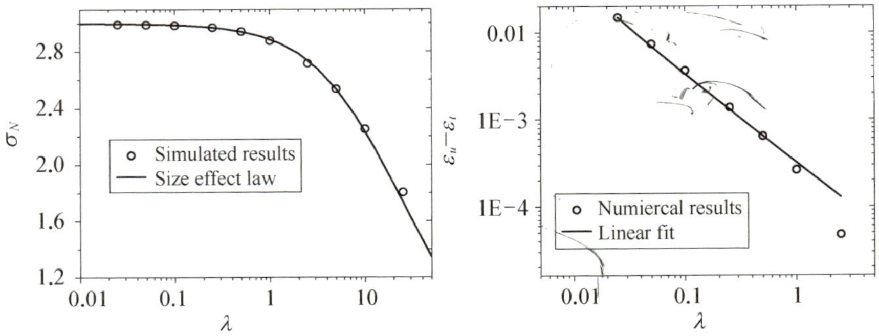

(a) 峰值强度的尺寸效应　　(b) 断裂应变的尺寸效应

图 4 - 11　网格依赖性

$$\sigma_N = \frac{Bf_t}{\sqrt{1+\beta}}, \beta = \frac{l}{l_0} \tag{4-127}$$

其中 σ_N 为名义强度，具有尺度相关性，l 为试件的尺寸；B 与 l_0 为与尺度效应有关的材料参数。由尺寸效应的公式(4 - 127)可以看出，当试件的尺度 $l \to 0$ 时，名义强度趋近于实际强度，试件趋于强度破坏；当试件尺度 $l \to \infty$ 时，名义强度与 $l^{-\frac{1}{2}}$ 成正比，这与线弹性断裂力学的结论一致。强度破坏与线弹性断裂破坏的过渡部分，是非线性断裂力学的控制区域，使得不同的破坏模式之间实现了平滑的过渡。图 4 - 11a 中本书数值结果的尺度依赖性与 Bazant 经典尺寸效应的结果非常吻合。将试件均匀化应力峰值所对应的均匀化应变定义为均匀化峰值应变 ε_t，将试件均匀化应力降为 0 时所对应的均匀化应变定义为均匀化断裂应变

ε_u。将二者之差 $\varepsilon_u - \varepsilon_t$ 作为应变指标考察均匀化应变的尺度依赖性，结果如图 4 - 11b 所示。由于目前还没有成熟的描述应变尺寸效应的公式，所以本书只简单地取对数坐标系中的线性拟合公式描述应变的尺度依赖性。

4.5.2　结构分析与网格敏感性

由细观分析结果得到了损伤演化曲线之后，就可以代入连续损伤理论，进行结构层面的非线性分析。但是由于尺寸效应的影响，我们得到了一簇与单元体尺寸相关的损伤演化曲线，如图(4 - 10b)。在进行结构模拟之前，我们需要先寻求尺度相关的损伤演化与结构非线性数值模拟的对应关系。另一方面，对于某些材料组成的结构，其数值分析带有明显的网格依赖性，即不同的有限元网格得到的数值模拟结果有着很大的区别，同时随着结构有限元网格的细化，结构分析的结果并不会趋于收敛。传统观点认为，造成这种网格敏感性的原因是宏观数值模拟的过程中忽略了材料特征尺度的影响。为了考虑特征尺度的影响，研究者提出了梯度相关理论与非局部化理论。这部分内容在第 1 章中我们已经做了简要的回顾。本章提出的多尺度损伤理论为网格敏感性问题的解决提供了另外的思路。前面的讨论中已经指出，均匀化状态量的行为依赖于单元体的几何尺度，而结构分析的结果依赖于有限元网格的尺度。此时如果在细观单元体的尺度与结构分析网格的尺度之间建立对应关系，那么就可以将细观分析中考虑的裂缝扩展的尺度不变性直接传递到宏观结构分析中，从而消除宏观结构分析的网格敏感性。

考虑图 4 - 12 中的结构分析网格与单元体。结构分析中，我们在积分点处考虑材料的本构关系，那么积分点实际上代表了积分点周围的一个代表性体积 Ω_I 内材料的整体行为。根据本书建立的多尺度损伤模型，结构分析中要在积分点处代入由细观分析得到的宏观损伤演化，那么这里的损伤演化所代表的并不是积分点处一点的材料行为，而是积分点所对应的材料单元体的整体行为。此时由于材料的均匀化行为是具有尺度依赖性的，即不同的体积的材料的整体行为是不一样的。为了保持细观分析与宏观分析结果的一致性，需规定积分点所对应的宏观材料体积与细观单元体在几何尺度上具有对应关系，即 $d \approx V^{\frac{1}{3}}$，此时就能够避免宏观结构分析的网格依赖性。

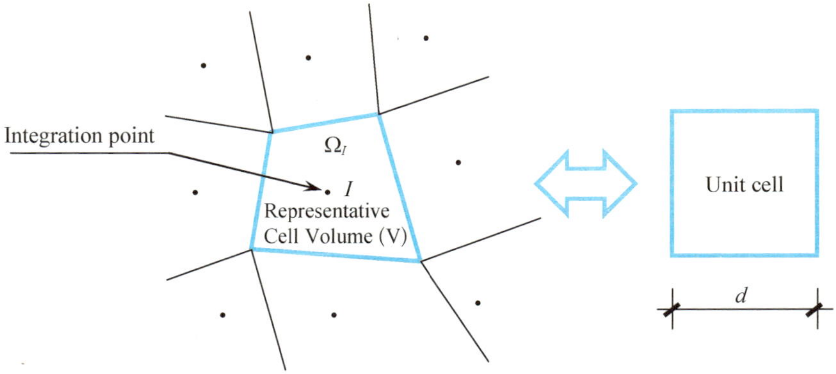

图 4-12　结构分析网格与单元体

上述宏观网格与细观单元体的对应关系也会带来一些应用层面上的问题。在结构分析中，我们通常对结构划分非均匀网格，特别是几何形态比较复杂的结构，其网格的密度可能差别很大，如果直接引入宏观网格与细观单元体的一致性，那么就需要针对不同几何尺寸的单元体做大量的细观数值模拟，这无疑增加了分析的计算量。另一方面，前面的讨论中已经述及，单元体虽然具有网格依赖性，但是这种依赖性具有极强的规律性。因此，可以通过数值试验拟合出表征损伤演化的尺度依赖性的尺度变换关系，然后用拟合得到的解析公式换算不同尺度的网格所对应的损伤演化。对于这里的数值分析问题，可以看出，在大部分尺度范围内，损伤演化可以由三段式函数表示，有

$$d(\varepsilon)=\begin{cases}0 & \varepsilon\leqslant\varepsilon_t\\ 1-\dfrac{\sigma_N}{E_0\varepsilon}\left[1-\dfrac{E_0\varepsilon-\sigma_N}{E_0(\varepsilon_u-\varepsilon_t)}\right] & \varepsilon_t<\varepsilon\leqslant\varepsilon_u\\ 1 & \varepsilon>\varepsilon_u\end{cases}\tag{4-128}$$

其中名义强度 σ_N 的尺度相关性可由式(4－127)得出，而应变参数 $\varepsilon_u-\varepsilon_t$ 尺度相关性可以采用图 4－11b 中结果在对数坐标下的线性拟合表示。式(4－128)给出了尺度相关的多尺度损伤演化表达式。

根据上面思路，采用尺度相关损伤演化进行结构模拟。有限元网格如图 4－13，采用稀疏、中等和细密三组网格进行结构模拟。采用前述双标量损伤本构关系模型，由于本例子中结构并没有发生受压破坏，所以计算中冻结受压损伤演化。由于整体结构的行为存在明显的软化，所以结构层面采用弧长(arch-length)法进行求解。如果未考虑尺度相关损伤演化，即对于不同的有限元网格采用相同的损伤演化曲线，得到的结构模拟结果如图 4－14a 所示，随着有限元网格的细分，模拟结果呈现出很大的变化，并且不会趋于收敛，这是

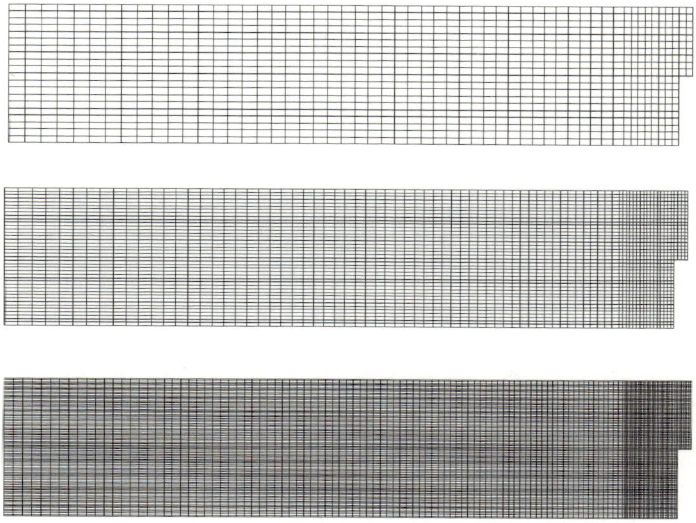

图 4－13　半结构有限元网格：稀疏、中等与细密网格

典型的网格不稳定相关结果。如果考虑尺度相关损伤演化，对于不同的网格细分，取与网格尺度相搭配的损伤演化结果，所得结果如图 4-14b，网格相关性基本去除，同时趋于渐近收敛。结构的轴向应力与轴向应变云图如图 4-15 所示，从云图中可以看出，虽然我们在宏观结构分析中并没有直接考虑裂缝的产生和发展，但是由于我们采用了基于细观微裂缝扩展得到的宏观损伤演化，所以宏观结构的结果还是能明显地看到裂缝端部应力集中和裂缝扩展所引起的变形集中。

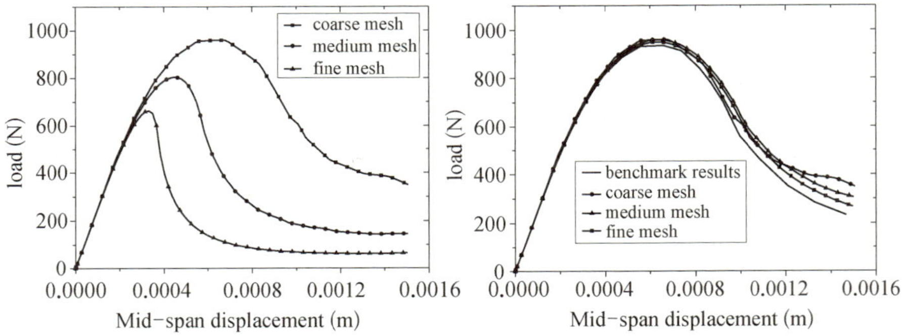

(a) 未考虑尺度相关损伤演化　　(b) 考虑尺度相关损伤演化

图 4-14　荷载位移曲线

(a) 轴向应力

(b) 轴向应变

图 4-15　应力-应变云图

4.6 多尺度随机损伤演化

前已述及，混凝土由于其复杂的细观结构，以及在成型过程中所经历的复杂的物理化学变化，其力学行为存在着典型的随机性质。这种随机性在不同的尺度也有着不同的表现：在细观尺度，混凝土的随机性主要表现为材料缺陷与材料强度分布的随机性；而在宏观尺度，则表现为损伤的随机性演化。本节基于前面章节提出的基于能量的多尺度损伤表示理论，研究混凝土的随机性在不同尺度之间的非线性传递规律。

4.6.1 细观随机性的表示

4.6.1.1 随机向量

N_r 维随机向量由 N_r 个随机变量组成，有

$$\boldsymbol{\Theta} = (\Theta_1, \Theta_2, \cdots, \Theta_{N_r}) \tag{4-129}$$

随机向量的一维密度函数 f_r 和分布函数 F_r 的关系为

$$F_r(\theta) = P(\Theta_r < \theta) = \int_{-\infty}^{\theta} f_r(x)\mathrm{d}x \tag{4-130}$$

随机向量的二维密度函数 f_{rs} 和分布函数 F_{rs} 的关系为

$$\begin{aligned} F_{rs}(\theta_1, \theta_2) &= P(\Theta_r < \theta_1 \cap \Theta_s < \theta_2) \\ &= \int_{-\infty}^{\theta_1}\int_{-\infty}^{\theta_2} f_{rs}(x_1, x_2)\mathrm{d}x_2\mathrm{d}x_1 \end{aligned} \tag{4-131}$$

随机向量的 N_r 维完全密度函数 $f_{\boldsymbol{\Theta}}$ 与完全分布函数 $F_{\boldsymbol{\Theta}}$ 为

$$F_{\boldsymbol{\Theta}}(\boldsymbol{\theta}) = F_{\boldsymbol{\Theta}}(\theta_1, \theta_2, \cdots, \theta_{Nr}) = P(\Theta_1 < \theta_1, \Theta_1 < \theta_2, \cdots, \Theta_{N_r} < \theta_{N_r})$$

$$=\int_{-\infty}^{\theta_1}\int_{-\infty}^{\theta_2}\cdots\int_{-\infty}^{\theta_{N_r}} f_{\boldsymbol{\Theta}}(x_1, x_2, \cdots, x_{N_r})$$

$$\mathrm{d}x_1\mathrm{d}x_2\cdots\mathrm{d}x_{N_r}=\int_{\Omega_\Theta} f_{\boldsymbol{\Theta}}(\boldsymbol{x})\mathrm{d}\boldsymbol{x} \tag{4-132}$$

上述低维密度函数和分布函数都可以由高维函数通过边缘分布积分得到。同时,除了一维函数所表征的随机变量各自的性质之外,高维分布所表征的随机变量的相关特征是随机向量中最重要的部分。

在实际应用中,还引入期望函数和协方差函数来表征随机向量的特征,分别定义为

$$\mathrm{E}[\Theta_r]=\int_{-\infty}^{+\infty} x f_r(x)\mathrm{d}x \tag{4-133}$$

$$\mathrm{cov}(\Theta_r, \Theta_s)=\int_{-\infty}^{+\infty}\int_{-\infty}^{+\infty}\{x_1-\mathrm{E}[\Theta_r]\}\{x_2-\mathrm{E}[\Theta_s]\}$$

$$f_{rs}(x_1, x_2)\mathrm{d}x_1\mathrm{d}x_2 \tag{4-134}$$

4.6.1.2 随机场

若随机变量直接与连续的空间或时间坐标相联系,所构成的随机变量集合一般定义为随机场,表示为

$$\Theta=\Theta(\boldsymbol{x}) \tag{4-135}$$

随机场的一维密度函数和分布函数为

$$F(\theta; \boldsymbol{x})=P[\Theta(\boldsymbol{x})<\theta]=\int_{-\infty}^{\theta} f(t; \boldsymbol{x})\mathrm{d}t \tag{4-136}$$

二维分布函数和密度函数为

$$F(\theta_1, \theta_2; \boldsymbol{x}_1, \boldsymbol{x}_2)=P[\Theta(\boldsymbol{x}_1)<\theta_1 \cap \Theta(\boldsymbol{x}_2)<\theta_2]$$

$$=\int_{-\infty}^{\theta_1}\int_{-\infty}^{\theta_2} f(t_1, t_2; \boldsymbol{x}_1, \boldsymbol{x}_2)\mathrm{d}t_2\mathrm{d}t_1 \tag{4-137}$$

根据随机场的一维和二维密度函数，可以定义均值函数与自协方差函数为

$$\mu(\boldsymbol{x}) = \mathrm{E}[\Theta(\boldsymbol{x})] = \int_{-\infty}^{+\infty} t f(t;\ \boldsymbol{x})\mathrm{d}t \tag{4-138}$$

$$\begin{aligned} C(\boldsymbol{x}_1,\ \boldsymbol{x}_2) &= \mathrm{cov}[\Theta(\boldsymbol{x}_1),\ \Theta(\boldsymbol{x}_2)] \\ &= \int_{-\infty}^{+\infty}\int_{-\infty}^{+\infty}[t_1 - \mu(\boldsymbol{x}_1)][t_2 - \mu(\boldsymbol{x}_2)] \\ &\quad f(t_1,\ t_2;\ \boldsymbol{x}_1,\ \boldsymbol{x}_2)\mathrm{d}t_1\mathrm{d}t_2 \end{aligned} \tag{4-139}$$

显然，随机场包含无穷不可数个随机变量，直接针对随机场进行建模和分析是很困难的。另一方面，根据泛函分析中对于希尔伯特空间结构的讨论[171]，希尔伯特空间具有特征函数结构，即可以利用希尔伯特空间的特征函数来对其中随机函数进行表征，这种表征具有很好的逼近性，同时其系数特征函数的系数向量构成欧几里德空间。对于上述随机场空间和随机向量空间，同样可以基于泛函空间的性质建立二者的关系，由此得到的随机场表示称为 Karhunen-Loeve（K - L）分解[172]。根据 K - L 分解，随机场可以表示为如下展开形式

$$\Theta(\boldsymbol{x}) = \mu(\boldsymbol{x}) + \sum_{n=1}^{\infty} \sqrt{\lambda_n}\zeta_n\phi_n(\boldsymbol{x}) \tag{4-140}$$

其中 ζ_n 是一系列相互独立的随机变量。特征值 λ_n 和特征函数 $\phi_n(x)$ 为下述第二类 Fredholm 积分方程的解，有

$$\int_{-\infty}^{+\infty} C(\boldsymbol{x}_1,\ \boldsymbol{x}_2)\phi_n(\boldsymbol{x}_1)\mathrm{d}\boldsymbol{x}_1 = \lambda_n\phi_n(\boldsymbol{x}_2) \tag{4-141}$$

在某些特定的条件下，上述积分方程有解析解，这里讨论实际中经常采用的一类解。对于一维平稳随机场，其一维和二维密度函数可表示为

$$\begin{cases} f(\theta;\ x) = f(\theta) \\ f(\theta_1,\ \theta_2;\ x_1,\ x_2) = f(\theta_1,\ \theta_2;\ |x_2 - x_1|) \end{cases} \tag{4-142}$$

此时随机场的均值函数与坐标无关，而自协方差函数只与相对坐标有关，有

$$\begin{cases}\mu(x)=\mu \\ C(x_1,\ x_2)=C(|\ x_2-x_1\ |)\end{cases} \tag{4-143}$$

对于指数型自谱方差函数 $C(\tau)=e^{c\tau}$，积分方程式(4-141)存在如下解析解[173]

$$\begin{cases}\lambda_n=\dfrac{2c}{\omega_n^2+c^2} \\ \lambda_n^*=\dfrac{2c}{\omega_n^{*2}+c^2}\end{cases}\quad \begin{cases}\phi_n(x)=\dfrac{\cos(\omega_n x)}{\sqrt{a+\dfrac{\sin(2\omega_n a)}{2\omega_n}}} \\ \phi_n^*(x)=\dfrac{\cos(\omega_n^* x)}{\sqrt{a-\dfrac{\sin(2\omega_n^* a)}{2\omega_n^*}}}\end{cases} \tag{4-144}$$

其中 ω_n 和 ω_n^* 是下述方程组的第 n 对解

$$\begin{cases}c-\omega\tan(\omega a)=0 \\ \omega^*+c\tan(\omega^* a)=0\end{cases} \tag{4-145}$$

其中 a 是随机场长度的一半，而 c 表示随机场的相关长度。此时，随机场可以采用其特征值和特征向量展开为如下形式

$$\begin{aligned}\Theta(x)&=\mu+\sum_{n=1}^{\infty}\left[\sqrt{\lambda_n}\zeta_n\phi_n(x)+\sqrt{\lambda_n^*}\zeta_n^*\phi_n^*(x)\right] \\ &\approx\mu+\sum_{n=1}^{N}\left[\sqrt{\lambda_n}\zeta_n\phi_n(x)+\sqrt{\lambda_n^*}\zeta_n^*\phi_n^*(x)\right]\end{aligned} \tag{4-146}$$

此时包含无穷多个随机变量的随机场 $\Theta(x)$ 可以由独立随机向量 $\boldsymbol{\theta}=(\zeta_1,\ \zeta_2,\ \cdots,\ \zeta_N,\ \zeta_1^*,\ \zeta_2^*,\ \cdots,\ \zeta_N^*)$ 表示。

4.6.2 非线性随机系统的求解

随机分析的主体内容是随机系统的求解，即在已知随机输入和随机

系统参数的情况下，求解系统随机的输出。多尺度随机损伤演化问题是一个典型非线性随机系统求解的问题，即在已知随机的材料细观性能的情况下，求解随机的宏观损伤演化。这里拟采用李杰、陈建兵近年来发展的概率密度演化方法[174-176]求解多尺度随机损伤演化。概率密度演化方法的核心在于对概率守恒的认识[177]，而概率守恒的概念奠定了采用概率密度描述求解非线性系统的理论基础。

由概率守恒的随机事件描述可导出广义密度演化方程。不失一般性，考虑下面随机系统

$$\dot{\boldsymbol{X}}=\boldsymbol{A}(\boldsymbol{X},\ \boldsymbol{\Theta};\ t)\quad \boldsymbol{X}(t_0)=\boldsymbol{X}_0 \tag{4-147}$$

其中 $\boldsymbol{A}(\cdot)$ 是确定性算子，可以是线性算子或非线性算子；$\boldsymbol{X}=(X_1,\ X_2,\ \cdots,\ X_n)$ 是描述随机系统状态的向量；而 N_r 维随机向量 $\boldsymbol{\Theta}=(\Theta_1,\ \Theta_2,\ \cdots,\ \Theta_{N_r})$ 描述了系统的随机性，可以是随机激励，也可以是随机参励。此处我们采用随机向量来描述系统的随机性，对于随机场则可以采用 K-L 分解表示为随机向量。随机系统式(4-147)的形式解可以表示为

$$\boldsymbol{X}=\boldsymbol{H}(\boldsymbol{\Theta};\ t) \tag{4-148}$$

同样地，系统的状态变量变化率的形式解为

$$\dot{\boldsymbol{X}}=\dot{\boldsymbol{H}}(\boldsymbol{\Theta};\ t)=\boldsymbol{h}(\boldsymbol{\Theta};\ t) \tag{4-149}$$

此时可知由于随机向量 $\boldsymbol{\Theta}=(\Theta_1,\ \Theta_2,\ \cdots,\ \Theta_{N_r})$ 的作用，状态向量 $\boldsymbol{X}=(X_1,\ X_2,\ \cdots,\ X_n)$ 也是一个随机向量。

业已证明，向量 $(\boldsymbol{X},\ \boldsymbol{\Theta})$ 的联合概率密度函数 $f_{\boldsymbol{X\Theta}}(\boldsymbol{x},\ \boldsymbol{\theta};\ t)$ 满足方程[178]

$$\frac{\partial f_{\boldsymbol{X\Theta}}(\boldsymbol{x},\ \boldsymbol{\theta};\ t)}{\partial t}+\boldsymbol{h}(\boldsymbol{\theta};\ t)\cdot\frac{\partial f_{\boldsymbol{X\Theta}}(\boldsymbol{x},\ \boldsymbol{\theta};\ t)}{\partial \boldsymbol{x}}=0 \tag{4-150}$$

对应的初始条件

$$f_{\boldsymbol{X\Theta}}(\boldsymbol{x},\ \boldsymbol{\theta};\ t_0)=\delta[\boldsymbol{x}-\boldsymbol{H}(\boldsymbol{\theta};\ t_0)]f_{\boldsymbol{\Theta}}(\boldsymbol{\theta}) \tag{4-151}$$

如果每次只考虑一个状态变量的概率密度分布，那么式(4-150)降为一维偏微分方程，有

$$\frac{\partial f_{X_l\boldsymbol{\Theta}}(x_l,\ \boldsymbol{\theta};\ t)}{\partial t}+h_l(\boldsymbol{\theta};\ t)\frac{\partial f_{X_l\boldsymbol{\Theta}}(x_l,\ \boldsymbol{\theta};\ t)}{\partial x_l}=0\quad l=1,\ 2,\ \cdots,\ n \tag{4-152}$$

在给定初始条件下，求解上述方程并引入全概率积分公式，就可以求出所关心的状态变量的概率密度分布，有

$$f_{\mathbf{X}}(\boldsymbol{x};\ t)=\int_{\Omega_{\Theta}}f_{\mathbf{X}\boldsymbol{\Theta}}(\boldsymbol{x},\ \boldsymbol{\theta};\ t)\mathrm{d}\boldsymbol{\theta} \tag{4-153}$$

式(4-150)与式(4-152)称为广义密度演化方程(GDEE)，它从概率密度演化的角度给出了随机系统统一的描述。只要求解得到系统状态变量的速度演化 $\boldsymbol{h}(\boldsymbol{\theta};\ t)$，就可以根据广义密度演化方程求解系统的随机响应。

4.6.3 数值分析模型及结果

考虑随机细观单元模型如图4-16所示，为了简化分析和计算，对单元作出如下假定：

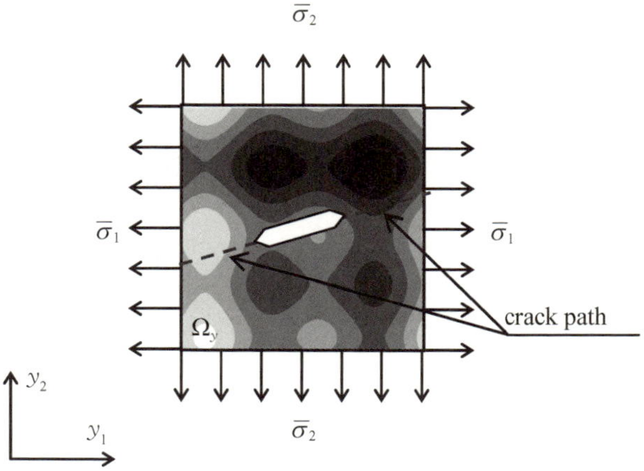

图4-16 随机细观单元体

(1) 单元基体为各向同性弹性材料，其弹性模量 E_0 和泊松比 ν_0 为确定性变量；

(2) 单元中裂缝采用内聚裂缝模型描述，内聚裂缝的断裂能 $G_c(\boldsymbol{y})$ 在单元所在空间内构成平稳随机场；

(3) 单元体内最多包含一条裂缝，裂缝从单元体中心开始产生，并且沿着直线扩展。

由上面假定可以看出，单元的随机性是由其断裂能 $G_c(\boldsymbol{y})$ 所引入的，对于二维分析问题，其断裂能本质上是一个二维随机场。另一方面，我们又假定了裂缝沿着直线扩展，实际上只有裂缝所在直线上的断裂能影响单元体模拟的结果，所以断裂能随机场可以简化为一维随机场 $G_c(y)$。再假定其具有指数型相关结构，就可以利用前面得到随机场展开解析表达式获得随机场的表示。

至此具备了进行多尺度随机损伤演化分析的所有工具，分析的基本步骤如下：

(1) 在随机向量 $\boldsymbol{\Theta}$ 的分布空间中选取代表点 Ω_{Θ}，并计算代表点所对应的赋得概率。分布空间的代表点表示为 $\boldsymbol{\theta}_I=(\theta_{I1},\theta_{I2},\cdots,\theta_{IN_r})$ $I=1,2,\cdots,N_{sel}$，其中 N_{sel} 为代表点的总数。代表点所对应的赋得概率为 $p_I=\int_{V_I}p_{\Theta}(\boldsymbol{\theta})\mathrm{d}\boldsymbol{\theta}$, $I=1,2,\cdots,N_{sel}$，其中 V_I 是代表点 $\boldsymbol{\theta}_I$ 的代表体积。陈建兵和李杰[179]详细讨论了代表点集的性质和选取方法。

(2) 对于每个代表点 $\boldsymbol{\theta}_I=(\theta_{I1},\theta_{I2},\cdots,\theta_{IN_r})$ $I=1,2,\cdots,N_{sel}$，生成对应的单元。每个单元都具有相同的尺寸和弹性材料性质，只有断裂能随机场由不同的代表点 $\boldsymbol{\theta}_I$ 表示。

(3) 基于适当的数值方法，对单元体问题进行数值模拟，得到加载全过程的应力-应变场和微裂缝演化。然后根据多尺度能量传递定理计算 Helmholtz 自由能势的演化，进而根据多尺度损伤表示计算损伤的演化，最后根据损伤的演化计算损伤的发展速率。同时也可以根据均匀化应力-应变的公式计算均匀化应力-应变的演化以及对应的速率演化。

(4) 根据广义密度演化方程和全概率积分，计算损伤、应力和应变等状态量的概率密度演化。

在本书中，所取算例的细观单元体模型参数如下：弹性模量 $E_0 = 30$ GPa，泊松比 $\nu_0 = 0.2$，断裂能均值 $\mu(G_c) = 124$ N/m，断裂能方差 STD $(G_c) = 0.1\mu(G_c)$，断裂能一维分布取为对数正态分布，随机场相关长度 $c = 0.1$。

根据数值分析结果，可考察单元内部应力场的变化。如图 4－17 为一个单元样本的竖向应力云图。从图中可以看出，由于断裂能随机场

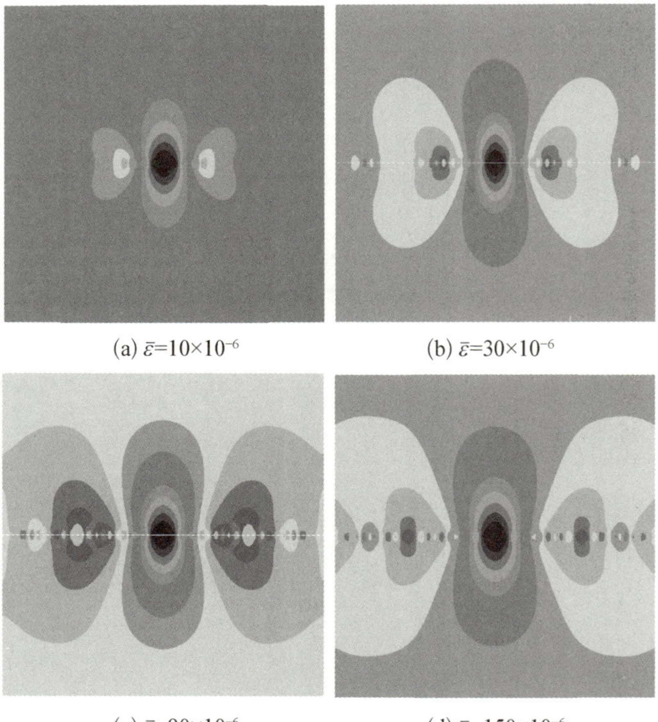

(a) $\bar{\varepsilon}=10\times10^{-6}$　(b) $\bar{\varepsilon}=30\times10^{-6}$

(c) $\bar{\varepsilon}=90\times10^{-6}$　(d) $\bar{\varepsilon}=150\times10^{-6}$

图 4－17　不同加载阶段随机细观单元体样本竖向应力云图

的引入,应力随空间坐标的变化不再平滑,而是具有了某些振荡。图 4-18与图 4-19 分别给出了均匀化应力随机演化与损伤随机演化的数值结果。这些结果清晰地表现了细观尺度随机性对宏观尺度行为的影响。细观上均匀的随机性,由于非线性系统的传递,宏观上表现出了很强的非均匀性,宏观状态量的随机演化常常体现出集中、扩展又集中的趋势。

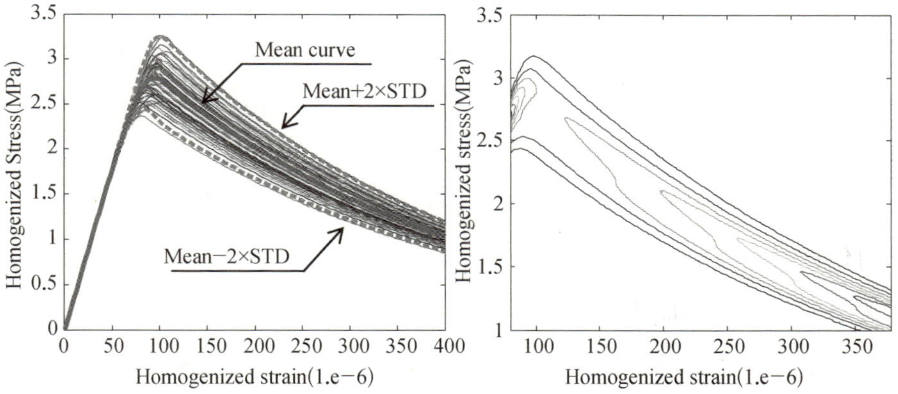

(a) 样本轨道　　(b) 概率密度流

图 4-18　均匀化应力随机演化

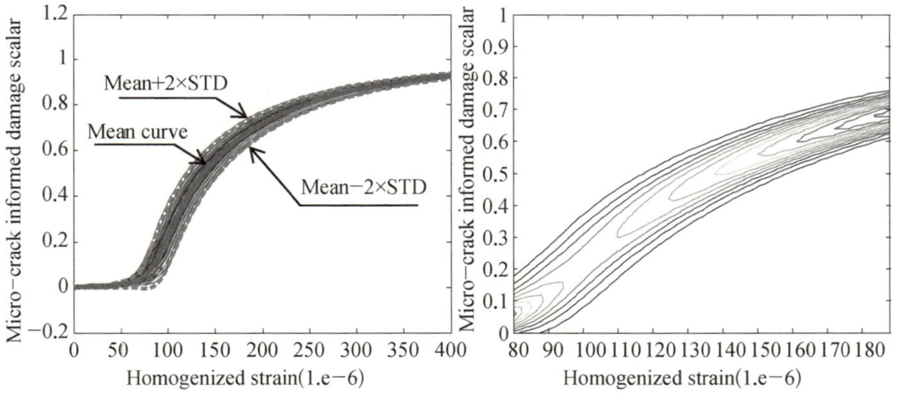

(a) 样本轨道　　(b) 概率密度流

图 4-19　损伤随机演化

4.7 本章小结

本章从经典均匀化理论出发，基于不可逆热力学理论，建立了联系细观尺度与宏观尺度的多尺度能量积分，再结合经典连续损伤理论，初步建立了基于细观微结构计算宏观连续损伤变量的一般方法体系，即多尺度损伤表示理论。该理论将多尺度分析方法与传统连续损伤力学紧密结合在一起，在此基础上建立的数值算法既能够从细观和宏观两个尺度上反映整体结构的损伤和破坏过程，同时数值模拟的计算量也能够控制在合理的范围内。本章的创新主要体现在三个方面：首先，从摄动均匀化理论与散度定理两个方面推导了多尺度能量积分的表达式，并引入大变形条件下的应力-应变表达式对其适用范围进行了推广；其次，结合多尺度能量积分和经典连续介质损伤理论，初步建立了多尺度损伤表示理论；第三，将多尺度损伤理论应用于实际结构的分析，从细观和宏观两个尺度考察结构的性能，同时基于数值分析结果讨论了尺寸效应及其对数值分析结果的影响。

第5章 动力多尺度损伤的初步研究

通过前面的研究，我们初步建立起了静力多尺度损伤的基本体系，从微观裂缝出发，得到宏观损伤的演化并进行宏观结构的分析与模拟，并且在原则上也能够以第 2 章所述的动力拓展方式处理动力损伤的问题。但是，由静力损伤到动力损伤的拓展，目前还是基于唯象方法，以类似于 Perzyna 粘塑性模型的方式完成的，而要实现完全的动力多尺度损伤的建模和分析，就需要考察细观的动态断裂系统。当然，动力断裂系统的行为异常复杂，现有的研究才刚刚起步，鲜有获得广泛承认的定量结果。所以本章在梳理前人研究的基础上，对动力断裂系统进行了初步的研究和探索，得到了一些初步的结果，试图从细观的角度探索应变率效应形成的物理机理。

5.1 断裂动力学

基于与静力断裂系统类似的方式，断裂动力学将动力断裂问题仍旧考虑为连续体内部包含平滑裂缝的模式，同时引入惯性项考虑动力效应。在固体惯性作用下，外力作用传递到裂缝端部需要一个波动传播过程，即便在固体边界处施加最理想的 Heaviside 函数形式荷载，其经过传播以后作用到裂纹的端部，也会导致裂缝端部的应力强度因子随着时间不断变化，不再是常数。另一方面，固体中裂纹开始扩展以后，不可避免地会扰动周围的固体产生应力波，此时的应力波动反过来又会对裂纹的扩展产生影响。如何在连续介质力学的框架内考虑上面两个方面的影响，是断裂动力学研究的主体内容，经过几十年的研究，已经形成了较为系统的理论[180,181]。

5.1.1 静态裂纹问题

首先考虑最简单的情形，即弹性固体中包含静态的裂缝，但是承受动力荷载的情形。显然这类问题可以用弹性波动方程描述[182]。这里考虑平面波动方程，引入 Lame 势函数 $\varphi(x, y, t)$ 与 $\phi(x, y, t)$，有

$$\begin{cases} u_x(x, y, t) = \dfrac{\partial \varphi}{\partial x} + \dfrac{\partial \phi}{\partial y} \\ u_y(x, y, t) = \dfrac{\partial \varphi}{\partial y} - \dfrac{\partial \phi}{\partial x} \end{cases} \tag{5-1}$$

由应变位移关系与胡克定律，可以求得应力的表达式

$$\begin{cases} \sigma_{xx} = \lambda \nabla^2 \varphi + 2\mu \left(\dfrac{\partial^2 \varphi}{\partial x^2} + \dfrac{\partial^2 \phi}{\partial x \partial y} \right) \\ \sigma_{yy} = \lambda \nabla^2 \varphi + 2\mu \left(\dfrac{\partial^2 \varphi}{\partial y^2} - \dfrac{\partial^2 \phi}{\partial x \partial y} \right) \\ \sigma_{xy} = \mu \left(2 \dfrac{\partial^2 \varphi}{\partial x \partial y} - \dfrac{\partial^2 \phi}{\partial x^2} - \dfrac{\partial^2 \phi}{\partial y^2} \right) \end{cases} \tag{5-2}$$

Lame 势函数满足波动方程

$$\begin{cases} \nabla^2 \varphi = \dfrac{1}{c_1^2} \dfrac{\partial^2 \varphi}{\partial t^2} \\ \nabla^2 \phi = \dfrac{1}{c_2^2} \dfrac{\partial^2 \phi}{\partial t^2} \end{cases} \tag{5-3}$$

其中

$$\begin{cases} c_1 = \sqrt{\dfrac{\lambda + 2\mu}{\rho}} \\ c_2 = \sqrt{\dfrac{\mu}{\rho}} \end{cases} \tag{5-4}$$

分别为固体的压缩波速和剪切波速。而 λ 与 μ 为 Lame 常数，ρ 为固体密度。对于反平面问题，以位移 u_z 作为基本未知量，应力分量为

$$\begin{cases} \sigma_{xz} = \mu \dfrac{u_z}{x} \\ \sigma_{yz} = \mu \dfrac{u_z}{y} \end{cases} \tag{5-5}$$

u_z 满足波动方程

$$\nabla^2 u_z = \frac{1}{c_2^2} \frac{\partial^2 u_z}{\partial t^2} \tag{5-6}$$

Sih 等人[183]得到了平面 I、II、III 型裂缝在无穷远处承受冲击响应的解析解。范天佑[181]将其求解的基本过程归结为，首先用拉普拉斯变换消去时间变量，继而用傅立叶变换消去一个空间变量，使得偏微分方程转化为常微分方程，求解常微分方程并用边界条件确定未知函数，就得到最终的解。

考虑无限平面内包含一条裂缝，如图 5-1 所示。裂纹全长 $L = 2a$，半长 $l = a$；坐标系建立在裂纹中心，x 轴与裂纹平行。裂缝上下表面承

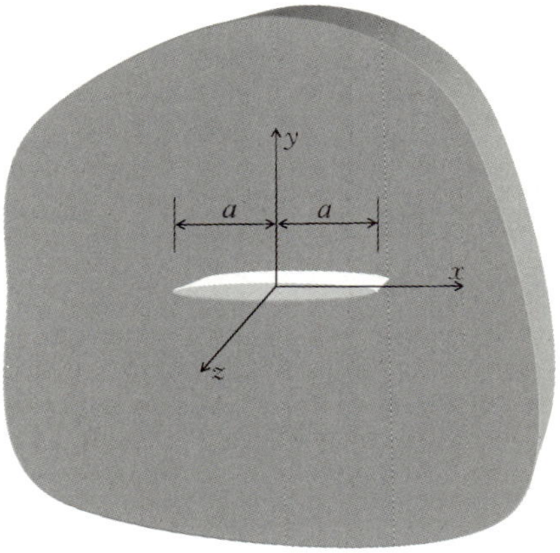

图 5-1 无限平面中的贯通裂缝

受冲击荷载作用，根据作用方式的不同，分为 I、II 和 III 型断裂问题，下面将分别给出各型断裂的解和主要结论。

对于 I 型(张开型)断裂问题，由于对称性，可以只考虑上半平面，其对应的边界条件为

$$\begin{cases} \sigma_{yy}(x,\ 0,\ t) = -\sigma_0 f(t),\ \sigma_{xy}(x,\ 0,\ t) = 0,\ |x| < a,\ t > 0 \\ u_y(x,\ 0,\ t) = 0,\ \sigma_{x,\ y}(x,\ 0,\ t) = 0,\ |x| > a,\ t > 0 \\ \boldsymbol{\sigma}(x,\ y,\ t) \to 0,\ \sqrt{x^2 + y^2} \to \infty,\ t > 0 \end{cases} \tag{5-7}$$

其中，σ_0 为动力加载的幅值；$f(\cdot)$ 为动力加载的时程函数。

假定物体初始处于静止状态，对应初始条件为

$$\begin{cases} u_x(x,\ y,\ 0) = 0,\ \left.\dfrac{\partial u_x(x,\ y,\ t)}{\partial t}\right|_{t=0} = 0 \\ u_y(x,\ y,\ 0) = 0,\ \left.\dfrac{\partial u_y(x,\ y,\ t)}{\partial t}\right|_{t=0} = 0 \end{cases} \tag{5-8}$$

利用拉普拉斯变换和傅立叶变换[181]，可得应力强度因子的解

$$K_I(t) = M_I(t)K_I^S = M_I(t)\sigma_0\sqrt{\pi a} \tag{5-9}$$

$K_I^S = \sigma_0\sqrt{\pi a}$ 为静态应力强度因子。

动力强度因子的时程函数可表示为拉普拉斯逆变换如下

$$M_I(t) = \frac{1}{2\pi i}\int_{c-i\infty}^{c+i\infty} f^*(p)\Phi_1^*(1,\ p)e^{pt}\mathrm{d}p \tag{5-10}$$

其中 c 为材料的特征波速,此处可取为面波波速。函数

$$f^*(p) = \int_0^\infty f(t)e^{-pt}\mathrm{d}t \tag{5-11}$$

为 $f(t)$ 的拉普拉斯变换。

函数 $\Phi_1^*(\xi,\ p)$ 可由下面积分方程求出

$$\Phi_1^*(\xi,\ p) + \int_0^1 K_1(\xi,\ \eta,\ p)\Phi_1^*(\eta,\ p)\mathrm{d}\eta = \sqrt{\xi} \tag{5-12}$$

积分方程的核函数 $K_1(\xi,\ \eta,\ p)$ 为

$$K_1(\xi,\ \eta,\ p) = \sqrt{\xi\eta}\int_0^\infty s\left[f_1\left(\frac{s}{a},\ p\right) - 1\right]J_0(s\xi)J_0(s\eta)\mathrm{d}s \tag{5-13}$$

其中 $J_0(\cdot)$ 为 0 阶贝塞尔函数,而函数 $f_1\left(\frac{s}{a},\ p\right)$ 即 $f_1(s,\ p)$,表示为

$$f_1(s,\ p) = \frac{1}{2s\gamma_1\left(1 - \frac{c_2}{c_1}\right)}\left\{\left[2s^2 + \left(\frac{p}{c_2}\right)^2\right]^2 - 4s^2\gamma_1\gamma_2\right\}\left(\frac{c_2}{p}\right)^2 \tag{5-14}$$

其中 γ_1 与 γ_2 为

$$\begin{cases} \gamma_1 = \sqrt{s^2 + \left(\dfrac{p}{c_1}\right)^2} \\ \gamma_2 = \sqrt{s^2 + \left(\dfrac{p}{c_2}\right)^2} \end{cases} \tag{5-15}$$

对于 II 型与 III 型断裂，需要将边界条件中裂缝上下表面的作用项转化为

$$\begin{cases} \sigma_{xy}(x,\ 0,\ t) = -\tau_1 g(t),\ \sigma_{yy}(x,\ 0,\ t) = 0,\ |x| < a,\ t > 0,\ \text{Mode II} \\ \sigma_{yz}(x,\ 0,\ t) = -\tau_2 h(t),\ |x| < a,\ t > 0,\ \text{Mode III} \end{cases} \tag{5-16}$$

采用与 I 型断裂类似的处理过程，可得其表达式与 I 型断裂基本一致，只有式(5-13)中 $f(\cdot)$ 函数的表达式不同，对于 II、III 型断裂，分别为

$$\begin{cases} f_2(s,\ p) = \dfrac{\gamma_1}{\gamma_2} f_1(s,\ p) \quad \text{Mode II} \\ f_3(s,\ p) = \dfrac{\gamma_2}{s} \quad \text{Mode III} \end{cases} \tag{5-17}$$

采用数值方法计算上述一系列方程，可得动态应力强度因子。

考虑最简单的情形，取动力加载时程函数为 Heaviside 函数 $H(t)$(图 5-2)，其拉普拉斯变换为 $1/p$，代入上面公式进行计算，最终可得动态应力强度因子。Heaviside 型荷载作用下 I、II 与 III 型断裂的应力强度因子计算结果如图 5-3。由这一数值结果可以看出，动态荷载作用下，裂缝端部的应力强度因子呈现出复杂的变化过程。

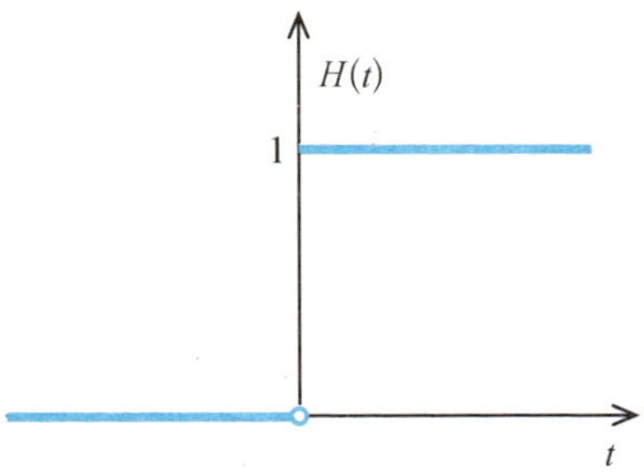

图 5-2 Heaviside 函数

由于 Heaviside 函数后面是平稳段，所得动态应力强度因子也平稳地趋于静态应力强度因子。但是由于初始的冲击作用，动态应力强度因子的初始上升段可使其超过静态应力强度因子的数值。有关数值分析的结果表明[181]，对于有限边界动态断裂问题，由于边界对波动的反射，使得其应力强度因子呈现出更加复杂的变化过程，其数值可能上升到静态应力强度因子的 5—10 倍。

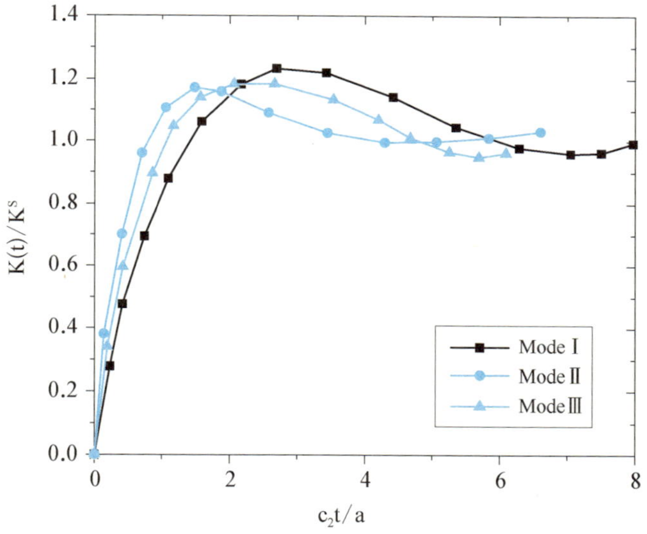

图 5 - 3　Heaviside 型荷载作用下动态强度因子

5.1.2　裂纹动态扩展问题

对于动态裂纹扩展问题，目前数学上有解的，大多为裂纹匀速扩展问题。1951 年，Yoffe[184]得到了动态断裂的第一个解，虽然数学上来看这个解仅考虑了极特殊的情况，但是后来的研究证明其中某些结论对一般的动态断裂问题均是适用的。Yoffe 考虑在平面无限弹性介质中，有一个长度为 $2a$ 的裂缝，沿着主轴方向以常速度 $V =$ const 作匀速移动。在固体中建立两个坐标系，一个为固定坐标系

(x_1, y, t)，另一个为随着裂缝一起移动的坐标系(x, y, t)，两个坐标系之间的换算为

$$\begin{cases} x = x_1 - Vt \\ y = y \end{cases} \tag{5-18}$$

上述坐标变换采用了绝对时间 t，物理上称之为伽利略变换。根据上述坐标转换，在固定坐标系中建立的弹性波动方程(5-3)可以转化为移动坐标系内的拉普拉斯方程组，有

$$\begin{cases} \dfrac{\partial^2 \varphi}{\partial x^2} + \dfrac{\partial^2 \varphi}{\partial y_1^2} = 0 \\ \dfrac{\partial^2 \phi}{\partial x^2} + \dfrac{\partial^2 \phi}{\partial y_2^2} = 0 \end{cases} \tag{5-19}$$

式中

$$\begin{cases} y_1 = \alpha_1 y \\ y_2 = \alpha_2 y \end{cases} \tag{5-20}$$

而

$$\begin{cases} \alpha_1 = \sqrt{1 - \dfrac{V^2}{c_1^2}} \\ \alpha_2 = \sqrt{1 - \dfrac{V^2}{c_2^2}} \end{cases} \tag{5-21}$$

在运动坐标系中，其对应的边界条件为

$$\begin{cases} \sigma_{xy}(x,\ 0) = 0 & -\infty < x < \infty \\ \sigma_{yy}(x,\ 0) = -\sigma_0 & |\, x \,| < a \\ u_y(x,\ 0) = 0 & |\, x \,| > a \\ \sigma \to 0 & \sqrt{x^2 + y^2} \to \infty \end{cases} \tag{5-22}$$

考虑稳态传播问题，这里不需要初始条件。

Yoffe 利用傅立叶变换，解得上述方程的解为

$$\begin{cases}\varphi(x,\ y_1) = \dfrac{2}{\pi}\displaystyle\int_0^\infty A_1(s)\cos(sx)e^{-\alpha_1 sy}\,\mathrm{d}s \\ \varphi(x,\ y_2) = \dfrac{2}{\pi}\displaystyle\int_0^\infty A_2(s)\sin(sx)e^{-\alpha_1 sy}\,\mathrm{d}s\end{cases} \tag{5-23}$$

待定函数 A_1 与 A_2 为

$$\begin{cases}A_1(s) = (1+\alpha_2^2)^2\,\dfrac{A(s)}{sM_2^2} \\ A_2(s) = -2\alpha_1\,\dfrac{A(s)}{sM_2^2}\end{cases} \tag{5-24}$$

式中 $M_2 = V/c_2$，而函数

$$A(s) = \frac{\pi\sigma_0 M_2^2}{2\mu s[4\alpha_1\alpha_2-(1+\alpha_2^2)^2]}J_1(as) \tag{5-25}$$

式中，$J_1(\cdot)$ 为第一类贝塞尔函数。

Yoffe 得到上述解答的时代，断裂力学的体系还没有完整地建立起来，某些断裂特征量的概念当时还没有建立起来。后来，Freund 根据 Yoffe 的解答，推导得到了断裂能及其释放率的表达式[185-187]。其中，动态裂纹的应变能为

$$U = \frac{\alpha_1(\alpha_2^2-1)}{(1-\nu)[(1+\alpha_2^2)^2-4\alpha_1\alpha_2]}\,\frac{1-\nu^2}{E}\pi a^2\sigma_0^2 \tag{5-26}$$

其动态断裂能释放率

$$G_I(V) = \frac{1}{2}\,\frac{\partial U}{\partial a} = A(V)\,\frac{1-\nu^2}{E}[K_I^S(V)]^2 \tag{5-27}$$

其中 $K_I^S(V)$ 为裂纹拟静态扩展条件下的断裂能释放率，而 $A(V)$ 为裂

纹速度因子，其表达式为

$$A(V)=\begin{cases}\dfrac{\alpha_1(\alpha_2^2-1)}{(1-\nu)[(1+\alpha_2^2)^2-4\alpha_1\alpha_2]} & \text{plane strain}\\[2ex] \dfrac{(1-\nu)\alpha_1(\alpha_2^2-1)}{(1+\alpha_2^2)^2-4\alpha_1\alpha_2} & \text{plane stress}\end{cases} \tag{5-28}$$

式(5-27)虽然是针对特殊情况得到的结论，但是Freund认为它对于更一般的情况仍然成立。

考虑式(5-26)与式(5-27)，其分母中均包含$[(1+\alpha_2^2)^2-4\alpha_1\alpha_2]$项，令其趋近于0可使得裂纹扩展的能量和释放率均趋近于无穷大，那么此时对应的速度就为裂纹的极限速度。另一方面，对应于式(5-26)的极限状态方程

$$(1+\alpha_2^2)^2-4\alpha_1\alpha_2=\left(2+\frac{V^2}{c_2^2}\right)^2-4\left(1+\frac{V^2}{c_1^2}\right)^{\frac{1}{2}}\left(1+\frac{V^2}{c_2^2}\right)^{\frac{1}{2}}=0 \tag{5-29}$$

同时为瑞雷波速c_R的定义方程，由此可知，裂纹的极限速度V_c即为固体的瑞雷波速c_R。

动态扩展裂纹的解告诉我们，无论加载速度如何升高，裂纹的扩展速度是有上限的，这里给出的上限预测值为瑞雷波速c_R。这就从物理上解释了动力加载条件下裂缝扩展的滞后效应：如果裂纹扩展速率已经达到上限值，那么提高加载速度并不能对应地提高裂纹扩展速率。试想对试件加载到相同的控制位移，显然高速加载所需要的时间要少于低速加载，此时若低速加载情况下对应的裂纹扩展速率也已经达到了极限裂纹扩展速率，即低速加载情况与高速加载情况所对应的裂纹速率一样，那么高速加载对应的裂纹尖端就会滞后于低速加载的裂纹尖端。

5.1.3　断裂动力学的局限

断裂动力学的理论基础仍然是连续介质理论，在对裂缝的分析中引入了惯性力的影响，得到了某些特定情况下的解析解，同时建立了动态应力强度因子以及裂纹极限速度的概念，这些对于动态断裂的研究有着重要的意义。另一方面，在考虑了惯性效应之后，包含裂缝的波动场的分析变得异常复杂，所以目前所得到的解析解都是针对非常特殊的加载条件和裂缝构型，比如固定裂缝和匀速扩展裂缝，对于非匀速扩展的裂缝，目前还没有好的处理方法，这是断裂动力学框架内所具有的局限性。

随着研究的进一步深入，人们发现断裂动力学的局限性并不仅仅体现在框架之内，其理论框架本身的局限性也渐渐凸显出来。后续的试验研究表明，断裂动力学的框架体系可能并没有反应动态断裂的物理实质。断裂动力学预测的裂纹极限速率为瑞雷波速 c_R，然而高精度的脆性固体断裂试验[188,189]却发现，动态裂纹在其传播速度达到 $(0.34 \pm 0.02)c_R$ 时已经失去稳定性。此时固体的断裂面不再平滑，裂缝端部的持续分叉使得断裂面变得粗糙，并最终形成局部区域内的粗糙劈裂带。此时裂纹扩展的速率也由平稳转化为振荡。在 Fineberg 等人试验[188,189]的基础上，研究者[190,191]倾向于认为这种动态裂纹失去稳定性之后所表现出的不连续性和不稳定性才是动态断裂的物理实质。而这些因素是不能够采用断裂动力学直接描述的。所以，近年来对于动态断裂和损伤的细观研究大多基于离散建模的数值方法。

5.2　动力断裂数值模拟

为了探求动力作用下材料损伤和破坏的物理机制，需要将研究转向细观,研究动力作用下材料细观结构的变化。此时,需要考虑材料的细观非均匀结构、细观强度的随机性、动力断裂行为、荷载施加方式等众多因素,很难以解析方法作为基本工具获得定量结果,所以,近年来的研究大多基于数值模拟。另一方面,前一节已经述及,动态断裂的物理实质不能够通过连续介质力学直接体现,因此在数值建模的过程中,就需要引入某些离散性或者物理上称之为"量子性",来描述动态断裂的非连续非光滑性质。

5.2.1 分子动力学方法

固体微观结构中,具有量子性的尺度就是原子或者分子尺度。在这个尺度上模拟的固体运动最常用的方法是分子动力学(MD)方法。经过 50 多年的发展,分子动力学方法已经趋于成熟,近年来计算机和计算技术的飞速进步又进一步促进了分子动力学方法的应用。目前这一类方法被广泛应用于物理、化学、材料以及生物等领域。

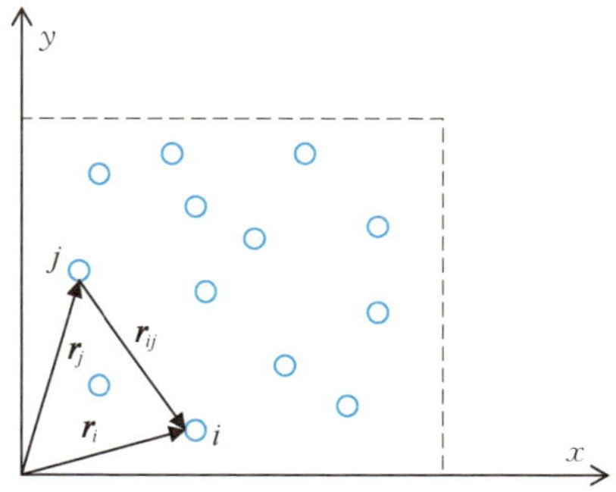

图 5-4 笛卡尔坐标系中的分子动力系统

经典分子动力学中,分子(原子)组成的物质系统被简化为质点系统(图 5-4)。具有 N 个质点的运动微分方程可以用拉格朗日函数 L 表示为如下形式[192]:

$$\frac{\mathrm{d}}{\mathrm{d}t}\frac{\partial L}{\partial \dot{\boldsymbol{r}}_i}-\frac{\partial L}{\partial \boldsymbol{r}_i}=0,\quad i=1,\,2,\,\cdots,\,N \tag{5-30}$$

拉格朗日函数 L 可以表示成系统动能函数 T 和系统势能函数 U 之差,即

$$L=T-U \tag{5-31}$$

系统的动能可表示为各个质点的动能之和，有

$$T=\sum_{i=1}^{N}\frac{m_i\dot{\boldsymbol{r}}_i^2}{2} \tag{5-32}$$

而系统的势能可以表示为质点位置的函数，有

$$U=U(\boldsymbol{r}_1,\ \boldsymbol{r}_2,\ \cdots,\ \boldsymbol{r}_N) \tag{5-33}$$

将式(5－32)和式(5－33)代入式(5－31)可得拉格朗日函数表达式

$$L=\sum_{i=1}^{N}\frac{m_i\dot{\boldsymbol{r}}_i^2}{2}-U(\boldsymbol{r}_1,\ \boldsymbol{r}_2,\ \cdots,\ \boldsymbol{r}_N) \tag{5-34}$$

上式代入拉格朗日方程(5－30)，整理可得经典分子动力学运动方程如下

$$m_i\ddot{\boldsymbol{r}}_i=-\frac{\partial U(\boldsymbol{r}_1,\ \boldsymbol{r}_2,\ \cdots,\ \boldsymbol{r}_N)}{\partial \boldsymbol{r}_i}=\boldsymbol{F}_i,\quad i=1,\ 2,\ \cdots,\ N \tag{5-35}$$

其中 $\boldsymbol{F}_i$ 是周围原子作用到原子 i 上的合力。

除了拉格朗日方程，分子动力系统还可以用哈密顿对偶方程表示。前者适合于跟踪系统中原子运动的详细信息，而后者则适合于求系统中所有原子的平均信息[192]。定义哈密顿量为系统的总能量，有

$$\begin{aligned}H&=(\boldsymbol{r}_1,\ \boldsymbol{r}_2,\ \cdots,\ \boldsymbol{r}_N;\ \boldsymbol{p}_1,\ \boldsymbol{p}_2,\ \cdots,\ \boldsymbol{p}_N)\\&=\sum_{i=1}^{N}\frac{\boldsymbol{p}_i^2}{2m_i}+U(\boldsymbol{r}_1,\ \boldsymbol{r}_2,\ \cdots,\ \boldsymbol{r}_N)\end{aligned} \tag{5-36}$$

其中 $\dot{\boldsymbol{p}}_i=m_i\dot{\boldsymbol{r}}_i$ 为第 i 个原子的动量。

保守系统的哈密顿对偶方程为[193]

$$\begin{cases}\dot{\boldsymbol{r}}_i=\dfrac{\partial H}{\partial \dot{\boldsymbol{p}}_i}\\[2ex]\dot{\boldsymbol{p}}_i=-\dfrac{\partial H}{\partial \dot{\boldsymbol{r}}_i}\end{cases} \tag{5-37}$$

由上面的理论框架可以看出，分子间作用力需要由势函数 U 确定，因此势函数的确定就成为分子动力学体系的关键。但是，由于原子之间存在着复杂的量子效应，所以势函数确定过程与方法十分的复杂，某些时候甚至依赖于经验。

势函数的一般表达式如下[192]：

$$U(\boldsymbol{r}_1, \boldsymbol{r}_2, \cdots, \boldsymbol{r}_N) = \sum_i V_1(\boldsymbol{r}_i) + \sum_{i, j>i} V_2(\boldsymbol{r}_i, \boldsymbol{r}_j) + \sum_{i, j>i, k>j} V_3(\boldsymbol{r}_i, \boldsymbol{r}_j, \boldsymbol{r}_k) \tag{5-38}$$

其中 V_1 为一体势函数，代表外加力场（诸如重力场或静电场）形成的势能；V_2 为二体势函数，又称为对势函数，主要考虑原子间距离变化对储存势能的影响；V_3 为三体势函数，主要考虑矢径间角度变化对储存势能的影响。对于本书需要考虑的问题，即动态断裂问题，第一项和第三项的影响较小，通常可以忽略，以往的研究一般只考虑的第二项，即对势函数的影响。

在早期的研究中，Ashurst 和 Hoover[194]最早将固体模拟为原子点阵（图 5-5），进而引入分子动力学方法（MD）模拟固体的动态断裂。后来，Abraham 等人利用大型并行计算机系统建立了分子动力学模型，系

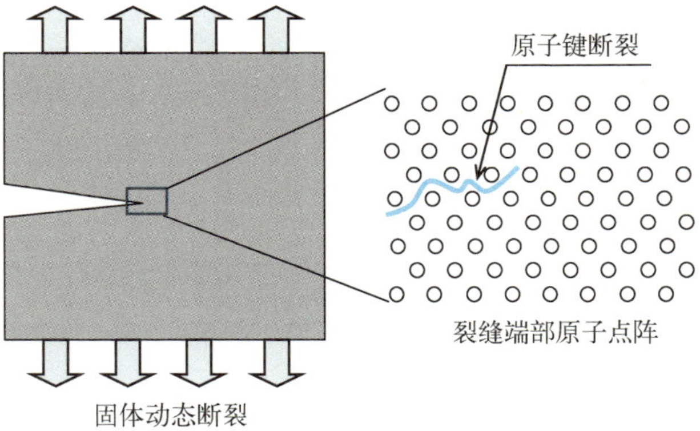

图 5-5　动态断裂的分子动力学模型

统研究了动态断裂问题[195,196]。在模拟中，Abraham 等人采用了分子动力学中最常用的 Lennard-Jones 对势函数[197,198]，简写为 LJ 势，表示为

$$V(r) = 4\varepsilon\left[\left(\frac{\sigma}{r}\right)^{12} - \left(\frac{\sigma}{r}\right)^{6}\right] \tag{5-39}$$

其中 $r = | \boldsymbol{r}_i - \boldsymbol{r}_j |$ 为原子间的距离。

式(5-39)中 $\frac{1}{r^{12}}$ 项模拟原子间的斥力，而 $\frac{1}{r^{6}}$ 项模拟原子间的引力。LJ 势函数广泛用于气体和脆性固体的模拟。

2006 年，Buehler 和 Gao 基于分子动力学模型，系统研究了单一材料裂缝端部的超弹性对动态断裂的影响[199,200]。Buehler 和 Gao 将原子间的超弹性作用考虑为两段形式，那么对应的势函数取为

$$V(r) = \begin{cases} \dfrac{2}{2k_1(r - r_1)^2} & \text{if} \quad r < r_{on} \\ a_2 + \dfrac{2}{2k_1(r - r_2)^2} & \text{if} \quad r \geqslant r_{on} \end{cases} \tag{5-40}$$

其中

$$\begin{cases} a_2 = \dfrac{2}{2k_1(r_{on} - r_1)^2} - \dfrac{2}{2k_1(r_{on} - r_2)^2} \\ r_2 = \dfrac{r_{on} + r_1}{2} \end{cases} \tag{5-41}$$

在本质上，分子动力学体系中并没有直接包含应变的概念，对于分子动力学模拟的固体体系，Buehler 和 Gao 对某个原子处对应的 Cauchy-Green 应变采用下式估计

$$b_{ij} = \frac{1}{3r_1^2}\sum_{k=1}^{N}(x_i^l - x_i^k)(x_j^l - x_j^k) \tag{5-42}$$

其中，$k=1, 2, \cdots, N$ 表示遍历该原子所对应的所有紧邻原子。

基于上述过程，利用分子动力学模拟方法可以得到固体材料动态断裂行为的某些重要特征，如：在一定的动力作用下，固体中的裂缝扩展呈现出不稳定特征，开始出现分叉，与此同时，裂纹扩展的速度和能量释放过程都不再是时间的平滑函数，而是表现出显著的波动；其二，动态裂纹扩展的速率存在明显的上限值，到达上限值之后，加载速率的提升不再使裂纹的扩展速率提高；其三，裂缝端部的非线性区域对动态裂纹扩展有显著的影响。

事实上，分子动力学方法属于微观-细观层次的模拟方法。即使对于单一的匀质材料，这类方法也具有较大的局限性。由于固体中包含的原子数量非常之大，尽管当今的大型计算机系统已经具有惊人的计算能力，但目前仍不能对很小尺寸的固体进行直接的分子动力学模拟，所建立的模型不论是在时间尺度上还是在空间尺度上都做了伸缩处理，并不能与实际的固体直接对等，由此得出的结论只能用于定性研究，不能得出定量的结论。

5.2.2 内聚单元方法

在上一章中我们已经详细介绍了内聚单元方法的基本思路和理论。1999 年，Xu 和 Needleman[166] 最早采用内聚单元方法模拟固体的动态断裂问题。在这类模型中，首先对固体进行有限元离散，划分得到的有限元称为体积单元(volumetric element)。与传统有限元不同的是，体积单元之间并没有共用的节点，而是相互独立的，在邻近的体积单元之间插入内聚单元(cohesive element)作为体积单元的连接，同时作为裂缝可能的路径(图 5-6)。

基于内聚单元模型，Xu 和 Needleman 在数值模拟的基础上，得到了关于动力断裂的一些重要结论：第一，动力加载过程中，裂缝扩展速

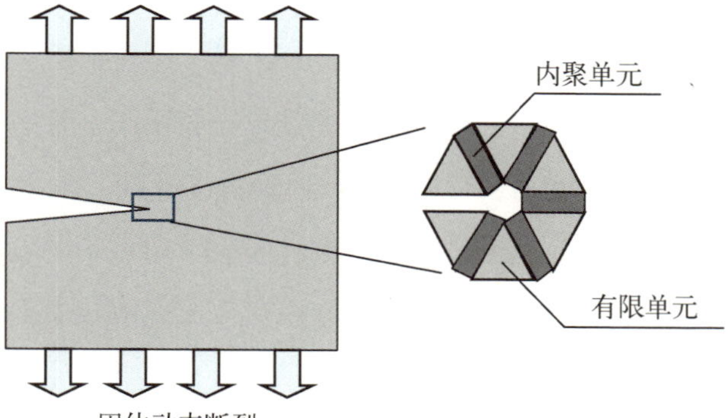

图 5-6　动态断裂的内聚单元模型

度会增长至一个平台而不继续增长，对于各向异性材料，这个平台大约为瑞雷波速的 90%，而对于各向同性材料，平台大约为瑞雷波速的 50%；第二，在到达了裂缝扩展速率平台之后，裂缝开始分叉，并且扩展速度出现很强的波动；第三，裂缝动态扩张条件下，其断裂能和断裂韧性不再是常数，甚至不再是连续函数。显然，这样的三点结论均被 12 年后 Buehler 和 Gao 所进行的分子动力学模拟研究[200]所验证，从而说明了上述细观数值模拟方法的有效性。

内聚裂缝模型虽然可以在适当的空间和时间尺度范围内给出材料动态断裂的模拟结果，但是其本身仍然存在某些问题，如：内聚力与裂缝张开位移的关系很难直接测量和确定。同时，在既有研究中，内聚裂缝模型大都基于规则网格，没有考虑不规则网格对于模拟结果的影响。

5.2.3　动态随机断裂的数值模拟

在此背景下，本书引入不规则有限元网格考虑微观非均匀性对于宏观裂缝扩展的影响，建立了非规则内聚单元模型考虑动力加载条件下微裂缝的产生和演化过程，初步进行了混凝土材料的动力损伤细观数值模拟研究。

5.2.3.1 分析模型

非规则内聚单元模型的建立过程如图 5-7 所示：考虑平面断裂问题，首先确定平面固体所在区域；其后在固体的边界上和内部随机生成代表性点集；再基于生成的随机代表性点集，对固体所在区域进行 Delauney 三角分割；最后基于平面三角分割生成体积单元和内聚单元。

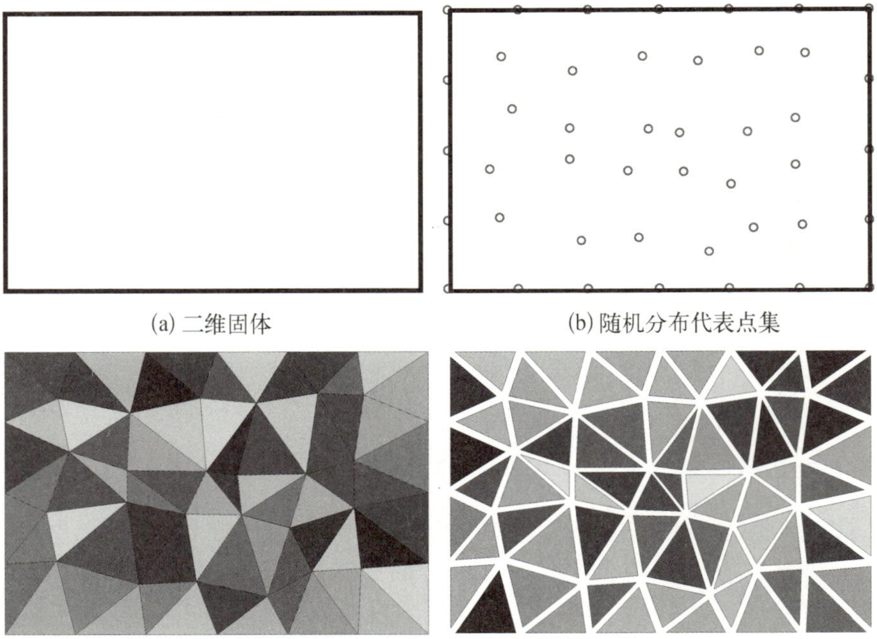

(a) 二维固体　(b) 随机分布代表点集

(c) Delauney三角分割　(d) 体积单元与内聚单元生成

图 5-7　非规则内聚单元模型的生成

采用非规则内聚单元模型模拟图 5-8 所示的二维动态断裂问题。数值试件的几何尺寸为：$l = 4.5\ \mathrm{m}$，$h = 1.5\ \mathrm{m}$，$a = 0.21\ \mathrm{m}$。固体的材料参数取为：$E = 30\ \mathrm{GPa}$，$\nu = 0.2$，$\rho = 2\,400\ \mathrm{kg/m^3}$。由此计算可得固体的压缩波速 $c_1 = 3\,228\ \mathrm{m/s}$，剪切波速 $c_2 = 2\,282\ \mathrm{m/s}$，瑞雷波速 $c_R = 2\,079\ \mathrm{m/s}$。采用线性内聚裂缝模型描述内聚单元的性质，最

大内聚应力 $f_t = 32$ MPa，断裂能 $2\Gamma_0 = 100$ m/s。边界条件为：下边界固定 y 方向自由度；上边界施加恒定速率 ν 驱动内部裂纹的扩展。为了尽量精细地模拟混凝土的动态断裂行为，我们建立了非常精细的有限元模型，单元数量超过 30 万：其中体积单元数量为 13.5 万，而内聚单元的数量为 20 万。采用显式积分方法并引入并行计算策略进行数值模拟。

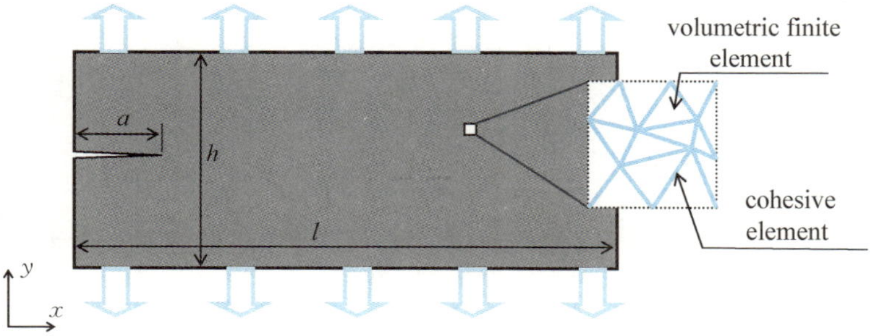

图 5-8　二维动态断裂模型

5.2.3.2　裂纹扩展模式与端部应力场

数值模拟所得微观裂纹扩展模式如图 5-9 所示。裂缝自预留开口端部开始扩展，不同加载速率下裂纹扩展的模式具有很大的区别。对于加载速率比较低的拟静态加载，裂纹倾向于沿着一个面扩展，虽然也产生了一些微观分叉，但是整体而言还位于一个断裂面上，这与经典断裂力学的假设是一致的。对于加载速率较高的动态加载，裂纹扩展过程中产生了大量的分叉，同时这些分叉具有某些递归自相似特性。这就使得动态加载条件下，微观的裂纹不再是一个断裂面，而产生了一个裂缝群，可以预见，裂缝群的性质与单一裂缝面的性质有着本质的不同，所以此时断裂动力学不再适用。另一方面，本书基于非规则内聚单元模型模拟所得的裂纹扩展模式也与分子动力学模拟结果有一些不同。根据

Abraham 等人[195]的分析，动态裂纹扩展的断裂面的变化过程为“平滑(smooth)→粗糙(rough)→曲折(zigzag)”，而本书结果所体现出的动态裂纹的典型特点为自相似分叉。计算得到的随机分叉裂缝与实际的岩石或者混凝土裂缝具有很好的相似性[201]。

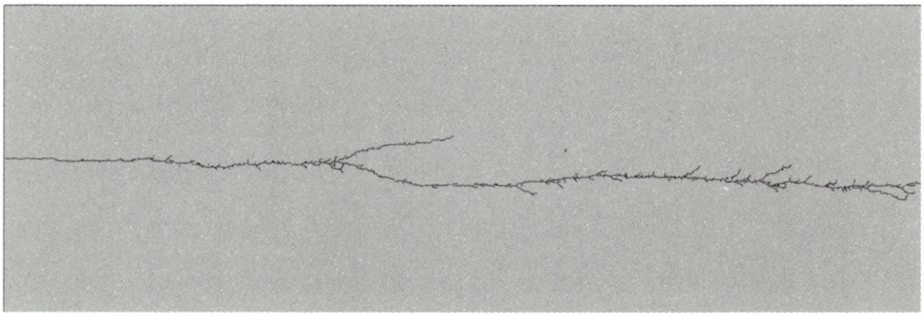

(a) 拟静态断裂

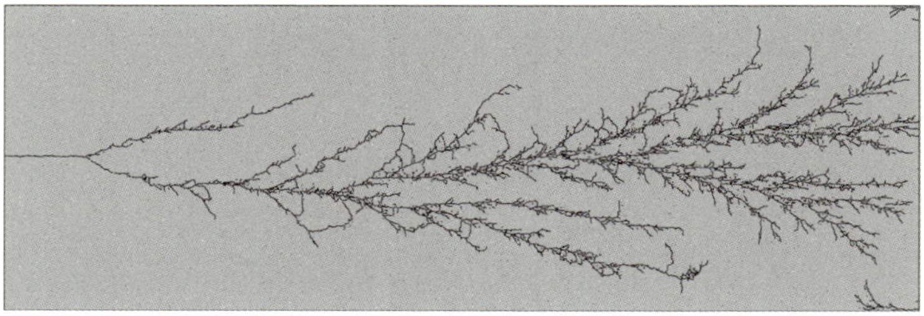

(a) 动态断裂

图 5-9　裂纹扩展模式

下面考察裂纹端部场(图 5-10)。可见拟静态断裂的裂纹端部场(图 5-10a)与断裂力学给出的裂纹端部场的应力分布具有很好的一致性，这从一个侧面验证了本书模型的正确性。而动态断裂的裂纹端部场与静态裂纹有着本质的区别，不能用单条裂纹得到的裂缝端部场的解描述。裂纹的分叉减弱了裂纹端部的应力集中，但是加剧了应力的波动，波动的裂纹端部应力场又进一步加剧了裂纹扩展的分叉。同时，由于本书采用了随机分布点集生成计算模型，所以局部裂纹扩展的方向具有随机性，而裂纹的随机扩展进一步加剧了裂纹端部应力场的复杂性。

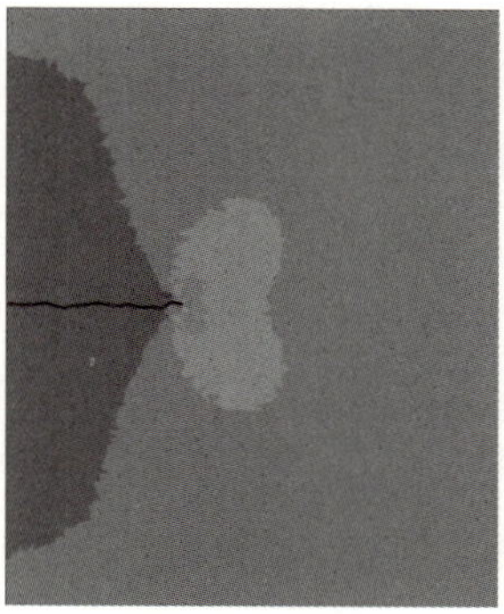
(a) 拟静态断裂

(b) 动态断裂

图 5 - 10　裂纹端部场($\boldsymbol{\sigma}_y$)

5.2.3.3　率相关效应的分析与探讨

动力加载条件下裂纹的扩展速率是动力断裂的重要指标，我们通过数值模拟结果研究了裂纹扩展速率随着其扩展长度的变化。由于动态加载条件下，裂纹不再是一个断裂面而是一个分叉的裂缝群，所以可能会有多个裂纹尖端同时扩展，所以这里先将裂缝群的端部定义为最前端的裂缝端部，裂缝群的长度和扩展速率均由最前端的裂纹端部给出。定义名义应变率 $\dot{\varepsilon} = \nu/h$ 为加载速率与试件高度的比值，图 5 - 11 给出了不同加载速率下的裂纹扩展速率沿着裂纹长度的演化曲线。可见随着加载速率的增长，裂纹的扩展速率表现出了很强的波动性，其变化已经不再是连续的光滑函数。另一方面，如果对不同加载速率下的裂纹扩展速率曲线做局部平均而求得平均裂纹演化速率，那么可以看出加载速率对裂纹动态扩展速率的影响非常有限，裂纹扩展达到上限速率 c_{crit} 之后就不再增加。本书数值模拟得到的裂纹扩展的上限速率大约为 0.75 倍的瑞雷波速，即 $c_{crit} \approx 0.75c_R$，小于断裂动力学所预测的一倍瑞雷波速。当裂纹的扩展达到极限速率后，裂纹就以分叉的形式耗散多余的能量，而保持整体扩展的速率基本不变，因此，在相同外加应变条件下，高速加载所得的裂纹扩展要滞后于低速加载，从而使得其刚度和平均应力都有提高，

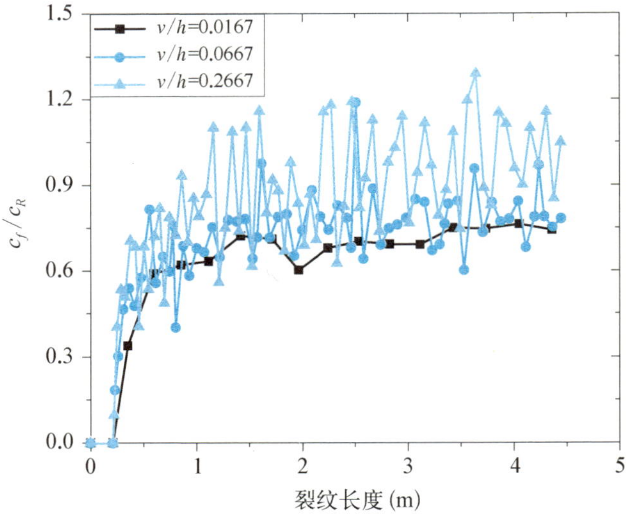

图 5-11　裂纹扩展速率

本书认为：这恰恰是脆性固体材料产生动力强化的物理原因。

下面进一步从能量的角度考察动力断裂系统。首先有能量平衡表达式如下

$$U = -W_L + U_E + U_S + U_K = 0 \tag{5-43}$$

其中，U 为总能量；W_L 为外力功；U_E 为应变能；U_S 为形成新的断裂面所需要的表面能；U_K 是系统的动能。

如果不考虑动能项，式(5-43)右端的前三项描述了静态断裂的能量平衡，与 Griffith 最初给出的表达式[202]一致。后来，Mott[203]引入了动能项 U_K 考虑动态断裂系统。但是由于当时理论与计算水平的限制，Mott 只能类比静态断裂应力场的某些结果并结合量纲分析假定动能的表达形式，最终得到了裂纹扩展极限速度的半经验表达式。

本书根据数值模拟的结果，得到了能量各个分项的演化曲线如图 5-12所示。可以看出，加载的早期外力功主要转化为系统的应变能；随着应变能的增加裂缝的扩展在某个极限状态激活，微裂纹的扩展消耗了

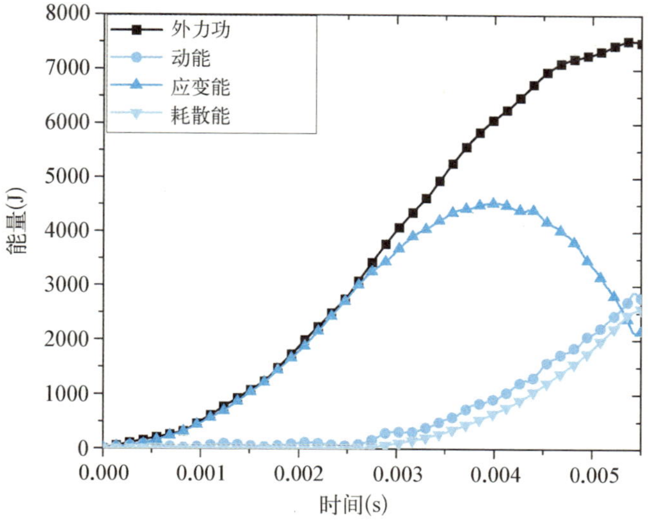

图 5-12　动态断裂的能量演化 ($\dot{\varepsilon}=0.0667\ s^{-1}$)

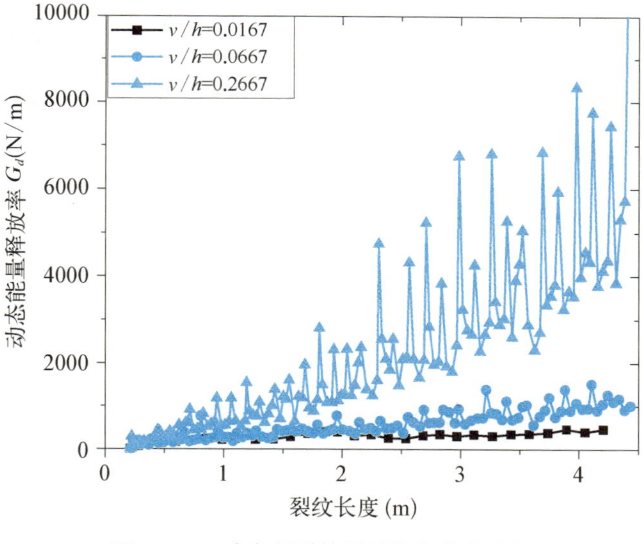

图 5-13　动态断裂的断裂能释放率演化

越来越多的外力做功，而系统的动能主要由断裂面的回弹引起；应变能的增加越来越缓慢并最终进入下降段直至破坏。这里的数值分析结果严格满足能量平衡条件即 $U=0$，这也验证了本书数值模拟的正确性。

总能量 U 对裂纹长度 c 求微分，有

$$\frac{\mathrm{d}U}{\mathrm{d}c}=0 \tag{5-44}$$

将式(5-43)代入上式，整理得

$$G-2\Gamma=\frac{\mathrm{d}U_K}{\mathrm{d}c} \tag{5-45}$$

此处静态断裂能释放率

$$G=-\frac{\mathrm{d}(-W_L+U_E)}{\mathrm{d}c} \tag{5-46}$$

断裂表面能

$$2\Gamma=\frac{\mathrm{d}U_S}{\mathrm{d}c} \tag{5-47}$$

那么动态断裂能释放率

$$G_d=G-\frac{\mathrm{d}U_K}{\mathrm{d}c}=2\Gamma \tag{5-48}$$

对于静态断裂而言，裂纹只形成两个光滑的断裂面，可知其断裂表面能为常数，其取值由材料本身决定，即

$$\Gamma=\Gamma_0 \tag{5-49}$$

同时由裂纹端部场计算得到的断裂能释放率 G 可以作为断裂开展的驱动力。对于动态断裂而言，结果则完全不同。事实上，在动态加载条件下，由于裂纹的持续分叉，使得不同时刻裂纹断裂面的个数不同，并且随着加载速率的变化而变化，所以动态断裂表面能就不再是常数，而是与加载速率有着密切的关系(图 5-13)。因此不能够直接采用动态断裂能释放率 G_d 作为动态断裂的驱动力。同时，由于裂纹扩展速率的波动

性，使得断裂能释放率的演化也呈现出波动性，并且波动的幅度也与加载速率密切相关。

5.3　本章小结

本章从细观角度出发，对材料率相关效应的物理机理进行了初步的探讨。首先回顾了断裂动力学的若干基本结果，推导重现了动态裂纹扩展的极限速率，讨论了断裂动力效应对材料宏观性能的影响。然后在文献研究的基础上，建立了动态裂纹扩展的数值模型，对动态裂纹的随机扩展进行了数值模拟，同时基于数值模拟结果讨论了材料的率相关性。本章工作为材料应变率效应的物理研究奠定了基础。

第6章 结论与展望

非线性与随机性是混凝土力学行为的两个基本特征，在损伤演化过程中，受力行为的非线性与材料强度表现的随机性互相耦合、互为因果，而其本质规律，在于损伤导致的应力重分布。从细观层次上反映混凝土材料因随机损伤导致的随机应力重分布过程，可以沿用抽象的随机断裂模型与具象的数值多尺度模型。本书对这两类模型进行了系统的研究，并从数值模拟方面探讨了混凝土动力断裂的物理机理。总结本书的研究，可得下述结论：

1. 混凝土材料的损伤和破坏包含多个尺度，宏观构件的损伤演化来源于材料微观结构的不可逆变化，而微观裂缝的随机分布和扩展又通过跨尺度传递导致了混凝土宏观非线性行为的随机性。

2. 在大量的文献研究的基础上，基于连续介质损伤力学、不可逆热力学基本理论，本书进一步发展了混凝土弹塑性损伤本构关系模型，考虑混凝土的损伤、塑性和率敏感性的影响，建立了粘塑性动力损伤本构模型。数值模拟结果与实验结果的对比表明本书建立的弹塑性动力损伤本构关系模型能够比较全面地反映混凝土在动力加载条件下的非线性响应。

3. 混凝土细观随机断裂模型在本质上属于一类串行多尺度模型。

它抓住了混凝土损伤演化的要旨，用一种抽象的方式反映了应力重分布对损伤演化以及非线性过程的影响，自然地反映了随机性在不同尺度之间的传递和联系。通过引入细观断裂-滞回单元，对细观随机断裂模型进行了拓展，探讨了重复加载作用下混凝土次滞回现象的成因和建模。

4. 为了精细地考虑细观应力重分布导致的宏观损伤演化，本书建立了多尺度损伤的数值模型，从微观裂缝产生与扩展的角度分析宏观损伤的演化和发展。基于多尺度理论，建立了多尺度能量传递定理，以能量标度作为媒介，沟通了细观裂缝扩展与宏观损伤演化之间的关系。将基于多尺度损伤表示理论得到的损伤演化曲线植入宏观连续介质损伤模型，能够有效地进行宏观结构的非线性数值模拟。基于所建立的多尺度损伤模型，本书以数值算例的形式探讨了脆性材料结构中的尺寸效应及其对结构模拟结果的影响，建议了消除数值尺寸效应所引起的网格敏感性的方法。

5. 对动态损伤断裂的机理进行了初步的探讨。回顾了断裂动力学的若干结论，推导重现了动力加载条件下裂纹的极限扩展速度为瑞雷波速这一重要发现。考虑细观结构随机性的影响，建立了不规则内聚单元模型，对动态加载条件下的裂纹扩展进行了数值模拟。模拟结果显示动态断裂过程具有明显的非均匀性和非光滑性，与拟静态断裂问题有着本质的区别。研究发现：动态裂纹扩展的速率小于断裂动力学所预测的瑞雷波速。

展望这一方向的研究，下述趋势是值得注意的：

1. 动力损伤细观数值模拟的研究，目前还只能对非常简单的裂纹和受力状态进行模拟研究，所得的结论也大都是定性的，说明这一研究还有广阔的探索空间。其可能的发展方向包括：新型数值方法的建立——目前有学者尝试分子动力学方法与内聚裂缝方法的结合；内聚裂缝模型的物理研究——从物理出发直接建立内聚裂缝模型;裂缝扩展速率上限的决定因素——裂缝扩展速率的平台值是由哪些因素决定的以及具有何种内在联系等。

2. 连续模型与细观模型的统一是动力损伤研究发展的基本趋势。有关率敏感性的参数,目前仍然是基于试验数据的经验识别结果,缺乏必要的理论支持,这大大限制了应用的范围。事实上,率敏感性的物理机制,同样难以直接由连续介质损伤理论获得解释,而需要借助损伤的细观研究和模拟。如何形成宏观连续介质模型与细观物理模型的统一,是未来动力损伤研究的必然趋向。

3. 混凝土结构的全寿命分析与设计是土木工程学科发展的新的增长点,有大量的新问题等待我们去探索。其中所涉及的核心科学问题,诸如材料的耐久性、徐变以及疲劳损伤等问题,无不具有典型的多尺度随机特性。基于本书提出的随机多尺度理论框架,对这些基本问题进行深入的探索,必将会有效地推动混凝土结构全寿命分析和设计的发展步伐。

参考文献

[1] 李杰. 混凝土随机损伤力学的初步研究[J]. 同济大学学报(自然科学版), 2004,32(10): 1270-1277.

[2] 李杰. 混凝土随机损伤力学——背景、意义与研究进展[M]. 见: 李宏男,伊廷华,编. 结构防灾、检测与控制,北京: 中国建筑工业出版社,2008: 69-86.

[3] 李杰,任晓丹. 混凝土静力与动力损伤本构模型研究进展述评[J]. 力学进展, 2010,40(3): 284-297.

[4] 李杰,陈建兵,吴建营. 混凝土随机损伤力学(第二稿)[M]. 上海: 同济大学出版社,2007.

[5] 吴科如,张雄. 土木工程材料(第二版)[M]. 上海: 同济大学出版社,2008.

[6] 宁建国,商霖,孙远翔. 混凝土材料动态性能的经验公式、强度理论与唯象本构模型[J]. 力学进展,2006,36(3): 389-405.

[7] Kachanov L M. On the Creep Rupture Time. Izv. Akad. Nauk. SSR, Otd. Tekhn. Nauk., 1958, 8: 26-31.

[8] Robotnov Y N. Creep rupture. Proceedings of ICAM-12, Stanford USA, 1968: 342-349.

[9] Lemaitre J, Chaboche J L. A non-linear model of creep-fatigue damage cumulation and interaction. Proceedings of TUTAM Symposium of Mechanics of Visco-elasticity Media and Bodies, Gotenbourg, Sweden:

Springer-Verlag, 1974.

[10] Lemaitre J, Desmorat R. Engineering Damage Mechanics - Ductile, Creep, Fatigue and Brittle Failures. Berlin, Heidelberg: Springer-Verlag, 2005.

[11] Dougill J W. Stable Progressively Fracturing Solids. Zeitschrift Fur Angewandte Mathematik Und Physik, 1976, 27(4): 423 - 437.

[12] Ladevèze P. Sur une théorie de l'endommagement anisotrope: [dissertation]. France: Laboratoire de Mécanique et Technologie, 1983.

[13] Mazars J. Application de la mecanique de l'endommangement au comportement non lineaire et a la rupture du beton de structure: [dissertation]. France: Universite Paris, 1984.

[14] Mazars J. A Description of Microscale And Macroscale Damage of Concrete Structures. Engineering Fracture Mechanics, 1986, 25(5 - 6): 729 - 737.

[15] Mazars J, Pijaudiercabot G. Continuum Damage Theory-Application to Concrete. Journal Of Engineering Mechanics-ASCE, 1989, 115 (2): 345 - 365.

[16] Lubarda V A, Krajcinovic D, Mastilovic S. Damage Model for Brittle Elastic Solids with Unequal Tensile and Compressive Strengths. Engineering Fracture Mechanics, 1994, 49(5): 681 - 697.

[17] Comi C, Berthaud Y, Billardon R. On Localization in Ductile-Brittle Materials under Compressive Loadings. European Journal of Mechanics A-Solids, 1995, 14(1): 19 - 43.

[18] Papa E, Taliercio A. Anisotropic Damage Model for the Multiaxial Static and Fatigue Behaviour of Plain Concrete. Engineering Fracture Mechanics, 1996, 55(2): 163 - 179.

[19] Comi C, Perego U. Fracture Energy Based Bi-Dissipative Damage Model for Concrete. International Journal of Solids and Structures, 2001, 38(36 - 37): 6427 - 6454.

[20] 吴建营. 基于损伤能释放率的混凝土弹塑性损伤本构模型及其在结构非线性

分析应用[D]. 上海：同济大学博士论文(指导教师：李杰)，2004.

[21] Ortiz M. A constitutive theory for the inelastic behavior of concrete. Mechanics of Materials, 1985, 4(1): 67 - 93.

[22] Simo J C, Ju J W. Strain-Based and Stress-Based Continuum Damage Models. 1. Formulation. International Journal of Solids and Structures, 1987, 23(7): 821 - 840.

[23] Simo J C, Ju J W. Strain-Based and Stress-Based Continuum Damage Models. 2. Computational Aspects. International Journal of Solids and Structures, 1987, 23(7): 841 - 869.

[24] Lubliner J, Oliver J, Oller S, et al. A Plastic-Damage Model for Concrete. International Journal of Solids and Structures, 1989, 25(3): 299 - 326.

[25] Yazdani S, Schreyer H L. Combined Plasticity and Damage Mechanics Model for Plain Concrete. Journal of Engineering Mechanics-ASCE, 1990, 116(7): 1435 - 1450.

[26] Abulebdeh T M, Voyiadjis G Z. Plasticity-Damage Model for Concrete under Cyclic Multiaxial Loading. Journal of Engineering Mechanics-ASCE, 1993, 119(7): 1465 - 1484.

[27] Carol I, Rizzi E, Willam K. On The Formulation of Anisotropic Elastic Degradation. I. Theory Based on A Pseudo-Logarithmic Damage Tensor Rate. International Journal of Solids and Structures, 2001, 38(4): 491 - 518.

[28] Ju J W. On Energy-Based Coupled Elastoplastic Damage Theories-Constitutive Modeling And Computational Aspects. International Journal of Solids and Structures, 1989, 25(7): 803 - 833.

[29] Lee J H, Fenves G. Plastic-Damage Model for Cyclic Loading of Concrete Structures. Journal of Engineering Mechanics-ASCE, 1998, 124(8): 892 - 900.

[30] Faria R, Oliver J, Cervera M. A strain-based plastic viscous-damage model

for massive concrete structures. International Journal of Solids and Structures, 1998, 35(14): 1533 - 1558.

[31] Jason L, Huerta A, Pijaudier-Cabot G, et al. An elastic plastic damage formulation for concrete: Application to elementary tests and comparison with an isotropic damage model. Computer Methods in Applied Mechanics and Engineering, 2006, 195(52): 7077 - 7092.

[32] Resende L. A Damage Mechanics Constitutive Theory for The Inelastic Behavior of Concrete. Computer Methods in Applied Mechanics and Engineering, 1987, 60(1): 57 - 93.

[33] Valliappan S, Yazdchi M, Khalili N. Seismic analysis of arch dams-A Continuum Damage Mechanics approach. International Journal for Numerical Methods in Engineering, 1999, 45(11): 1695 - 1724.

[34] Hatzigeorgiou G, Beskos D, Theodorakopoulos D, et al. A simple concrete damage model for dynamic FEM applications. International Journal of Computational Engineering Science, 2001, 2(2): 267 - 86.

[35] 李杰,吴建营. 混凝土弹塑性损伤本构模型研究 I: 基本公式[J]. 土木工程学报, 2005, 38(9): 14 - 20.

[36] 吴建营,李杰. 混凝土弹塑性损伤本构模型研究 II: 数值计算和试验验证[J]. 土木工程学报,2005,38(9): 21 - 27.

[37] 吴建营,李杰. 考虑应变率效应的混凝土弹塑性动力损伤本构模型[J]. 同济大学学报,2006,34(11): 1427 - 1430.

[38] Li J, Wu J Y. Energy-based CDM model for nonlinear analysis of confined concrete. ACI SP - 238, 2005, 13: 209 - 222.

[39] Wu J Y, Li J, Faria R. An energy release rate-based plastic-damage model for concrete. International Journal of Solids and Structures, 2006, 43(3 - 4): 583 - 612.

[40] Nemat-Nasser S, Hori M. Micromechanics: overall properties of heterogeneous materials. Netherlands: Elsevier, 1993.

[41] Mori T, Tanaka K. Average Stress in Matrix and Average Elastic Energy of Materials with Misfitting Inclusions. Acta Metallurgica, 1973, 21(5): 571 - 574.

[42] Budiansky B, Oconnell R J. Elastic-Moduli of a Cracked Solid. International Journal of Solids and Structures, 1976, 12(2): 81 - 97.

[43] Christensen R M, Lo K H. Solutions for Effective Shear Properties in 3 Phase Sphere and Cylinder Models. Journal of the Mechanics and Physics of Solids, 1979, 27(4): 315 - 330.

[44] Norris A N. A differential scheme for the effective moduli of composites. Mechanics of Materials, 1985, 4(1): 1 - 16.

[45] Hashin Z. The Differential Scheme and Its Application to Cracked Materials. Journal of The Mechanics and Physics of Solids, 1988, 36(6): 719 - 734.

[46] Krajcinovic D, Fanella D. A Micromechanical Damage Model for Concrete. Engineering Fracture Mechanics, 1986, 25(5 - 6): 585 - 596.

[47] Kandarpa S, Kirkner D J, Spencer B F. Stochastic damage model for brittle materials subjected to monotonic loading. Journal of Engineering Mechanics-ASCE, 1996, 122(8): 788 - 795.

[48] 李杰,张其云. 混凝土随机损伤本构关系[J]. 同济大学学报(自然科学版), 2001,29(10): 1 - 8.

[49] 李杰. 混凝土随机损伤本构关系研究新进展[J]. 东南大学学报(自然科学版),2002,32(5): 750 - 755.

[50] 李杰,卢朝辉,张其云. 混凝土随机损伤本构关系——单轴受压分析[J]. 同济大学学报(自然科学版),2003,31(5): 505 - 509.

[51] 李杰,杨卫忠. 混凝土弹塑性随机损伤本构关系研究[J]. 土木工程学报, 2009,42(2): 31 - 38.

[52] 杨卫忠. 混凝土弹塑性随机损伤本构关系理论与实验研究[D]. 上海: 同济大学博士论文(指导教师: 李杰),2009.

[53] Li J，Ren X D. Stochastic damage model for concrete based on energy equivalent strain. International Journal of Solids and Structures，2009，46(11 - 12)：2407 - 2419.

[54] Cervera M，Oliver J，Manzoli O. A rate-dependent isotropic damage model for the seismic analysis of concrete dams. Earthquake Engineering & Structural Dynamics，1996，25(9)：987 - 1010.

[55] Eibl J，Schmidt-Hurtienne B. Strain-rate-sensitive constitutive law for concrete. Journal of Engineering Mechanics-ASCE，1999，125 (12)：1411 - 1420.

[56] 何国威，白以龙. 多尺度力学. Technical report，中国科学院力学研究所非线性力学国家重点实验室，2008. http：//www. lnm. cn/info www/pdf/multiscal - 4. pdf.

[57] Bensoussan A，Lions J L，Papanicolaou G. Asymptotic analysis for periodic structures. Amsterdam：North-Holland Pub. Co. ，1978.

[58] Bakhvalov N S，Panasenko G. Homogenisation：Averaging Processes in Periodic Media -Mathematical Problems in the Mechanics of Composite Materials. Netherlands：Kluwer Academic Publishers，1989.

[59] 曹礼群，崔俊芝. 复合材料拟周期结构的均匀化方法[J]. 计算数学，1999，21(3)：331 - 344.

[60] Lions P L，Souganidis P E. Homogenization of degenerate second-order PDE in periodic and almost periodic environments and applications. Annales De L Institut Henri Poincare-Analyse Non Lineaire，2005，22(5)：667 - 677.

[61] Kozlov S M. Averaging of Random Operators. Mathematics of The Ussr-Sbornik，1980，37(2)：167 - 180.

[62] Papanicolaou G C，Varadhan S R S. Boundary value problems with rapidly oscillating random coefficients. In：Fritz J，Lebowitz J，Szasz D，(eds.). Proceedings of Random Fields. Rigorous Results in Statistical Mechanics and Quantum Field Theory，Amsterdam，Netherlands：North-Holland，1981.

835 - 73 vol. 2. Random Fields. Rigorous Results in Statistical Mechanics and Quantum Field Theory, 24 - 30 June 1979, Esztergom, Hungary.

[63] Bourgeat A, Mikelic A, Wright S. Stochastic 2-Scale Convergence in the Mean and Applications. Journal Fur Die Reine Und Angewandte Mathematik, 1994, 456: 19 - 51.

[64] Bourgeat A, Kozlov S M, Mikelic A. Effective Equations of 2-Phase Flow In Random-Media. Calculus of Variations and Partial Differential Equations, 1995, 3(3): 385 - 406.

[65] Dalmaso G, Modica L. Nonlinear Stochastic Homogenization and Ergodic-Theory. Journal Fur Die Reine Und Angewandte Mathematik, 1986, 368: 28 - 42.

[66] Sab K. On the Homogenization and the Simulation of Random Materials. European Journal of Mechanics A-Solids, 1992, 11(5): 585 - 607.

[67] 李云友,崔俊芝,郑健龙.一种颗粒随机分布复合材料弹性位移场均匀化方法的理论分析[J].计算数学,2009,31(3): 275 - 286.

[68] Bourgeat A, Piatnitski A. Approximations of effective coefficients in stochastic homogenization. Annales De L Institut Henri Poincare-Probabilites Et Statistiques, 2004, 40(2): 153 - 165.

[69] Gambin B, Kroner E. Higher-Order Terms in the Homogenized Stress-Strain Relation of Periodic Elastic Media. Physica Status Solidi B-Basic Research, 1989, 151(2): 513 - 519.

[70] Fleck N A, Muller G M, Ashby M F, et al. Strain Gradient Plasticity-Theory and Experiment. Acta Metallurgica Et Materialia, 1994, 42(2): 475 - 487.

[71] Fleck N A, Hutchinson J W. Strain gradient plasticity. Proceedings of Advances in Applied Mechanics, Vol 33. 525 B Street, Suite 1900, San Diego, Ca 92101 - 4495: Academic Press Inc, 1997: 295 - 361.

[72] Gao H J, Huang Y, Nix W D, et al. Mechanism-based strain gradient plasticity-I. Theory. Journal of the Mechanics and Physics of Solids, 1999, 47(6): 1239 - 1263.

[73] Eringen A C, Edelen D G B. Nonlocal Elasticity. International Journal of Engineering Science, 1972, 10(3): 233 - 248.

[74] Eringen A C. Theories of Nonlocal Plasticity. International Journal of Engineering Science, 1983, 21(7): 741 - 751.

[75] Ari N, Eringen A C. Nonlocal Stress-Field at Griffith Crack. Crystal Lattice Defects and Amorphous Materials, 1983, 10(1): 33 - 38.

[76] Smyshlyaev V P, Cherednichenko K D. On rigorous derivation of strain gradient effects in the overall behaviour of periodic heterogeneous media. Journal of the Mechanics and Physics of Solids, 2000, 48 (6 - 7): 1325 - 1357.

[77] Boutin C. Microstructural effects in elastic composites. International Journal of Solids and Structures, 1996, 33(7): 1023 - 1051.

[78] Guedes J M, Kikuchi N. Preprocessing and Postprocessing for Materials Based on the Homogenization Method with Adaptive Finite-Element Methods. Computer Methods in Applied Mechanics and Engineering, 1990, 83(2): 143 - 198.

[79] Chen J S, Mehraeen S. Variationally consistent multi-scale modeling and homogenization of stressed grain growth. Computer Methods in Applied Mechanics and Engineering, 2004, 193(17 - 20): 1825 - 1848.

[80] Evans L C. Periodic Homogenization of Certain Fully Nonlinear Partial-Differential Equations. Proceedings of the Royal Society of Edinburgh Section A-Mathematics, 1992, 120(Part 3 - 4): 245 - 265.

[81] Marchi C. Homogenization for fully nonlinear parabolic equations. Nonlinear Analysis-Theory Methods & Applications, 2005, 60(3): 411 - 428.

[82] Caffarelli L A, Souganidis P E, Wang L. Homogenization of fully nonlinear, uniformly elliptic and parabolic partial differential equations in stationary ergodic media. Communications on Pure and Applied Mathematics, 2005, 58 (3): 319 - 361.

[83] Camilli F, Marchi C. Rates of convergence in periodic homogenization of fully nonlinear uniformly elliptic PDEs. Nonlinearity, 2009, 22(6): 1481-1498.

[84] Fish J, Yu Q, Shek K. Computational damage mechanics for composite materials based on mathematical homogenization. International Journal for Numerical Methods in Engineering, 1999, 45(11): 1657-1679.

[85] Fish J, Yu Q. Multiscale damage modelling for composite materials: theory and computational framework. International Journal for Numerical Methods in Engineering, 2001, 52(1-2): 161-191.

[86] Dascalu C, Bilbie G. A multiscale approach to damage configurational forces. International Journal of Fracture, 2007, 147(1-4): 285-294.

[87] Dascalu C, Bilbie G, Agiasofitou E K. Damage and size effects in elastic solids: A homogenization approach. International Journal of Solids and Structures, 2008, 45(2): 409-430.

[88] Dascalu C, Francois B, Keita O. A two-scale model for subcritical damage propagation. International Journal of Solids and Structures, 2010, 47(3-4): 493-502.

[89] Alfaro M V C, Suiker A S J, Verhoosel C V, et al. Numerical homogenization of cracking processes in thin fibre-epoxy layers. European Journal of Mechanics A-Solids, 2010, 29(2): 119-131.

[90] Rice J R. A Path Independent Integral and the Approximate Analysis of Strain Concentration by Notches and Cracks. Journal of Applied Mechanics, 1968, 35(2): 379-386.

[91] Bazant Z P. Size Effect in Blunt Fracture-Concrete, Rock, Metal. Journal of Engineering Mechanics-ASCE, 1984, 110(4): 518-535.

[92] Bazant Z P, Planas J. Fracture and Size Effect in Concrete and Other Quasibrittle Materials (New Directions in Civil Engineering). Boca Raton: CRC Press, 1997.

[93] Mier J G M, Shah S P, M Arnaud J P B, et al. Strain-softening of concrete in uniaxial compression. Materials and Structures, 1997, 30(4): 195-209.

[94] Gilbert R I, Warner R F. Tension Stiffening in Reinforced Concrete Slabs. Journal of the Structural Division, 1978, 104(12): 1885-1900.

[95] Mazars J, Berthaud Y, Ramtani S. The unilateral behaviour of damaged concrete. Engineering Fracture Mechanics, 1990, 35(4-5): 629-635.

[96] Karsan I D, Jirsa J O. Behavior of Concrete under Compressive Loadings. Journal of the Structural Division, 1969, 95(12): 2543-2563.

[97] Taylor R L. FEAP: A finite element analysis program for engineering workstation Rep. No. UCB/SEMM-92 (Draft Version). Technical report, Department of Civil Engineering, University of California, Berkeley, 1992. http://www.ce.berkeley.edu/projects/feap/.

[98] Kupfer H, Hilsdorf H K, Rusch H. Behavior of Concrete Under Biaxial Stresses. ACI Journal Proceedings, 1969, 66(8): 656-666.

[99] van Mier J G M. Fracture of concrete under complex stresses. Heron, 1986, 31(3): 1-89.

[100] Sfer D, Carol I, Gettu R, et al. Study of the behavior of concrete under triaxial compression. Journal of Engineering Mechanics-ASCE, 2002, 128(2): 156-163.

[101] Abrams D A. Effect of the Rate of Application of Load on the Compressive Strength of Concrete. ASTM Journal, 1917, 17: 364-377.

[102] Watstein D. Effect of Straining Rate on the Compressive Strength and Elastic Properties of Concrete. ACI Journal Proceedings, 1953, 49(4): 729-744.

[103] Hatano T, Tsutsumi H. Dynamic Compressive Deformation and Failure of Concrete under Earthquake Load. IBID, 1960: 1963-1978.

[104] Cowell W L. Dynamic Properties of Plain Portland Cement Concrete. Technical Report No. R447, DASA130181. Technical report, US Naval

Civil Engineering Laboratory, 1966.

[105] Atchley B L, Furr H L. Strength and Energy Absorption Capabilities of Plain Concrete under Dynamic and Static Loading. ACI Journal Proceedings, 1967, 17: 364 - 377.

[106] Takeda J, Tachikawa H. Deformation and Fracture of Concrete Subjected to Dynamic Load. Proceedings of the Int. Conference on Mech. Behavior of Materials, Concrete and Cement Paste, Glass and Ceramics, volume 4, Kyoto, Japan, 1971. 267 - 277.

[107] Sparks P R, Menzies J B. The Effect of the Rate of the Loading upon the Static Fatigue Strength of Plain Concrete in Compression. Magazine of concrete research, 1973, 25(83): 73 - 80.

[108] Bresler B, Bertero V V. Influence of High Strain Rate and Cyclic Loading of Unconfined and Confined Concrete in Compression. Proceedings of the 2nd Canadian Conference on Earthquake Engineering, Hamilton, Ontario, 1975. 1 - 13.

[109] Kvirikadze O P. Determination of the ultimate strength and modulus of deformation of concrete at different rates of loading. Proceedings of RILEM International Symposium on Testing In-Situ Concrete, Budapest, 1977. 109 - 117.

[110] Bischoff P H, Perry S H. Compressive Behavior of Concrete at High-Strain Rates. Materials and Structures, 1991, 24(144): 425 - 450.

[111] gary g, klepaczko j r, zhao h. Corrections for Wave Dispersion and Analysis of Small Strains with Split Hopkinson Bar. Proceedings of Intemational Symposium of Impact Engineering, Sendal, Japan, 1992.

[112] Dong Y L, Xie H P, Zhao P. Experimental study and constitutive model on concrete under compression with different strain rate. Journal of Hydraulic Engineering, 1997, 7: 72 - 77.

[113] Tedesco J W, Ross C A. Strain-rate-dependent constitutive equations for

concrete. Journal of Pressure Vessel Technology-Transactions of the ASME, 1998, 120(4): 398 - 405.

[114] Grote D L, Park S W, Zhou M. Dynamic behavior of concrete at high strain rates and pressures: I. experimental characterization. International Journal of Impact Engineering, 2001, 25(9): 869 - 886.

[115] Lok T S, Zhao P J. Impact response of steel fiber-reinforced concrete using a split Hopkinson pressure bar. Journal of Materials in Civil Engineering, 2004, 16(1): 54 - 59.

[116] Birkimer D L, Lindermann R. The Impact Strength of Concrete Materials. ACI Journal Proceedings, 1971, 68: 47 - 49.

[117] Ross C A, Tedesco J W, Kuennen S T. Effects of Strain-Rate on Concrete Strength. ACI Materials Journal, 1995, 92(1): 37 - 47.

[118] Toutlemonde F. Impact Resistance of Concrete Structures: [dissertation]. Paris: Laboratory of Bridges and Roads (LCPC), 1995.

[119] Malvar L J, Ross C A. Review of strain rate effects for concrete in tension. ACI Materials Journal, 1998, 95(6): 735 - 739.

[120] Yan D M, Lin G. Dynamic properties of concrete in direct tension. Cement and Concrete Research, 2006, 36(7): 1371 - 1378.

[121] Weerheijm J, Van Doormaal J. Tensile failure of concrete at high loading rates: New test data on strength and fracture energy from instrumented spalling tests. International Journal of Impact Engineering, 2007, 34(3): 609 - 626.

[122] Lemaitre J. Evaluation of dissipation and damage in metals submitted to dynamic loading. Proceedings of ICAM - 1, Japan, 1971.

[123] 过镇海. 混凝土的强度和变形：试验基础和本构关系[M]. 北京：清华大学出版社，1997.

[124] Mander J B, Priestley M J N, Park R. Theoretical stress strain model for confined concrete. Journal of Structural Engineering ASCE, 1988, 114(8):

1804 - 1826.

[125] Drucker D C, Prager W. Soil Mechanics and Plastic Analysis or Limit Design. Quarterly of Applied Mathematics, 1952, 10(2): 157 - 165.

[126] Dube J F, Pijaudier-Cabot G, La Borderie C. Rate dependent damage for concrete in dynamics. Journal of Engineering Mechanics ASCE, 1996, 122 (10): 939 - 947.

[127] Winnicki A, Pearce C J, Bicanic N. Viscoplastic Hoffman consistency model for concrete. Computers & Structures, 2001, 79(1): 7 - 19.

[128] Perzyna P. Fundamental problems in viscoplasticity. Proceedings of Advances in Applied Mechanics, number Vol. 9. New York, USA: Academic Press Inc. , 1966, 1966: 243 - 377.

[129] Duvaut G, Lions J L. Inequalities in mechanics and physics. Berlin: Springer-Verlag, 1976.

[130] Ortiz M, Simo J C. An Analysis of A New Class of Integration Algorithms for Elastoplastic Constitutive Relations. International Journal for Numerical Methods in Engineering, 1986, 23(3): 353 - 366.

[131] Simo J C. Algorithms for Static and Dynamic Multiplicative Plasticity That Preserve the Classical Return Mapping Schemes of the Infinitesimal Theory. Computer Methods in Applied Mechanics and Engineering, 1992, 99(1): 61 - 112.

[132] Simo J C, Hughes T. Computational Inelasticity. New York: Springer-Verlag, 1998.

[133] Vecchio F J. Nonlinear finite element analysis of reinforced concrete membranes. ACI Structural Journal, 1989, 86(1): 26 - 35.

[134] Kulkarni S M, Shah S P. Response of reinforced concrete beams at high strain rates. ACI Structural Journal, 1998, 95(6).

[135] 陆大絟. 随机过程及其应用[M]. 北京：清华大学出版社，2006.

[136] Bazant Z P, Becq-Giraudon E. Statistical prediction of fracture parameters

of concrete and implications for choice of testing standard. Cement and Concrete Research, 2002, 32(4): 529 - 556.

[137] 张尧庭,方开泰. 多元统计分析引论[M]. 北京: 科学出版社, 1982.

[138] Tasuji M E, Slate F O, Nilson A H. Stress-Strain Response and Fracture of Concrete in Biaxial Loading. Journal of the American Concrete Institute, 1978, 75(7): 306 - 312.

[139] Lee S K, Song Y C, Han S H. Biaxial behavior of plain concrete of nuclear containment building. Nuclear Engineering and Design, 2004, 227(2): 143 -153.

[140] Suaris W, Shah S. Rate-sensitive damage theory for brittle solids. Journal of Engineering Mechanics ASCE, 1984, 110(6): 985 - 997.

[141] Suaris W, Shah S. A constitutive model for concrete under dynamic loading. Journal of Structural Engineering ASCE, 1985, 111(3): 563 -576.

[142] Masing G. Eigenspannungen und verfestigung beim messing self stretching and hardening for brass. Proceedings of 2nd Int. Congress for Applied Mechanics, Zurich, Switzerland, 1926. 332 - 335.

[143] Iwan W D. A Distributed-Element Model for Hysteresis and Its Steady-State Dynamic Response. Journal of Applied Mechanics, 1966, 33(4): 893.

[144] Jayakumar P. Modeling and identification in structural dynamics: [dissertation]. Pasadena, California: California Institute of Technology, 1987.

[145] Ashrafi S A, Smyth A W. Generalized masing approach to modeling hysteretic deteriorating behavior. Journal of Engineering Mechanics-ASCE, 2007, 133(5): 495 - 505.

[146] Tao J N. On stability analysis of rock. Yantu Gongcheng Xuebao, 1990, 12 (2): 102 - 106.

[147] Ye J H. On stress-strain curve and residual strength of rock. Yantu Gongcheng Xuebao, 1990, 12(2): 100 - 102.

[148] Bouc R. Forced vibration of mechanical system with hysteresis. Proceedings of

4th Conf. on Nonlinear Oscillation, Prague, Czechoslovakia, 1967.

[149] Wen Y K. Method for Random Vibration of Hysteretic Systems. Journal of the Engineering Mechanics Division-ASCE, 1976, 102(2): 249 - 263.

[150] Guyer R A, Mccall K R, Boitnott G N. Hysteresis, Discrete Memory, and Nonlinear-Wave Propagation in Rock-a New Paradigm. Physical Review Letters, 1995, 74(17): 3491 - 3494.

[151] Hill R. Elastic Properties Oof Reinforced Solids-Some Theoretical Principles. Journal of the Mechanics and Physics of Solids, 1963, 11(5): 357 - 372.

[152] Gross D, Seeling T. Fracture Mechanics — With an Introduction to Micromehcanics. Berlin Heidelberg: Springer-Verlag, 2006.

[153] Monaghan J J. An Introduction to SPH. Computer Physics Communications, 1988, 48(1): 89 - 96.

[154] Belytschko T, Lu Y Y, Gu L. Element-Free Galerkin Methods. International Journal for Numerical Methods in Engineering, 1994, 37(2): 229 - 256.

[155] Liu W K, Jun S, Zhang Y F. Reproducing Kernel Particle Methods. International Journal for Numerical Methods in Fluids, 1995, 20(8 - 9): 1081 - 1106.

[156] Wendland H. Meshless Galerkin methods using radial basis functions. Mathematics of Computation, 1999, 68(228): 1521 - 1531.

[157] Jiun-Shyan Chen, Chunhui Pan, Cheng-Tang Wu, et al. Reproducing kernel particle methods for large deformation analysis of non-linear structures. Computer Methods in Applied Mechanics and Engineering, 1996, 139(1 - 4): 195 - 227.

[158] Babuska I, Melenk J M. The partition of unity method. International Journal for Numerical Methods in Engineering, 1997, 40(4): 727 - 758.

[159] Chen J S, Hu W, Hu H Y. Reproducing kernel enhanced local radial basis collocation method. International Journal for Numerical Methods in

Engineering, 2008, 75(5): 600 - 627.

[160] Sukumar N, Moes N, Moran B, et al. Extended finite element method for three-dimensional crack modelling. International Journal for Numerical Methods in Engineering, 2000, 48(11): 1549 - 1570.

[161] Daux C, Moes N, Dolbow J, et al. Arbitrary branched and intersecting cracks with the extended finite element method. International Journal for Numerical Methods in Engineering, 2000, 48(12): 1741 - 1760.

[162] Moes N, Belytschko T. Extended finite element method for cohesive crack growth. Engineering Fracture Mechanics, 2002, 69(7): 813 - 833.

[163] Dugdale D. Yielding of Steel Sheets Containing Slits. Journal of the Mechanics and Physics of Solids, 1960, 8(2): 100 - 104.

[164] Barenblatt G I. The mathematical theory of equilibrium of cracks in brittle fracture. Adv Appl Mech, 1962, 7: 55 - 129.

[165] Hillerborg A, Modéer M, Petersson P E. Analysis of crack formation and crack growth in concrete by means of fracture mechanics and finite elements. Cement and concrete research, 1976, 6(6): 163 - 168.

[166] Xu X P, Needleman A. Numerical Simulations of Fast Crack-Growth in Brittle Solids. Journal of the Mechanics and Physics of Solids, 1994, 42(9): 1397 - 1434.

[167] Camacho G T, Ortiz M. Computational modelling of impact damage in brittle materials. International Journal of Solids and Structures, 1996, 33(20 - 22): 2899 - 2938.

[168] Jirasek M. Comparative study on finite elements with embedded discontinuities. Computer Methods in Applied Mechanics and Engineering, 2000, 188(1 - 3): 307 - 330.

[169] Petersson P. Crack Growth and Development of Fracture Zones in Plain Concrete and Similar Materials. Report No. TVBM - 1006. Technical report, Division of Building Materials, University of Lund, Sweden. , 1981.

[170] Meyer R，Ahrens H，Duddeck H. Material Model for Concrete in Cracked and Uncracked States. Journal of Engineering Mechanics-ASCE，1994，120(9)：1877－1895.

[171] 夏道行. 实变函数与泛函分析(上、下册)[M]. 北京：高等教育出版社，2010.

[172] Leove M. Probability Theory. 4th ed. New York：Springer-Verlag，1977.

[173] Ghanem R，Spanos P. Stochastic Finite Elements：A Spectral Approach. Berlin：Springer，1991.

[174] Li J，Chen J B. Probability density evolution method for dynamic response analysis of structures with uncertain parameters. Computational Mechanics，2004，34(5)：400－409.

[175] Li J，Chen J B. The probability density evolution method for dynamic response analysis of non-linear stochastic structures. International Journal for Numerical Methods in Engineering，2006，65(6)：882－903.

[176] Li J，Chen J B. The number theoretical method in response analysis of nonlinear stochastic structures. Computational Mechanics，2007，39(6)：693－708.

[177] Li J，Chen J B. The principle of preservation of probability and the generalized density evolution equation. Structural Safety，2008，30(1)：65－77.

[178] Li J，Chen J B. Stochastic Dynamics of Structures. Singapore：John Wiley & Sons (Asia)，2009.

[179] Chen J B，Li J. A note on the principle of preservation of probability and probability density evolution equation. Probabilistic Engineering Mechanics，2009，24(1)：51－59.

[180] Freund L B. Dynamic Fracture Mechanics. New York：Cambridge University Press，1990.

[181] 范天佑. 断裂动力学原理与应用[M]. 北京：北京理工大学出版社，2006.

[182] Achenbach J D. Wave propagation in elastic solids (North-Holland Series in

Applied Mathematics and Mechanics). Amsterdam/London/New York: North-Holland Publishing Company/American Elsevier Publishing Company, 1973.

[183] Sih G C, Embley G T, Ravera R S. Impact response of a finite crack in plane extension. International Journal of Solids and Structures, 1972, 8 (7): 977 - 93.

[184] Yoffe E H. The Moving Griffith Crack. Philosophical Magazine, 1951, 42 (330): 739 - 750.

[185] Freund L B. Crack-Propagation in an Elastic Solid Subjected to General Loading - Ⅰ. Constant Rate of Extension. Journal of the Mechanics and Physics of Solids, 1972, 20(3): 129 - 140.

[186] Freund L B. Crack-Propagation in an Elastic Solid Subjected to General Loading - Ⅱ. Nonuniform Rate of Extension. Journal of the Mechanics and Physics of Solids, 1972, 20(3): 141 - 152.

[187] Freund L B. Crack-Propagation in an Elastic Solid Subjected to General Loading - Ⅲ. Stress Wave Loading. Journal of the Mechanics and Physics of Solids, 1973, 21(2): 47 - 61.

[188] Fineberg J, Gross S P, Marder M, et al. Instability in Dynamic Fracture. Physical Review Letters, 1991, 67(4): 457 - 460.

[189] Fineberg J, Gross S P, Marder M, et al. Instability in the Propagation of Fast Cracks. Physical Review B, 1992, 45(10): 5146 - 5154.

[190] Sharon E, Gross S P, Fineberg J. Local Crack Branching as a Mechanism for Instability in Dynamic Fracture. Physical Review Letters, 1995, 74 (25): 5096 - 5099.

[191] Sharon E, Gross S P, Fineberg J. Energy dissipation in dynamic fracture. Physical Review Letters, 1996, 76(12): 2117 - 2120.

[192] 范镜泓. 材料变形与破坏的多尺度分析[M]. 北京：科学出版社，2008.

[193] Lanczos C. The variational principles of mechanics (4th Edition ed.). New

York: Dover Publications Inc. , 1970.

[194] Ashurst W T, Hoover W G. Microscopic Fracture Studies in 2-Dimensional Triangular Lattice. Physical Review B, 1976, 14(4): 1465 - 1473.

[195] Abraham F F, Brodbeck D, Rafey R A, et al. Instability Dynamics of Fracture-A Computer-Simulation Investigation. Physical Review Letters, 1994, 73(2): 272 - 275.

[196] Abraham F F, Schneider D, Land B, et al. Instability dynamics in three-dimensional fracture: An atomistic simulation. Journal of the Mechanics and Physics of Solids, 1997, 45(9): 1461 - 1471.

[197] Jones J E. On the determinations of molecular fields - I From the variation of the viscosity of a gas with temperature. Proceedings of the Royal Society of London Series A-Containing Papers of a Mathematical and Physical Character, 1924, 106(738): 441 - 462.

[198] Jones J E. On the determination of molecular fields - II From the equation of state of a gas. Proceedings of the Royal Society of London Series A-Containing Papers of a Mathematical and Physical Character, 1924, 106 (738): 463 - 477.

[199] Buehler M J, Abraham F F, Gao H J. Hyperelasticity governs dynamic fracture at a critical length scale. Nature, 2003, 426(6963): 141 - 146.

[200] Buehler M J, Gao H J. Dynamical fracture instabilities due to local hyperelasticity at crack tips. Nature, 2006, 439(7074): 307 - 310.

[201] Carpinteri A, Chiaia B, Invernizzi S. Three-dimensional fractal analysis of concrete fracture at the meso-level. Theoretical and Applied Fracture Mechanics, 1999, 31(3): 163 - 172.

[202] Griffith A A. The phenomena of rupture and flow in solids. Philosophical Transactions of the Royal Society of London, 1920, 221: 163 - 198.

[203] Mott N F. Brittle farctures in mild steel plates. Engineering, 1948, 165: 16 - 18.

后记

深秋的江南并不冷，只偶尔吹起几许风。摩挲着手中的书稿，并不需要翻开，那些字里行间的内容便跃然于眼前。然而书稿却并不只有字句，追忆之后愈加清晰的，是我即将结束的学生生涯。从家乡的青山绿水到青岛的红瓦绿树，再到上海的繁华似锦和洛城的碧海蓝天，辗转求学已有二十二年。二十二年走来，或疾步匆匆或漫步悠然，或踱步思索或驻足而观，脚下的路在变，路上的人也在变，而唯一不变的，是内心的感动。

七年之前求学于同济，遂投身李杰先生门下。彼时先生不以浅陋，教我一字一句，授我一招一式，谆谆教诲，铭铭于心，如此三年，倏然而过。及至完成硕士论文，尤感先生之学博大精深，区区三载或仅涉一隅，而一己之学尚在发轫之际，于是立定决心继续追随先生。博士学业伊始，我仍痴迷于技巧枝节，每日手捧先辈之学，略有进益便自以为乐。先生相机教我：问当不流于章句而深追其大意，学者须重思想。先生之言如醍醐灌顶，促我恍然大悟，自此再读先贤之作，所思所想与往日大有不同。于是三千弱水之中恣意挥洒，终取得自己的一瓢。时至今日博士学业即将完成，先生又教我：科学之精神，毕生之追求。先生之言当永远铭记于心，时时策我自省而催我进取。

值此之际，我要感谢我的联合指导教师，美国加州大学洛杉矶分校的 J. S. Chen 教授。在洛杉矶求学的两年间，教授深厚的数学功底、精到的研究思路和严谨的治学态度均使我受益良多。在教授的指导下我进入了计算力学的研究领域，教授毫无保留的倾囊相授使我快速掌握了本领域的思想方法。而与教授的交流中所体味到的风云际会与灵光一现至今令我记忆犹新。

我要感谢陈建兵副教授兄长一般的关怀和帮助。老子曰：上善若水。陈兄做人秉承润物细无声的品格，而治学坚持水滴石穿的韧性，为人为学都是我辈的楷模。我同时要感谢周勇老师、陈隽副教授、谢强副教授、高向玲副教授、刘威副教授和冯世进副教授，各位老师无私的支持和帮助尤其令我感动。

特别感谢我的师兄彭勇波博士、范文亮博士和徐亚洲博士，当年与诸位师兄相聚于同济，把酒言欢之际，尝能激扬文字、挥斥方遒，回想起来竟是读博期间最难忘的时光。感谢我的同年周俊明博士、贺广零博士、汪大海博士、郝效强博士和张永利博士，求学期间的相互扶持至今令我难忘。感谢我的师弟黄桥平博士和师妹曾莎洁博士，共同的课题研究使我们成为一个战壕的战友，为了共同的目标携手并进而合作无间。感谢梯队大家庭里所有支持和帮助我的同学们。

我还要感谢 Dr. Pai-Chen Guan、Dr. Sheng-Wei Chi、Dr. Yuchuan Tang、Miss Judy Yang、Mr. Chung-Hao Lee、Mr. Shih-Po Lin 和 Mr. Masa Yoneyama。在 UCLA 留学期间，他们无私的帮助令我不能忘怀。感谢同济大学的王莉华博士、清华大学的王汉奎博士和山东大学的周婷婷博士，共同的目标让我们聚首在遥远的他乡，而相互之间的支持和鼓励更带给我异样的温暖。

最后要感谢我的父母和妻子。家人的默默支持和无私奉献是我完成学业的支柱，谨以本书献给一直以来关爱我的家人们！

任晓丹